普通高等教育土建学科专业「十二五」规划教材

全国高职高专教育土建类专业教学指导委员会规划推荐教材

园林工程（第二版）

本教材编审委员会组织编写

康　亮　何向玲　主编

U0202554

中国建筑工业出版社

图书在版编目（CIP）数据

园林工程 / 康亮，何向玲主编. —2版. —北京：中国建筑工业出版社，2014.7（2021.12重印）
普通高等教育土建学科专业"十二五"规划教材. 全国高职高专教育土建类专业教学指导委员会规划推荐教材
ISBN 978-7-112-16948-1

Ⅰ.①园… Ⅱ.①康…②何… Ⅲ.①园林 – 工程施工 – 高等职业教育 – 教材 Ⅳ.①TU986.3

中国版本图书馆CIP数据核字（2014）第118962号

　　本教材是全国高职高专土建类专业十二五规划教材，是在2008年出版的《园林工程》基础上重新修订的。主要内容包括土方工程、园林给水排水及管线工程、水景工程、园路工程、假山工程、种植工程等。

　　可作为高等职业院校园林工程专业及其相关专业的教科书，同时也可作为园林绿化从业人员的参考书。

* * *

责任编辑：杨　虹　朱首明
责任校对：张　颖　党　蕾

普通高等教育土建学科专业"十二五"规划教材
全国高职高专教育土建类专业教学指导委员会规划推荐教材
园林工程
（第二版）
本教材编审委员会组织编写
康　亮　何向玲　主编
*
中国建筑工业出版社出版、发行（北京西郊百万庄）
各地新华书店、建筑书店经销
北京嘉泰利德公司制版
北京建筑工业印刷厂印刷
*
开本：787×1092毫米　1/16　印张：14¾　字数：360千字
2015年3月第二版　2021年12月第六次印刷
定价：36.00元
ISBN 978-7-112-16948-1
（25736）

编审委员会名单

主　任：丁夏君

副主任：周兴元　裴　杭

委　员（按姓氏笔画为序）：

甘翔云　刘小庆　刘学军　何向玲　张　华

李伟国　肖利才　邱海玲　陈　芳　李春宝

赵建民　高　卿　崔丽萍　解万玉

前　言

园林不仅在城市的景观方面发挥着重要功能，而且在生态和休闲方面也发挥着重要功能。随着社会经济的发展，科学技术的不断提高，人们越来越重视环境，特别是环境的美化，园林建设已成为城市美化的一个重要组成部分。因此，社会对园林类专业人才的需求也日益增加，特别是那些既懂得园林规划设计、又懂得园林工程施工，还能进行绿地养护的高技能人才，成为园林行业的紧俏人才。

高职教育的迅猛发展和对人才培养目标的新要求也发生了重大变化，本书是根据高等职业技术教育的特点，结合园林工程技术专业高等职业技术应用型人才的培养要求编写的。中国建筑工业出版社与全国土建类专业教育指导委员会建筑类专业分指导委员会联合开发园林工程技术专业教材。

本书主要包括土方工程、园林给水排水工程、水景工程、园路工程、假山工程、种植工程共六章内容。内容力求结合生产实践，体现新的科技成果，贯彻新的工程标准和规范，力争做到理论和方法的有机结合。每章都附学习要点、复习参考题、实习实训等内容，并随书赠送与教材相关的 PPT 文件，供读者总概本章内容、课后复习、实践训练选用。

本书由上海城市管理职业技术学院的康亮、何向玲主编。各章节分工如下：上海城市管理职业技术学院的李新天编写绪论、第一章由天津城市建设学院的吴东云编写、第二章由天津城市建设学院的汪艳宁编写、第三章由江苏农林职业技术学院的孙化蓉编写、第四章由何向玲编写、第五章由上海城市管理职业技术学院的韩敏编写，第六章由康亮编写，第四章、第五章的部分图片由李新天绘制。

在本书在编写过程中参考了大量的文献资料，在此对原作者表示衷心的感谢。编写过程中得到了多方面的支持和鼓励，在此表示感谢。由于编者水平和经验不足，错误和不妥之处在所难免，欢迎读者批评指正。

目　录

園林工程（第二版）

绪论

0.1 概述

《园林工程》是在中华人民共和国成立以后，为了适应城市园林和绿化建设发展的需求而诞生的一门课程。中国园林文化源远流长，积累了丰富的理论和实践经验。但作为专业的课程，系统、全面而又有重点地探讨和研究，是1951年在北京农业大学由园艺系和清华大学建筑系共同创办了造园专业以后的事，是以设置《市政工程》课程为开端的。

园林是指在一定的地域、地块运用工程技术和艺术手段，通过改造地形（掇山、叠石、理水）、种植树木花草、营造建筑和布置园路等途径创作而成的美的自然环境和游憩环境。是一门多学科的综合艺术，已成为景观艺术的重要组成部分。园林建设总是与园林工程分不开的。在人类的生活环境中，涌现出许许多多各具特色的园林，其景观的形成、空间的组织、气氛的烘托乃至意境的体现和表达均离不开园林工程技术。园林工程在园林建设活动过程中无处不在，小到花坛、喷泉、亭、架的营造，大到公园、环境绿地、风景区的建设都涉及各种园林工程技术。

按照人们的传统习惯，将"执技艺以成器物"的行业称之为"工"，把"物之准"称之为"程"，随着发展，"程"字又赋予期限和进程、过程的词义，于是工程又可理解为工艺过程。

园林工程是以市政工程原理、技术为基础，以园林艺术理论为指导，研究风景园林建设的工程造景技法的一门学科。其内容包括土方工程、给水排水工程、水景工程、栽植工程、假山工程等。

本课程研究的中心内容是如何在最大限度地发挥园林综合功能（社会、经济、生态等）的前提下，解决园林中的工程设施、构筑物与园林景观之间的矛盾统一问题。研究的范畴包括工程原理、工程设计、施工原理和养护管理，其根本任务就是应用工程技术表现园林艺术，使地面上的工程构筑物和园林景观融为一体。

可以说，园林作品的成败与否，很大程度上取决于园林工程施工技术和管理水平的高低。

0.2 园林工程的特点

0.2.1 艺术性

园林自其产生之日起就与艺术结下了不解之缘，园林是实现人们在辛苦劳作之后对美的追求的一种形式。古今中外，所有优秀的园林作品都散发着浓厚的艺术气息，无形之中实现了对人类美好情操的陶冶。园林中的工程构筑物除满足一般工程构筑物的结构要求外，其构建形式也应同园林意境相一致，并富有美感，注重细节的处理、整体的把握，充分体现园林景观的艺术品位。

0.2.2 科学性

园林作品的设计本身要考虑到人体工程学、行为心理学、力学以及其他相关工程学技术要求。其安全性、功能性要求也内在地规定了园林工程建设所必需的科学性。园林建设所涉及的各项工程，从设计到施工均应符合相应的工程设计要求、施工规范。

0.2.3 综合性

园林工程是一门涉及广泛、综合性很强的综合学科，涉及雕塑、美术、建筑、植物、生态、人文、地理、历史等众多学科。园林工程所涉及的不仅仅是简单的建筑和种植，更重要的是在建造的过程中，首先要遵循美学的规律，对所建工程进行艺术加工；其次，园林施工人员必须看懂园林景观设计图纸，还要理会景观设计师的意图，所建工程才能符合设计的要求，甚至还能使所建景观锦上添花。同时，园林工程还涉及施工现场的测量、园林建筑及园林小品、园林植物的生长发育规律及生态习性、种植与养护等方面的知识。

0.2.4 复杂性

园林工程施工涉及广泛，即涉及园林美学与园林艺术、土建和植物的种植与养护、气候、土壤及植物的病虫害防治等方面的知识。在施工过程中园林建造师还需要有一定的组织管理能力，才能使工程以较低的成本，高质量、按期交工。同时，由于园林工程施工过程中，涉及施工队伍内部人员的管理，还涉及与建设单位及监理单位进行协调，因此，园林建造师在园林工程的施工过程中，不仅要掌握熟练的园林施工技能，还要有相应的管理及社交能力，才能保证施工的顺利进行。

0.2.5 时代性

不同时期的园林形式总是与当时的工程技术水平相适应的。从园林萌芽时期的皇家苑囿到成熟时期的一池三山，每一次造园理论的突破，每一次造园形式的更新，都与其时代的审美情趣、生活水准、工程技术的发展密切相关。纵观园林发展的历史，每个经典的园林作品都是其时代精华的浓缩。

园林工程是随着生产力的发展而发展的，在不同的社会时代条件下，总会形成与其时代相适应的园林工程产品。园林工程产品必然带有时代性特征，尤其是园林工程建筑总是与当时的工程技术水平相适应的。园林作品以及园林工程所体现的时代性是园林事业永葆生机的源泉。

0.3 园林工程的发展

园林发展的历史，就是园林工程发展的历史，从有文字记载的殷周的囿算起，已有三千多年的历史。公元前 11 世纪周文王筑灵台、灵沼、灵囿，让天然的草木滋生，鸟兽繁育，是供帝王贵族狩猎游乐的场所，它仅涉及土方工程技术；春秋战国时期，已出现人工造山；秦汉时出现大规模的挖湖堆山工程，秦始皇统一中国，在营造宫室中的园林时"引渭水为池，筑为蓬、瀛"；汉代上林苑中的建章宫内建太液池，内有"蓬莱、方丈、瀛洲"三山，这种"一池三山"之制成为后世叠山的布置范例；东汉恒帝时，外戚大将军梁翼的园圃"……广开园圃，采土筑山，十里九坂，以象二崤，深林绝涧，有若自然。"从技术上来看，汉代造山以土山为主，但在袁广汉园中已构石为山，且能高十余丈，足见掇山技术已有发展，从理水形式上看，水景与雕塑结合，有压水的运用，据《汉宫典职》记载"宫内苑……激水河上，铜龙吐水，铜仙人衔杯受水下注"。魏晋到南北朝的360余年间自然山水园得到发展，由单纯地模仿自然山水进而进行概括、提炼甚至于抽象化，如南齐文惠太子开拓元圃园，多聚奇石，妙极山水；湘东王造湘东苑，穿池构山，跨水有阁、斋、屋；斋前有亭山，山有石洞，蜿蜒潜行二百余步。不仅说明了当时对自然山水艺术的认识，同时也说明土木石作技术、叠石构洞技术达到一定的水平。唐宋在文化和工程技术方面更为发达，王维的辋川别业是在利用大自然山水的基础上加以适当的人工改造形成的，地形地貌变化丰富，既有大自然的风景，又蕴涵了如诗若画的意境和画境。写意山水园林在此期开始形成。从《洛阳名园记》中可知，在面积不大的宅旁地里，因高就低，掇山理水，表现山壑溪池之胜，点景起序、览胜筑台、茂林蔽天、繁花覆地、小桥流水、曲径通幽，巧得自然之趣。说明筑山、理水灵活运用造景元素在唐、宋已达到很高的艺术水准。而元、明、清的宫苑多采用集锦的方式，集全国名园之大成，以北京的颐和园、圆明园为代表，将筑山、理水和造园推向极致，同时在圆明园中吸收西方造园手法，如在远瀛观、大水法、线法山、谐趣园等处体现的石雕、喷泉、整形树木、绿丛植坛等园林形式。此期江南私家园林得以迅猛发展，"花街铺地"，掇山和置石之风尤为盛行，出现了许多不朽之作，如环秀山庄的湖石假山，藕园的黄石假山，现存的江南"三大名石"就是很好的例证。

中国园林经历代的画家、士大夫、文人和工匠创造、发展，其造园技艺独特而精湛，在园林工程技术方面取得了丰硕的成果，体现在：其一，掇山（采石、运石、安石）技术已炉火纯青，到宋代已明显地形成一门专门技艺，根据不同石材特性，总结出不同的堆山"字诀"和连接方式。其二，理水与实用性有机结合，如北京颐和园的昆明湖，结合城市水系和蓄水功能，将原有与万寿山不相称的小水面扩展而成。杭州西湖，为满足城市居民生活用水，经历代官府组织疏浚西湖，并结合景观建设而形成今天人们所见的秀美景色，白堤、苏堤就是很好的佐证。其三，"花街铺地"在世界上独树一帜，冰裂纹、梅花、鹅卵石子地，其用材低廉，结构稳固，式样丰富多彩，为我们提供了因地制宜、低材高用的典范。其四，博大精深的园林建设理论，中国古代园林不仅积累了丰富的实践经验，也从实践中总结出了不少精辟的造园理论。除了明代计成著的《园冶》，专门总结了不少园林工程的理法外，北宋沈括所著的《梦溪笔谈》、宋代的《营造法式》、明代文震亨著的《长物志》、明代的《徐霞客游汜》、清代李渔著的《闲情偶寄》等都有道及。此外,分散在各类图书中的资料还很多,等待人们去挖掘、整理、运用。

园林工程作为一种技术,可以说是源远流长,但作为一门系统而独立的学科则是近半个世纪的事,它是为了适应我国城市园林和绿化建设发展的需求而诞生的。新中国成立以后,随着新技术、新工艺、新材料的不断出现,我国的园林工程得到快速发展,如广州的园林工作者在继承岭南灰塑假山传统的基础上发展成为"塑石"、"塑山",为假山的发展提供了新的途径。南、北方在大树、古树的移植、包装、运输上形成一套完整的工艺流程。近年来在大树移放过程中广泛采用微喷罐技术,大大提高了古树名木的移栽成活率。一些被荒废、破坏的名园为适应园林事业的发展而被恢复,如扬州园林局在恢复片石山房、卷石洞天时将掇山技艺推向新的水平,基本达到"整旧如旧"的高水平。改革开放后,随着我国国际地位的提高,我国的园林艺术已走出国门,在许许多多国家都有中国园林的踪迹,其中,参加国际展览的项目大多获得金奖,如1999年建成的世博园,即充分体现了我国园林技术发展的先进水平。

0.4　园林工程的主要内容

园林工程是一门实践性与技术性很强的课程,要变理想为现实,化平面为立体。既要掌握工程的基本原理和技能,又要将园林艺术与工程融为一体,使工程园林化。本课程所设课程设计、现场教学、实践实训等教学环节,均着眼于知识、实践能力的培养。主要包括两方面的内容,即园林工程设计和施工工艺方面的内容。主要介绍了园林工程的土方工程、给水排水工程、假山工程、水景工程、园路及铺装工程、种植工程等方面的设计及施工工艺的内容。

0.5　学习方法

园林工程是园林专业的一门主要的专业课,是造园活动的理论基础和实践技能课,是实践性和综合性很强的课程。园林工程的教学环节主要包括课堂教学、课程设计、实践教学等方面的内容。实践教学最好能结合园林工程现场施工和重点园林景观景点的评价。在园林工程的学习过程中要注意以下几个方面。

0.5.1　充分理解,掌握各项工程性质的同时,做好各章后的复习思考题和实训

0.5.2　随时随地观察分析所见的园林工程,就地解剖,可知得失

在学习过程中并非仅仅观看园林美景,而应重视施工技术,同时还要运用园林美学和园林艺术的观点对所见园林景观和景观要素如假山、园路、水景、

园林建筑等进行评价，包括对某一园林景观与周围环境的协调程度，景观内部的设计，园林中各景点与整个园林景观的和谐、个体的造型艺术、制作手法及选材是否恰当及施工技术的好坏等方面进行评价，寻找景观之优异之处，探询不足之点，在提高自己的审美观及艺术造诣的同时，又加深了施工技术的掌握程度。

0.5.3　注重理论和实践的结合

在学习的过程中，必须掌握所学内容，并结合实践加深对理论知识的认识和掌握设计施工技术。课余多到施工现场去观察，多问，多向有经验的工人师傅学习。

0.5.4　加强艺术修养

在园林工程建设过程中只有把科学性、技术性和艺术性综合为一体，做到理论和实践相结合，才能创造出技艺合一，功能全面，既经济实用，又美观的好作品。

复习思考题

0-1. 何为园林工程？如何理解园林工程与其他学科的关系？

0-2. 园林工程有哪些特点？应该如何学习园林工程这门课程？

1

土方工程

■ 本章学习要点

通过本章学习主要掌握土壤的工程特性及分类，了解园林地形的基本形式、类型及相应的特点，掌握园林地形的功能特点，了解园林土壤的工程特点，掌握地形设计的基本原则与要求，掌握土方工程量的计算方法，能够进行土方施工的组织。

园林建设中，凿池筑山、平整场地、挖沟埋管、开槽铺路，均需动用土方，由于土方工程量较大，任务繁重，施工前应进行周密合理的设计，以满足园林设计的功能、使用要求。园林用地的竖向设计，主要为园林地形设计，是园林总体设计的主要内容，二者互相影响，有时要同步进行。

园林的竖向设计是通过土方施工而实现的，土方施工方案应合理选择，确保施工质量。本章主要介绍土的工程特性与分类、竖向设计、土方工程量计算和土方施工等方面内容。

1.1 土壤的工程特性与分类

1.1.1 土壤的工程特性

土一般由土颗粒、水和空气三部分组成，这三部分之间的比例关系随着周围条件的变化而变化，三者的比例不同，则土的特性不同，如干燥、稍湿、密实、稍密或松散；这些基本的特性对评价土的性质，确定相应的施工方法，具有重要意义。对于园林土方工程而言，影响较大的是土壤的密度、自然安息角、含水量、密度、干密度、可松性和可松性系数及渗透系数等几种主要的物理参数。因此，要进行土方工程施工，先应对土壤的参数与性质加以了解并熟悉。

1. 土壤的密度

是土的一个重要参数，是指自然状态下单位体积内土壤的重量，单位 kg/m³。土壤密度的大小反映了土壤的致密程度及坚硬程度，直接影响着施工的难易程度和开挖方式，密度越大，挖掘越难。在园林土方施工中，通常按密度将土分为松土、半坚土、坚土等三大类（具体分类标准与特性见后表 1-7 中的土壤分类）。在土方工程施工中，其施工技术的采用和定额套用都依据土壤的类别来进行。

2. 土壤含水量

土壤含水量是指土壤孔隙中水的质量和土壤固体颗粒质量的比值，以百分率表示。即

$$\omega = \frac{m_1 - m_2}{m_2} \times 100\% = \frac{m_{\mathrm{w}}}{m_{\mathrm{s}}} \times 100\% \qquad (1-1-1)$$

式中 m_1——含水状态时土的质量（kg）；

m_2——烘干后土的质量（kg）；

m_{W}——土中水的质量（kg）；

m_{S}——固体颗粒的质量（kg）。

土的含水率随气候条件、季节和地下水的影响而变化，对降低地下水、土方边坡的稳定性及填方密实程度有直接的影响。

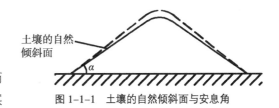

图 1-1-1　土壤的自然倾斜面与安息角

天然土层的含水量变化很大，它与土壤种类、埋藏条件及其所处的自然地理环境等有关。土方工程中，一般将土壤含水量在 5% 以内的称干土，30% 以内的称潮土，大于 30% 的称湿土。土壤含水量的多少对土方施工的难易也有直接的影响。土壤含水量过小，土质过于坚实，不易挖掘；含水量过大，土壤易泥泞，也不利施工，人力或机械施工工效均降低。以黏土为例，含水量在 5%~30% 以内较容易挖掘。含水率过大时，则其本身性质发生很大变化，甚至丧失其稳定性，此时无论是填方或挖方其坡度均显著下降，因此，含水量过大的土壤不宜作回填之用。

3. 土壤的自然倾斜面和安息角

土壤自然堆积，经沉落稳定后，将会形成一个稳定的、坡度一致的土体表面，此表面即称为土壤的自然倾斜面。自然倾斜面和水平面的夹角，称为土壤的自然倾斜角，即安息角。见图 1-1-1。

在园林工程设计时，为了使土方工程结构稳定，其边坡坡度数值应参考相应土壤的安息角，另外土壤的含水量也影响土壤的安息角，不同土壤在不同含水状态下的自然倾斜角见表 1-1-1。

土壤的自然倾斜角　　　　　表 1-1-1

土壤名称	干土	潮土	湿土	土壤颗粒大小（mm）
砾石	40°	40°	35°	2~20
卵石	35°	45°	25°	20~200
粗砂	30°	32°	27°	1~2
中砂	28°	35°	25°	0.5~1
细砂	25°	30°	20°	0.05~0.5
黏土	45°	35°	15°	0.001~0.005
壤土	50°	40°	30°	—
腐殖土	40°	35°	25°	—

土方边坡是指土体自由倾斜能力的大小，一般用边坡坡度和边坡系数表示。

边坡坡度是指边坡深度 h 与边坡宽度 b 之比（图 1-1-2）。工程中通常以 $1：m$ 表示边坡的大小，m 称边坡系数，即

$$边坡坡度　i=\tan\alpha=\frac{h}{b}=\frac{1}{b/h}=1：m \qquad (1-1-2)$$

式中　　h——高度（m）；

　　　　b——水平距离（m）；

　　　　α——坡角；

　　$m=b/h$——边坡系数。

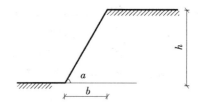

图 1-1-2　边坡坡度示意图

坡度系数即是边坡坡度 i 的倒数。例如，坡度为 1：3 的边坡，也可叫做坡度系数 m 为 3 的边坡。

土方工程不论是挖方或填方都要求有稳定的边坡。进行土方工程的设计或施工时，应该结合工程本身的特点与要求，分填方或挖方工程，永久性或临时性土方工程，并针对场地的具体条件，如土壤的种类及分层情况等，使挖方或填方的坡度合乎技术规范的要求；若情况在规范之外，必须进行实地测试来决定其坡度的大小。

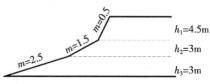

图 1-1-3　压力不同可采用不同的边坡

土方工程在高填或深挖时，应考虑土壤各层分布的土壤种类、性质以及同一土层中不同位置土壤所受压力的不同，根据其压力变化采取相应的边坡坡度。例如，填筑一座高 12m 的山（土壤质地相同），考虑到各层土壤所承受的压力不同，可按其高度分层确定其边坡坡度，不同高度土层的边坡系数不同，见图 1-1-3。可见挖方或填方的坡度是否合理，直接影响着土方工程的质量与土方量的大小，从而也影响到土方工程的功能安全和工程的工程投资。为此一般山体的坡度是由小到大、从下向上逐层堆叠起来的，既符合工程原理，也反映了山体的自然面貌。

依据土方工程施工技术标准的要求，对不同情况下的土方边坡坡度作了规定。如对永久性土方工程，其挖方、填方工程的边坡坡度规定见表 1-1-2、表 1-1-3，深度在 5m 内的基坑、基槽和管沟边坡的最大坡度见表 1-1-4，对临时性的填方边坡坡度见表 1-1-5。

永久性土工结构物挖方的边坡坡底　　　　　　　　表 1-1-2

项次	挖方性质	边坡坡度
1	在天然适度、层理均匀、不易膨胀的黏土、砂质黏土、黏质砂土和砂类土内挖方深度不大于 3m	1：1.25
2	土质同上，挖深 3~12m	1：1.5
3	在碎石和泥炭土内挖方，深度为 12m 及 2m 以下，根据土的性质、层理特性和边坡高度确定	1：1.5~1：0.5
4	在风化岩石内的挖方，根据岩石性质、风化程度、层理特性和挖方深度确定	1：1.5~1：0.2
5	在轻微风化岩石内的挖方，岩石无裂缝且无倾向挖方坡角的岩石	1：0.1
6	在未风化的完整岩石内挖方	直立的

永久性填方的边坡坡度

表 1-1-3

项次	土的名称	填方高度（m）	边坡坡度
1	黏土、粉土	6	1：1.5
2	砂质黏土、泥灰岩土	6~7	1：1.5
3	黏质砂土、细砂	6~8	1：1.5
4	中砂和粗砂	10	1：1.5
5	砾石和碎石块	10~12	1：1.5
6	易风化的岩石	12	1：1.5

深度在 5m 之内的基坑基槽和管沟边坡的最大坡度（不加支撑） 表 1-1-4

项次	土类名称	边坡坡度		
		人工挖土，并将土抛于坑、槽或沟的上边	机械施工	
			在坑、槽或沟底挖土	在坑、槽及沟的上边挖土
1	砂土	1：0.7	1：0.67	1：1
2	黏质砂土	1：0.67	1：0.5	1：0.75
3	砂质黏土	1：0.5	1：0.33	1：0.75
4	黏土	1：0.33	1：0.25	1：0.67
5	含砾石、卵石土	1：0.67	1：0.5	1：0.75
6	泥灰岩白垩土	1：0.33	1：0.25	1：0.67
7	干黄土	1：0.25	1：0.1	1：0.33

注：如人工挖土不是把土抛于坑、槽或沟的上边，而是随时把土运往弃土场时，则应采用机械在坑、槽或沟底挖土时的坡度。

临时性填方的边坡坡度

表 1-1-5

项次	土的名称	填方高度（m）	边坡坡度
1	砾石土和粗砂土	12	1：1.25
2	天然湿的黏土	8	1：1.25
3	砂质黏土和砂土	6	1：0.75
4	大石块（平整的）	5	1：0.5
5	黄土	3	1：1.5
6	易风化的岩石	12	1：1.05

一般说来，在土方工程的方案设计及施工中，如无特殊目的及相应的土壁支撑和加固稳定措施，不得突破表中之规定，以确保工程的质量及安全。

总之，土方边坡的大小应根据土质条件、开挖深度（或填筑高度）、地下水位高低、施工方法、工期长短、附近堆土因素而定，若超过所允许坡度会造成坍方或土体下滑。

4. 土壤的相对密实度

土壤的相对密实度是用来表示土壤在填筑后密实程度的指标，可用土壤在各种条件下的孔隙比来表示，孔隙比是指土壤空隙的体积与母体颗粒体积的比值。相对密实度的计算公式如式（1-1-3）所示。

$$D= \frac{\varepsilon_1-\varepsilon_2}{\varepsilon_1-\varepsilon_3} \qquad (1-1-3)$$

式中　　D——土壤相对密实度；

　　　　ε_1——填土在最松散情况下的孔隙比；

　　　　ε_2——经碾压或夯实后的土壤孔隙比；

　　　　ε_3——最密实情况下的土壤孔隙比。

在填方工程中，土壤的相对密实度是检查土方施工中土壤填筑密实程度的标准。一般情况下，在路基或地基等土方工程施工时，要对土壤进行密实，为了使土壤达到设计要求的密实度可以采用人力夯实或机械夯实。

一般采用机械夯实时，其密度可达 95%，人力夯实在 87% 左右。填土厚度较大时，为达到较好的夯实效果，可以采用多次填土、分层填筑、分层夯实的方法，每层填筑厚度，当为人工夯实时不宜超过 25cm，采用机械压实时不宜超过 25~30cm。而对于园林土方工程中大面积的填方如堆山，通常不加夯压，而是凭借土壤的自重慢慢沉落，久而久之也可达到一定的密实度。

5. 土壤的可松性

自然状态下的土壤经开挖后，其内部紧密结构遭到破坏，土体因松散而使体积增加，以后虽经回填压实，仍不能恢复其原有的体积，土壤的这种性质称为土壤的可松性。土的可松性用可松系数表示，即

$$K_P= \frac{V_2}{V_1} \qquad (1-1-4)$$

$$K'_P= \frac{V_3}{V_1} \qquad (1-1-5)$$

式中　　K_P——土壤的最初可松性系数；

　　　　K'_P——土壤的最终可松性系数；

　　　　V_1——土壤在自然状态下的体积（m^3）；

　　　　V_2——土壤挖出后在松散状态下的体积（m^3）；

　　　　V_3——土壤经回填压实后的体积（m^3）。

V_3 指的是土方分层填筑时在土体自重、运土工具重量及压实机具作用下压实后的体积，此时土壤变得密实，但无论如何其密实程度不如原土，因此 V_3 大于 V_2。

土的可松性与土方工程的挖土和填土量的计算及运输等都有很大关系，土

的最初可松性系数 K_p 是计算车辆装运土方体积及选择挖土机械的主要参数；土的最终可松性系数 K'_p 是计算填方所需挖土工程量的主要参数，这两个参数的大小与土质有关。土壤膨胀的一般经验数字是虚方比实方大 14%~50%，一般砂为 14%，砾为 20%，黏土为 50%。

对土壤开挖后体积增加的量，也可用体积百分比来表示，即

$$最初体积增加百分比 = \frac{V_2-V_1}{V_1} \times 100\% = (K_p-1) \times 100\% \qquad （1-1-6）$$

$$最后体积增加百分比 = \frac{V_3-V_1}{V_1} \times 100\% = (K'_p-1) \times 100\% \qquad （1-1-7）$$

根据土的工程分类，相应土的可松性系数参见表 1-1-6。

各类土壤的可松性　　　　　　　　　表 1-1-6

土壤的级别	体积增加百分比		可松性系数	
	最初	最后	K_p	K'_p
Ⅰ（植物性土壤除外）	8~17	1~2.5	1.08~1.17	1.01~1.025
Ⅰ（植物性土壤、泥炭、黑土）	20~30	3~4	1.20~1.30	1.03~1.04
Ⅱ	14~24	1.5~5	1.14~1.30	1.015~1.05
Ⅲ（泥炭岩蛋白石除外）	24~30	4~7	1.24~1.30	1.04~1.07
Ⅲ（泥炭岩蛋白石）	26~32	6~9	1.26~1.32	1.06~1.09
Ⅳ	33~37	11~15	1.33~1.45	1.11~1.15
Ⅴ～Ⅵ	30~45	10~20	1.30~1.45	1.10~1.20
Ⅶ～ⅩⅪ	45~50	20~30	1.45~1.50	1.20~1.30

注：Ⅵ～ⅩⅥ均为岩石类。

由上表可知，一般情况下，土壤密度越大，土质越坚硬密实，则开挖后体积增加越多，可松性系数越大，对土方工程挖填平衡和土方施工及成本影响也就越大。

1.1.2 土壤的分类

不同种类的土壤，其组成状态不同，工程性质也不同。土壤的分类按研究方法和适用目的不同而有不同的划分方法。如按土的生成年代、生成条件、颗粒级配及塑性指数进行分类等。

（1）我国根据土的工程性质，将土按照坚硬程度和开挖方法及使用工具不同分为松软土、普通土、坚土、砂砾坚土、软石、次坚石、坚石及特怪石等八类。

在园林土方工程施工中，常遇到的土壤类型主要有松土、半坚土、坚土三大类，其特性与开挖时所使用的工具见表 1-1-7。

土的工程分类及开挖工具　　　　　表 1-1-7

类别	级别	编号	土壤的名称	天然含水量状态下土壤的平均密度（kg/m³）	可松性系数 K_P	可松性系数 K'_P	开挖方法、工具
松土	I	1	砂	1500	1.08~1.17	1.01~1.03	用锹、锄头挖掘，少许用脚蹬
		2	植物土壤	1200			
		3	壤土	1600			
半坚土	II	1	黄土类黏土	1600	1.20~1.30	1.03~1..4	用锹、锄头、镐挖掘，局部用撬棍开挖
		2	15mm 以内的中小砾石	1700			
		3	砂质黏土	1650			
		4	混有碎石与卵石的腐殖土	1750			
	III	1	稀软黏土	1800	1.14~1.28	1.02~1.05	
		2	15~50mm 的碎石及卵石	1750			
		3	干黄土	1800			
坚土	IV	1	重质黏土	1950	1.24~1.30	1.04~1.07	用锹、镐、撬棍、凿子、铁锤等开挖；部分使用爆破方法开挖
		2	含有 50kg 以下石块的黏土块石所占体积小于 10%	2000			
		3	含有重 10kg 以下石块的粗卵石	1950			
	V	1	密实黄土	1800			
		2	软泥灰岩	1900			
		3	各种不坚实的页岩	2000			
		4	石膏	2200			
	VI		均为岩石，省略	2000~2900	—	—	爆破

　　正确区分和鉴别土壤的种类，可以合理地选择施工方法，并为准确地套用定额计算土方工程量及工程费用提供依据。

　　（2）按土壤颗粒粒径分类：

　　分砾石、砂土、淤泥和黏土四类。各类土的划分与特性如下：

　　1）砾石：颗粒直径大于 2mm。

　　2）砂土：0.05~2mm，最细者仍可见；具有砂的手感。

　　3）淤泥：0.002~0.05mm，颗粒不可见但可感觉；滑而不糙。

　　4）黏土：小于 0.002mm，滑而呈粉状；干燥时为硬块，潮湿时塑而有黏性。

1.2 竖向设计

园林用地的竖向设计是指在一块场地上进行垂直于水平面方向的布置和处理，是对建园用地范围内的各个景点、各种设施及地貌等在高程上创造为高低变化和协调统一的总体设计。在造园建设过程中，园基原地形往往不能完全符合建园的要求，所以在充分利用原有地形的基础上必须进行适当的改造，以最大限度地发挥园林的综合功能为目的，统筹安排园内各种景点、设施和地貌景观，使地上的设施和地下的设施之间、山水之间、园内与园外之间在高程上有合理的关系。

1.2.1 竖向设计的内容

1. 地形设计

地形设计和布置是竖向设计的一项主要内容。包括地形骨架的"塑造"，山水布局，峰、峦、坡谷、河、湖、泉、瀑地等地貌小品的设置，以及它们之间的相对位置、高低、大小、比例、尺度、外观形态、坡度的控制和高程关系等都要通过地形设计来解决。地形设计与布置基本决定了园林总体空间的构成与形态，决定了园林的风格和形式。

2. 园路、广场、桥涵和其他铺装场地的设计

图纸上应以设计等高线表示出道路（或广场）的纵横坡和坡向，道桥连接处及桥面标高。在小比例图纸中则用变坡点标高来表示园路的坡度和坡向。

在寒冷地区，冬季冰冻，多积雪。为安全起见，广场的纵坡应小于 7%，横坡不大于 2%；停车场的最大坡度不大于 2.5%，一般园路的坡度不宜超过 8%。超过上述数值应设置台阶，台阶应集中设置。为了游人行走安全，还要避免设置单级台阶。另外，为方便伤残人员使用轮椅和游人推童车游园，在设置台阶处还应附设坡道。

3. 建筑和其他园林小品

建筑和其他园林小品（如纪念碑、雕塑等）应合理设置，标出其地坪标高及其与周围环境的高程关系，大比例图纸建筑应标注各角点标高。例如，在坡地上的建筑，是随形就势，还是设台筑屋，各种情况参见图 1-2-1。在水边上的建筑物或小品，则要标明其与水体的关系。

4. 植物种植在高程上的要求

园林基地上可能会有些有保留价值的老树。对要保留的老树，其周围的地面依设计要求如需增高或降低，则在规划时，应在图纸上标注出保护老树的范围、地面标高及要采取的适当工程措施。

植物对地下水很敏感，有的耐水、有的不耐水。规划时应为不同树种创造其适宜的生活环境。

不同的水生植物对水深有不同要求，有湿生、沼生、

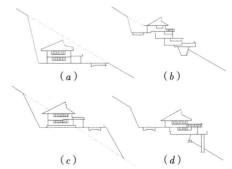

图 1-2-1　建筑与地形的结合

水生等多种。例如，荷花适宜生活于水深 0.6~1m 的水中，应予以考虑。

5. 排水设计

在竖向设计的同时还要考虑地面水的排除。一般规定无铺装地面的最小排水坡度为 1%，而铺装地面则为 0.5%，但这只是参考限值，具体设计还要根据土壤性质和汇水区的大小、植被情况等因素确定。

6. 管道综合

园内各种管道（如供水、排水、供暖及煤气管道等）众多，难免有些地方会出现交叉，在规划上就需按一定原则，统筹安排各种管道，合理处理交叉时的高程关系，以及它们和地面上的构筑物或园内乔灌木的关系。

1.2.2　竖向设计的原则

竖向设计是直接塑造园林立面形象的重要工作，其设计是否合理、所定各项经济技术指标的高低是否合适、设计的艺术水平如何等，都将对园林建设的全局造成影响。因此，在设计中要多方面考虑，并遵循以下原则。

1. 功能优先，造景并重

在进行园林竖向设计时，首先要考虑使园林地形的高低起伏变化能够适应各种功能设施建筑。根据场地的用地需要，要设计为平地地形；对园路用地，则依山随势，灵活掌握。应控制好最大纵坡、最小排水坡度等关键的地形要素；在此基础上，还要注重地形的造景作用，尽量使地形变化适合造景需要。参见图 1-2-2。

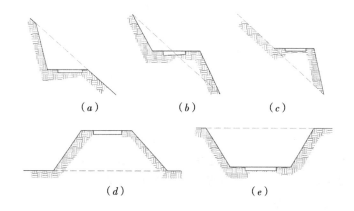

（a）　　　　　（b）　　　　　（c）

（d）　　　　　　　（e）

图 1-2-2　道路与地形结合
（a）全挖；（b）半挖半填；
（c）全填；（d）路堑；
（e）路堤

2. 利用为主，改造为辅

对原有的自然地形、地势、地貌要深入研究分析，能够利用的应尽量利用，做到尽量不动或少动原有地形与现状植被，以便更好地体现原有乡土风貌和地方环境特色，在结合园林各种设施的功能需要、工程投资和景观要求等多方面综合因素的基础上，采取必要的措施，进行局部的、小范围的改造。

3. 因地制宜，顺应自然

造园应遵循因地制宜的原则，宜平地处理的不要设计为坡地；不宜种植的，也不要设计为林地。地形设计要顺应自然，天趣自成。

景物的安排、空间的处理、意境的表达都要力求依山就势，高低起伏，前后错落，疏密有致，灵活自由。就低挖池，就高堆山，使园林地形合乎自然山水规律。同时，要使园林建筑与自然地形紧密结合，浑然一体，仿佛天然生就。

4. 就地取材，就地施工

园林地形改造工程，在现有技术条件下是造园经费开支比较大的项目。就地取材是园林地形改造工程最为经济的做法，自然植被的直接利用，建筑用石材、河砂等材料的就地取用，都能节约大量的经费开支，降低建园成本。因此，竖向设计要优先考虑使用自有的天然材料和本地生产的地方材料。

5. 填挖结合，土方平衡

在竖向设计中，要考虑使地形改造中的挖方工程量和填方工程量基本相等，即使土方工程量平衡。当挖方量大于填方量较多时，也要坚持就地平衡，在园林内部作堆填处理；当挖方量小于应有的填方量时，也还是坚持就近取土，就近填方，降低运输成本。

1.2.3 地形设计

园林的地形设计，是园林竖向设计的重中之重，它是根据建园的目的和要求，并以总体设计为依据，与平面规划相协调，合理确定地表的起伏变化形态，如峰峦、坡谷等地貌的设置，以及它们的相对位置、形状、大小、高程比例关系等。地形设计是否恰到好处，直接关系到竖向设计的成败，并对园林工程建设的难易程度、工程量大小、施工进度及建设成本都产生重要影响。

1. 地形设计的概念及作用

（1）地形设计的基本概念

1）地貌

地貌是指地表面呈现的高低起伏的状态，如山地、草原、丘陵、平地、洼地等。

2）地物

地物是指地表面上分布的固定的物体，如各种建筑物、构筑物、路桥、江河、湖泊、农田、树木等。

3）地形

地形是指地貌与地物的总称。即地表面上分布的固定物体与地表面本身共同呈现出的高低起伏的状况。它是指地球表面在三维方向的形状变化。本章"地形"之含义侧重于地貌，是园林造景的基本载体，又是园林各项功能得以实现的主要场所。

4）地形图

地形图是按照一定的测绘方法，用比例投影和专用符号，把地面上的地貌、地物测绘在纸平面上的图形。是用以表达地势蜿蜒和描绘地形起伏状况的图样。

5）地形设计

地形设计主要是对地形骨架的"塑造"，包括山水布局，各地貌小品的设置及它们之间的相对位置、大小、比例、形态、坡度和高程关系等。不同的土质有不同的自然安息角。山体的坡度不宜超过相应土壤的自然安息角；水体岸坡的坡度也要按有关规范的规定进行设计和施工；水体的设计应解决水的来源、水位控制和多余水的排放。

（2）地形设计的作用

1）骨架作用

地形是构成园林景观的基本骨架，是其他设计要素和使用功能布局的基础。蜿蜒起伏的山水地形适宜建造自然式的东方园林，而台地式的地形处理适宜建造规则式的西方园林。

地形是承载建筑、道路、植物、水体等要素的空间载体和底界面，对园林各要素的布置及景观起决定作用。地形平坦的园林用地，有条件开辟大面积的水体，其基本景观往往是以水面形象为主的景观，或作为大面积广场、草地、建筑等的用地，以接纳和疏散人群，组织各种活动或供游览和休息；地形起伏大的山地，由于地形所限，其基本景观就往往不会是广阔的水体景观，而是奇突的峰石和莽莽的山林。凸地形可作为焦点物或具有支配地位的要素景观，如重要的建筑纪念碑、纪念性雕塑等常常耸立在地形顶部；凹地形由于具有内向型和不受外界干扰的特点，适宜作为湖泊、水池、溪流的载体。

2）空间作用

地形起伏围合构成了不同形状、不同特点的园林空间。园林空间的形成，是由地形因素直接制约着的。地块的平面形状如何，园林空间在水平方向上的形状也就如何。地块在竖向上有什么变化，空间的立面形式也就会发生相应的变化。在狭长地块上形成的空间必定是狭长空间；凸地形视线开阔，具有延展性，呈发散空间；在平坦宽阔的地形上的空间是开放性的空间；而山谷地形中的空间则必定是视线封闭、具有积聚性，呈闭合空间。

地形可以有效、自然地划分空间，使之形成不同使用功能或景色特点的场地。地形的划分是一种缓慢的过渡，低矮的地形对视线没有阻碍，形成景观自然、连续的特点，连续的地形变化还能获得空间大小、开闭等的对比艺术效果。可见，地形对园林空间形状具有决定性作用。

3）造景作用

地形改造在很大程度上决定园林风景面貌，地形改造和设计依据的模式是自然界中的山水风光，遵循的是自然山水地形、地貌形成的规律。但是，这并不等于机械地模仿照搬，而应该进行加工、提炼和概括，最大限度地利用自然特点，最小量地动用土石方。在有限的园林用地内获得最佳的地形景观效果。

地形具有自身的视觉特性。在规则式园林中，地形边界清晰明确，如不同高程的地坪与台地，空间分隔明确，体现出整齐、庄严的气势；在自然园林中，地形通常没有明显的边界，表现为蜿蜒起伏的丘陵、谷地等，具有亲切、秀美的感觉；而后现代主义景观中，地形的创造就像雕塑一般，做成诸如圆锥、棱锥、圆台、棱台等规则几何体，能形成别具一格的视觉形象。

地形能丰富园林景观层次。例如，颐和园画中游的一组建筑就是依山而建，整组建筑随山势高低错落，丰富了立面构图，打破了同一平面单调呆板、沉闷的格局。

地形具有背景作用。如在开敞的平地上，其建筑、道路、植物、水体等都以整个场地地形作为背景依托而显现，依山而建的建筑，背景效果更佳，地形和景物之间尽量通过视距的控制，保证景物和作为背景的地形之间有较合理的构图比例关系。

4）工程作用

地形因素在园林的给水排水工程、绿化工程、环境生态工程和建筑工程中都起着重要作用。由于地表面径流量、径流方向和径流速度都与地形有关，因而地形过于平坦时就不利于排水，容易积涝；而当地形坡度太陡时，径流量就比较大，径流速度也太快，从而引起地面冲刷和水土流失。因此，创造一定的地形起伏，合理安排地形的水系和汇水线，使地形具有较好的自然排水条件，是充分发挥地形排水工程作用的有效措施。

地形条件对园林绿化工程的影响作用，在山地造林、湿地植树、坡面种草和一般植物生长等方面都有明显的表现；同时，地形对园林管线工程的布置、施工和建筑、道路的基础施工都存在着有利和不利的影响。

2. 园林地形设计的要求

园林地形设计应与园林绿地总体规划同时进行。在设计中，必须处理好自然地形和园林建设工程中各单项工程之间大空间的关系，根据各种地形的具体特点，做到园林工程经济合理、环境质量舒适良好、风景景观优美动人。这也是园林地形设计的基本目标。

（1）平地

指具有一定坡度的（坡度在3%以下）相对平整的地面。为避免水土流失及提高景观效果，单一坡度的地面不宜延续过长，应有小的起伏或设计成多面坡，平地坡度的大小，可视植被和铺装情况以及排水要求而定。

1）用于种植的平地：如游人散步的草坪的坡度可大些，介于1%~3%之间较理想，以求快速排水，便于安排各项活动和设施。

2）用于构筑物的平地：坡度可小些，宜在0.3%~1.0%之间，但排水坡应尽可能多向，以加快地表排水速度。如广场、建筑物周围、平台等。

（2）坡地

坡地一般与山地、丘陵或水体并存，其坡向和坡度大小视土壤、植被、铺装、工程措施、使用性质以及其他地形地物因素而定。坡地的高程变化和明显的方向性（朝向）使其在造园用地中具有广泛的用途和设计灵活性，如用于种植；提供界面、视线和视点；塑造多级平台、围合空间等。当坡地坡角超过土壤自然安息角时，为保持土体稳定，应当采取护坡措施，如砌挡土墙、种植地被植物及堆叠自然山石等。

根据坡地坡度的大小可分为缓坡地、中坡地、陡坡地、急坡地和悬崖、陡坎等。

1）缓坡地：坡度在 3%~10% 之间（坡角为 2°~6°），在地形中属陡坡与平地或水体间的过渡类型。道路建筑布置均不受地形约束，可作为人们的活动场地和种植用地，如作为篮球场，坡度取 3%~5%；疏林草地，坡度取 3%~6% 等。

2）中坡地：坡度在 10%~25% 之间（坡角为 6°~14°），在建筑区需要设置台阶，建筑群布置受到限制，通车道路不宜垂直于等高线布置。坡道过长时，可与台阶及平台交替转换，以增加舒适性和平立面变化。

3）陡坡地：坡度在 25%~50% 之间（坡角为 14°~26°），道路与等高线应斜交，建筑群布置受到较大限制。陡坡多位于山地处，作活动场地比较困难，一般作为种植用地。25%~30% 的坡度可种植草皮，25%~50% 的坡度可种植树木。

4）急坡地：坡度在 50%~100% 之间（坡角为 26°~45°），是土壤自然安息角的极值范围。急坡地多位于土石结合的山地，一般用作种植林地。道路一般需曲折盘旋而上，梯道需与等高线成斜角布置，建筑需作特殊处理。

5）悬崖、陡坎：坡度 100%，坡角在 45° 以上，已超出土壤的自然安息角。一般位于土石或石山，种植需采取特殊措施（如挖鱼鳞坑修树池等）保持水土、涵养水分。道路及梯道布置均困难，工程措施投资大。

（3）山地

山地是地貌设计的核心，它直接影响到空间的组织、景物的安排、天际线的变化和土方工程量等。园林山地多为土山，山地主要指土山。山地的设计要点如下：

1）山先麓，陡缓相间。山脚应缓慢升高，坡度要陡缓相间，山体表面是凸凹不平状，变化自然。

2）歪走斜伸，适应连绵。山脊线呈"之"字形走向，曲折有致，起伏有度，适应连绵，顺乎自然。忌对称均衡。

3）主次分明，互相呼应。主山宜高耸、宽厚，体量较大，变化较多；客山则奔放拱伏，呈余脉延伸之势。先立主位，后布辅从，比例应协调，关系要呼应，注意整体组合。忌孤山一座。

4）左急右缓，勒放自如。山体坡面应有急有缓，等高线有疏密变化。一般朝阳面和面向园内的坡面较缓，地形较为复杂；故阴面和面向园外的坡面较陡，地形较为简单。

5）丘陵相伴，虚实相生。山脚轮廓线应曲折圆润，柔顺自然。山臁必虚其腹，壑最宜幽深，虚实相生，丰富空间。

（4）丘陵

丘陵的坡度一般为 10%~25%，在土壤的自然安息角以内不需工程措施，高度也多在 1~3m 间变化，在人的视平线高度上下浮动。丘陵在地形设计中可视作土山的余脉、主山的配景、平地的外缘。

（5）水体

理水是地形设计的主要内容之一，水体设计应选择低或靠近水源的地方，因地制宜、因势利导、山水结合、相映成趣。在自然山水园林中，应呈山环水抱之势，动静交呈，相得益彰。配合运用园桥、汀步堤、岛等工程措施，使水体有聚散、开合、曲直、断续等变化。水体的进水口、排水口、溢水口及闸门的标高，应满足功能的需要并与市政工程相协调。汀步、无护栏的园桥附近2.00m 范围内的水深不大于 0.05m。护岸顶与常水位的高差要兼顾景观、安全、游人近水心理和防止岸体冲刷等要求，合理确定。

3. 地形设计的内容

（1）地貌设计

以总体设计为依据，合理确定地表起伏变化的形态，如蜂峦、坡谷、河湖泉瀑等地貌小品的设置，以及它们之间的相对位置、形状、大小、比例、高程关系等都要通过地貌设计来解决。从而根据有关规范要求，确定园林中的标高和坡度，确定原有地形的各处坡地、平地标高和坡度，并对园林内的湖区、土山区、草坪区等进行改造、地形设计。

一般土山的坡度不宜超过土壤的自然安息角，以便充分利用土壤本身提供的自然稳定坡度，以节省投资，有利于水土保持和植被的保护。

（2）水体设计

确定水体的水位，解决水的来源与排放问题。拟定园林各处场地的排水组织方式，确立全园的排水系统，尽可能利用原有地形的高低起伏，因势利导，配合运用园桥、汀步、曲桥、堤、岛、半岛、石矶等园林理水落石等工程措施来创造风景园林艺术空间。

（3）园路设计

主要确定道路（或广场）的纵向坡度及变坡点高程。通常为了排水，最小坡度宜大于 0.5%，如篮球场、排球场为 2%~5%，足球场为 3%~4%。这类场地的排水坡度可以是沿长轴或沿横轴的两面坡，也可以设计成四面坡、环形坡，这取决于周围环境条件。园林中各类用地的坡度参考值见表 1-2-1。

园林中各类用地的坡度参考值　　　　表 1-2-1

用地项目	适宜的坡度（%）	极值（%）	用地项目	适宜的坡度（%）	极值（%）
游览步道	≤ 8	≤ 12	运动场地	0.5~1.5	0.4~2
主园路（通机动车）	0.5~6（8）	0.3~10	游戏场地	1~3	0.8~5
次园路（园务便道）	1~10	0.5~15	草坡	≤ 25~30	≤ 50
次园路（不通机动车）	0.5~12	0.3~20	种植林坡	≤ 50	≤ 100
广场与平台	1~2	0.3~3	理想自然草坪	2~3	1~5
台阶	33~50	25~50	明沟（自然土）	2~9	0.5~15
停车场地	0.5~3	0.3~8	明沟（砌筑）	1~50	0.3~100

（4）建筑设计

地形设计中，对于建筑及其小品应标明其地坪与周围环境的高程关系，确定建筑室内地坪标高以及室外地坪标高，并保证排水通畅。建筑和小品与环境的关系应根据设计风格统筹考虑。建筑室内地坪要高于室外地坪：通常住宅为30~60cm，学校、医院为45~90cm，以防止雨水倒灌。

（5）排水设计

在地形设计的同时，要充分考虑地面水的排除问题，合理划分汇水区域，正确确定径流走向。一般不准出现积留雨水的洼地，具体排水坡度要根据场地的用途、土壤及铺装材料的性质、汇水区大小、植被情况等因素而确定，应符合技术标准要求。

（6）植物种植在高程上的要求

植物种类不同，其生活习性不同。有的耐水湿，有的不耐水湿。如雪松、马尾松、栾树等，当地下水浸渍部分根系时，即会枯萎。因此，地形设计时应为不同植物创造出不同的环境条件。

1.2.4　竖向设计方法

通常竖向设计的表达方法有等高线法、断面法、模型法及计算机绘图法四种。

1. 等高线法

等高线法是园林竖向设计中的主要方法，它是在绘有原地形等高线的底图上用设计等高线进行地形的改造或创作，在同一张图纸上表达原有地形、设计地形状况、场地的平面布置及各部分的高程关系。一般用于对整个园林进行竖向设计，等高线法极大地方便了设计过程中进行方案比较及修改的工作，也便于进行后续的土方工程量计算工作。因此，最适宜于自然山水园的竖向设计与土方计算。

（1）等高线的概念

用一组垂直间距相等、平行于水平面的假想面与自然地貌相切所得到的交线在平面上的投影，并在其上标注高程，即成为一组等高线。可用它在图纸上表示地形的高低陡缓、峰峦位置、坡谷走向及溪地深度等内容。

（2）等高线的特性

1）同一条等高线上的所有点高程相等。

2）每一条等高线都在地形图内或外部闭合的。

3）等高线水平间距的大小表示地形的缓陡，疏则缓、密则陡。等高线间距相等，表示该坡面的角度相同，如果该组等高线平直，则表示该地形是一处平整过的同一坡度的斜坡。

4）等高线一般不相交或重叠。只有在悬崖处等高线才有可能出现相交情况。在某些垂直于地平面的峭壁、地坎或挡土墙驳岸处等高线才会重合，在平面上形成一条单一的直线。

5）等高线在图纸上不能直穿横过河谷、堤岸和道路等。当等高线接近低于地面的河谷时转向上游延伸，而后穿越河床，再向下游走出河谷；如遇高于地面的堤岸或路堤时则转向下方，横过堤顶再转向上方而后走向另一侧。

（3）等高线法

等高线各水平面间的垂距即为等高距 h，两相邻等高线在水平投影面上的投影之间的距离即为等高线"平距" L，见图 1-2-3。

用设计等高线进行设计时，经常要用到两个公式，一是插入法求两相邻等高线之间任意点高程的公式；二是坡度公式：

$$i = \frac{h}{L} \qquad (1-2-1)$$

式中 i ——坡度（%）；

      h ——水平距离为 L 的一条直线或两个端点之间的高度差（m）；

      L ——水平间距（m）。

按照建园的竖向设计要求，用坡度公式可以对场地进行改造。保持高距不变，改变等高线间的水平距离，从而将陡坡变缓或缓坡变陡坡，如图 1-2-4 所示。

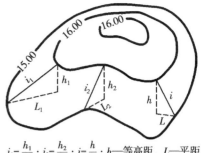

$i_1 = \dfrac{h_1}{L_1}$；$i_2 = \dfrac{h_2}{L_2}$；$i = \dfrac{h}{L}$；h——等高距，L——平距

图 1-2-3 等高线及其元素示意图

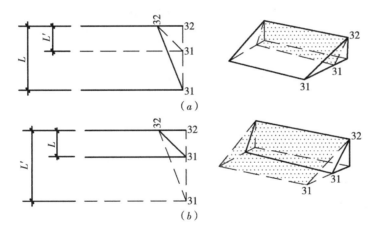

(a)

(b)

图 1-2-4 调节等高线平距改变地形坡度

当需要进行场地的平整时，也可以用平直的设计等高线和拟平垫部分的同值等高线连接，其连接点就是不挖不填的点，也称"零点"。相邻"零点"连线即零点线，其包围的范围即是平垫区域。等高线法还可以用于平垫沟谷、削平山脊、平整场地等地形的设计并进行土方计算。凹凸地形的等高线表示见图 1-2-5。

2. 断面法

断面法是用许多断面表达设计地形以及原有地形的状况的方法，其包括纵、横两个方向的断面，用断面图表示地形按比例在纵向和横向的变化。此种方法一般用于表达较复杂地形的变化情况，可以使视觉形象更明了和更能表达实际形象轮廓。还可以说明地形轮廓。同时，也可以表达地形上地物的相对位置和室内外标高的关系；说明植物分布及林木的轮廓与景观在垂直空间内地面上不同界面的处置效果（如水体岸坡坡度变化延伸情况等）。如图 1-2-6 所示。

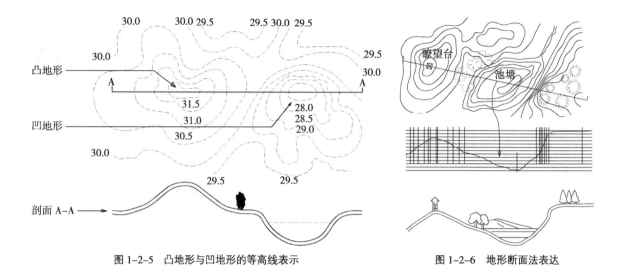

图 1-2-5　凸地形与凹地形的等高线表示　　　　　　　图 1-2-6　地形断面法表达

断面的取法可以选择园林用地具有代表性的轴线方向，也可以沿用在地形图上绘制的方格网线的方向，长向作为纵坐标，其纵向坐标为地形与断面交线上各点的标高，横向坐标为地形水平长度。断面图在地形设计中的表现方式有多种，可用于不同场合。同时，在各种断面图上也可用实线同时表示原地形轮廓线。

断面法一般不能全面反映园林用地的地形地貌。当断面过多时既繁琐，又容易混淆。因此，一般仅用于要求粗放且地形狭长的地段的地形设计及表达，或将其作为设计等高线法的辅助图，以便较直观地说明设计意图。对于用等高线法表示的设计地形，借助断面图可以确认其竖向上的关系及其视觉效果。

3. 模型法

模型法不同于等高线法和断面法，它是一种对设计地形加以形象表达的方法，主要用在地形规划阶段，用来斟酌地形的规划方案。模型法可以直观地表达地形、地貌形象，具有三维空间表现力，它是将设计的地形、地貌实体形象按一定比例缩小，用特殊材料和工具进行制作加工和表现。常用以表现起伏较大的地形，对相对高差不大的地形则不适宜用模型法。同时，模型的制作费工费时，成本高，并且不便搬动。材料有陶土、木板、软木、泡沫板、吹塑板、厚纸板、橡皮泥或其他材料，材料的选取应视模型的用途、表现地形的复杂程度以及材料的来源而定。

4. 计算机绘图法

随着计算机技术和设计软件的开发，利用计算机进行设计制图已广泛应用于各种设计领域。计算机绘图法即通过现有的绘图软件，建立和原地形地表相一致的电子模型，并且可以通过终端荧光屏直观显示，能灵活、方便地进行方案调整和地形的修饰，从而实现对地形的设计改造。改造后的设计地形的电子模型还可以在屏幕上从任意视角来观察和体验其三维形态，也可以制作成多媒体动画，实现对地形连续的、实时的地形变化的图像展示，据此对设计地形进行进一步调整，从而确定出理想的、合理的设计方案。

以上几种方法在地形规划设计及表达过程中往往是综合运用的。在大多数情况下等高线法是地形设计的主要表达方法，断面法、模型法和计算机绘图法仅作为辅助方法。

1.3　土方工程量计算

土方工程量计算一般是依据附有原地形等高线的设计地形图进行的，通过计算，反过来又可修改设计图中的不合理之处，使图纸更臻完善。同时，土方工程量的计算资料又是工程预算和进行施工组织设计等工作的重要依据，所以土方工程量的计算是土方工程中必不可少的重要内容。

计算土方工程量的方法很多，在项目前期规划阶段，常用估算方法对土方工程量进行估算，用于确定投资；而在施工方案设计阶段，需根据设计方案进行精确的土方量计算。土方工程中常用的方法有估算法、断面法和方格网法。

1.3.1　土方工程量计算方法

1. 估算法

也称体积公式估算法。在建园过程中，经常会碰到一些类似几何形体的土体，如山丘、池塘等。这些土体的体积可用相近的几何体体积公式计算，其计算方法见表 1-3-1 中公式。估算法方法简便，但计算精度较差，多用于土体体积的估算。

几何体体积公式　　　　　　　　　　　表 1-3-1

序号	几何体名称	几何体形状	体积
1	圆锥		$V = \dfrac{1}{3}\pi r^2 h$
2	圆台		$V = \dfrac{1}{3}\pi rh\,(\,r_1^2 + r_2^2 + r_1 r_2\,)$
3	棱锥		$V = \dfrac{1}{3}Sh$
4	棱台		$V = \dfrac{1}{3}h\,(\,S_1 + S_2 + \sqrt{S_1 S_2}\,)$
5	球缺		$V = \dfrac{\pi h}{6}\,(\,h^2 + 3r^2\,)$

注：V—体积；r—半径；S—底面积；h—高；r_1、r_2—分别为上、下底半径；S_1，S_2—上、下底面积。

2. 断面法

断面法是以若干相互平行的截面将拟计算的土体或地形单体（如山、溪涧、池岛等），分解成若干"段"，分别计算这些"段"的体积，再将各段的体积累加，即可求得该计算土体的总土方量。其计算公式见式（1-3-1）。

$$V=\frac{S_1+S_2}{2}\times L \qquad (1-3-1)$$

其中：当 $S_1=S_2$ 时，$V=S\times L$

式中　S_1、S_2——分别为该段前后断面面积（m^2）；

　　　　L——两断面间的垂直距离（m）。

断面法的计算精度取决于截取断面的数量。计算断面越多，计算精度越高，反之则粗略。

断面法根据其取断面的方向不同可分为垂直断面法、水平断面法（也称等高面法）及与水平面呈一定角度的成角断面法多种。

（1）垂直断面法

垂直断面法适用于带状土体（如带状山体、水体、沟、路、路槽等）的土方量计算。见图1-3-1。

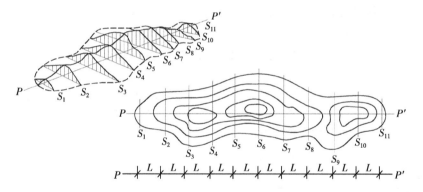

图 1-3-1　带状山体的垂直断面法

其基本计算公式见式（1-3-1），公式简便。当 S_1、S_2 的面积相差较大或两断面之间的距离大于50m时，计算结果误差较大。此时可采用公式（1-3-2）计算：

$$V=\frac{1}{6}(S_1+S_2+4S_0) \qquad (1-3-2)$$

式中　S_0——中间断面面积（m^2）。

S_0 的求法有两种：（参见图1-3-2）

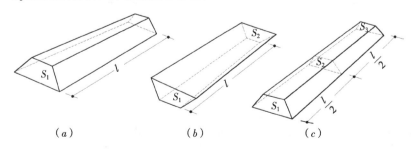

（a）　　　　　　　（b）　　　　　　　（c）

图 1-3-2　求中截面面积

方法一，利用棱台中截面面积公式（1-3-3）计算：

$$S_0 = \frac{1}{4} \left(S_1 + S_2 + 2\sqrt{S_1 S_2} \right) \qquad (1-3-3)$$

方法二，利用 S_1 及 S_2 各相应边的算术平均值求 S_0 的面积进行计算。

垂直断面法也可以用于平整场地的土方计算。当绘制断面图时，其上的纵横尺度比例可不同，为加强纵断面特点的表示，并使图形更清晰并便于绘制，纵向比例可比横向比例大 1.5 倍。

用垂直断面法求土方体积，比较繁琐的工作是断面面积的计算。断面面积的计算方法较多，对形状不规则的断面既可用求积仪求其面积，也可用"方格纸法"、"平行线法"或"割补法"等方法进行计算。但这些方法也颇费时间。常见断面面积的计算公式见表 1-3-2。

常见断面面积计算公式表　　　　　　　　表 1-3-2

断面形状图示	计算公式
梯形图示，两侧 1:n，底 b	$F = h(b + nh)$
梯形图示，左 1:m，右 1:n，高 h，底 b	$F = h\left[b + \dfrac{h(m+n)}{2} \right]$
梯形图示，左 1:m，右 1:n，底 b	$F = b\,\dfrac{h_1 + h_2}{2} + h_1 h_2\,\dfrac{m+n}{2}$
多段断面，$h_1\,h_2\,h_3\,h_4\,h_5$，$a_1\,a_2\,a_3\,a_4\,a_5\,a_6\,a_7$	$F = \dfrac{a_1 h_1}{2} + a_2\,\dfrac{h_1+h_2}{2} + a_3\,\dfrac{h_2+h_1}{2} + a_4\,\dfrac{h_2+h_1}{2} + a_5\,\dfrac{h_1+h_2}{2} + \dfrac{a_6 h_5}{2}$
多段断面，$h_0\,h_1\,h_2\,h_3\,h_4\,h_5\,h_6$，等间距 a	$F = \dfrac{a}{2}(h_0 + 2h + h_6)$ $h = h_1 + h_2 + h_3 + h_4 + h_5$

（2）水平断面法

水平断面法也称等高面法，是在等高线处沿水平方向截取断面的土方量计算方法，等高距即为两相邻断面的高。见图 1-3-3。

其土方量计算方法与断面法相同，计算公式见式（1-3-4）：

$$V = \frac{S_1 + S_2}{2} h + \frac{S_2 + S_3}{2} h + \cdots + \frac{S_{n-1} + S_n}{2} h + \frac{S_n h}{3}$$

$$= \left(\frac{S_1 + S_n}{2} + S_2 + S_3 + S_4 + \cdots + S_{n-1} \right) h + \frac{S_n h}{3} \qquad (1-3-4)$$

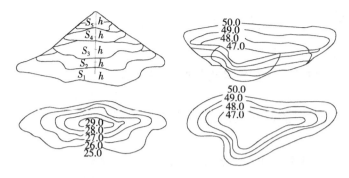

图1-3-3 水平断面法

式中　　V——土方体积（m^3）；

　　　　S_n——断面面积（m^2），$n=1$，2，$\cdots$，n；

　　　　h——等高距（m）。

等高面法最适于大面积的自然山水地形的土方计算。我国园林崇尚自然，园林中山水布局讲究，地形的设计要求因地制宜，充分利用原地形，"得景随开，景到随机，高阜可培，低方宜挖"，以节省工程量。同时，为了造景又要使地形起伏多变，挖湖堆山也常常借以原地形高低不平的有利条件。进行土方量计算时必须考虑到原有地形的影响，这也是自然山水园林土方计算较繁杂的原因。由于园林设计图纸上的原地形和设计地形均用等高线表示，因而采用等高面法进行计算最为方便。水平断面法既适用于山水地形的土方量计算，也可用来作局部平整场地的土方计算。

断面法计算土方量的精度随地形的变化幅度与断面截取的数量有关，垂直断面法取决于截取断面的数量，等高面法则取决于等高距的大小。对于一定范围的土方，计算精度主要取决于计算断面的数量，断面多则计算较精确，反之较粗糙。

3. 方格网法

在建园过程中，地形改造除挖湖堆山外，还有许多地坪、缓坡地需要平整。平整场地的工作是将原来高低不平的、比较破碎的地形按设计要求整理成为平坦的具有一定坡度的场地，如停车场、集散广场、体育场、露天演出场等。整理这类地块的土方工程量计算往往采用方格网法。

方格网法是将平整场地的设计工作和土方工程量计算工作结合在一起进行的。其方法是：

（1）在附有等高线的施工现场地形图上作方格网控制施工场地，方格边长数值取决于所要求的计算精度和地形变化的复杂程度，在园林中一般用20~40m，也可根据地形变化，适当加密。计算时，可为每一方格网点编号，编号可填入网点的左下角（图1-3-4）。

（2）在地形图上用插入法求出各角点的原地形标高（或把方格网各角点测设到地面上，同时测出各角点的标高，并标注在图上），原地形标高数字填入方格网点的右下角（图1-3-4）。

（3）依设计意图（如地面的形状、坡向、坡度值等）确定

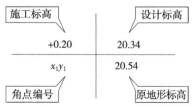

图1-3-4 方格网点标高标注示意图

各角点的设计标高，设计标高数值填入方格网点的右上角（图 1-3-4）。

（4）比较原地形标高和设计标高，求得施工标高，并填入方格网点的左上角（图 1-3-4）。

$$施工标高 = 原地形标高 - 设计标高$$

得数为正数时表示挖方，得数为负数时表示填方。

（5）确定零点线。求出施工标高后，若在同一方格中既有填方又有挖方部分，其中既不挖土也不填土的点即是零点，将方格网中的零点连接起来的线就是零点线。零点线是挖方区和填方区的分界线，它是土方工程量计算的重要依据。

（6）土方工程量计算。根据方格网中各个方格的填挖情况，分别计算出每一方格的挖、填土方工程量，并填入土方工程量计算表，从而确定方格网总的挖方量与填方量。

几种常见体积的计算图式及计算公式，见表 1-3-3。

常见土方量计算图示及计算公式 表 1-3-3

序号	挖填情况	平面图示	立面图示	计算公式
1	四点全为填方（或挖方）			$\pm V = \dfrac{a^2 \times \sum h}{4}$
2	两点填方两点挖方			$\pm V = \dfrac{a(b+c)\sum h}{8}$
3	三点填方（或挖方）一点挖方（或填方）			$\pm V = \dfrac{bc\sum h}{6}$ $\pm V = \dfrac{(2a^2 - bc)\sum h}{10}$
4	相对两点为填方（或挖方）余下两点为挖方（或填方）			$\pm V = \dfrac{d \times e \times \sum h}{6}$ $\pm V = \dfrac{de\sum h}{6}$ $\pm V = \dfrac{(2a^2 - bc - de)\sum h}{12}$

（7）绘制土方工程量调配表及土方平衡图。土方的平衡调配是对土方工程中挖方的土运至何处（利用和堆弃）及填方所需的土应取自何方进行综合协调处理，以使在土方运输量和运输成本最低的条件下，确定挖方区、填方区的土方调配方向和数量，从而缩短工期、降低工程造价。

利用方格网法进行土方工程量的计算，其具体计算步骤和方法结合后面的工程实例加以说明。

1.3.2 土方平衡与调配

1. 土方平衡

地形设计的一个基本要求，是使设计的挖方工程量和填方工程量基本平衡。土方平衡就是将已经求出的挖方总量和填方总量进行比较，若二者数值接近，则可认为达到了土方平衡的基本要求，若二者数值差距太大，则是土方不平衡，应调整设计地形，将地面再垫高些或再挖深些，一直达到土方平衡要求为止。

在进行土方平衡时，首先考虑地面施工的土方量，其次考虑园林各种设施的土方开挖，各种地下构筑物、建筑物及有关设备的基础工程开挖的土方量等。由于在初步土方平衡时还未取得有关工程土方量的详细资料，所以其工程的土方量要采取估算的方法取得。例如，园林建筑的地下工程挖方量可用每平方米建筑占地面积计算，园路场地的土方量可根据路堤、放坡等具体情况来估算等。

土方平衡的要求是相对的，没必要做到绝对平衡。实际上，作为计算依据的地形图本身就不可避免地存在一定的误差，而且用等高面法计算的结果也不能保证十分精确，因此在计算土方量时能够达到土方相对平衡即可。而最重要的考虑，则应落在如何既要保证完全体现设计意图，又要尽可能减少土方工程量和土方量的转运量。

土方工程量挖填平衡，可以用列表方式进行。

2. 土方调配

在确定土方工程施工方案时，要确定挖方、填方区，并计算其土方工程量及其土方量的相互调配关系。如地形设计所确定的填方区，其需要的土方从何地点（位置）取多少方土，挖湖挖出的土方运至何处，运多少方到各个填方区等，这些问题都要在施工开始前，制订详细的施工方案，做好土方调配计划。

（1）土方调配原则

1）挖方、填方基本平衡，在挖方的同时进行填方，减少重复倒运。

2）使挖（填）方量与运距的乘积之和尽可能小，并使总土方运输量或运输费用最小。

3）分区调配应与全场调配相协调，切不可只顾局部的平衡而妨碍全局。

4）土方调配应尽可能与地下建筑物或构筑物的施工相结合。

5）选择恰当的调配方向、运输路线，使土方运输无对流和乱流现象，并便于机械化施工。

6）当工程分期分批施工时，先期工程的土方余额应结合后期工程需要，考虑其利用的数量和堆放位置，以便就近调配。

（2）土方调配方法

1）划分土方调配区。即在场地平面图上先画出挖方区、填方区的分界线即零线，并在挖方区、填方区划出若干调配区。

2）计算各调配区的土方量，并标注在调配图上。

3）计算各调配区的平均运距，即挖方调配区土方重心到填方调配区土方重心之间的距离。

4）绘制土方调配图，在图中标明调配方向、土方数量及平均运距。

5）列出土方量平衡表。

土方调配情况，可以用土方调配图及土方调配表来表示。根据地形设计绘制的土方调配图直观形象，土方调配表也可以让人一目了然地了解各个区的出土量和需土量、调拨关系和土方平衡情况，都可运用到施工中指导土方的堆填工作。

土方平衡和调配工作是土方施工设计的一个重要内容，其目的是降低土方量的运输量，降低工程造价（或者土方施工费用降低），并在适当考虑填土使用情况的条件下，确定填、挖区土方的调配方向和数量，从而达到缩短工期、降低成本、提高土方工程质量的目的。

进行土方调配必须综合考虑现场情况、有关技术资料、土方施工方法以及园林平面规划和竖向设计等。园地基址土壤条件可能比较复杂，同时各类园林用地对土质要求也有不同的倾向性，如建筑地基应填筑力学性能较优的土质等，这些均是土方调配时需加以考虑的。

1.3.3 土方工程量计算实例

某园林广场为了满足游人游园活动的需要，拟将这块地面平整为三坡向两坡面的"T"字形广场，要求广场具有 1.5% 的纵坡和 2.0% 的横坡，土方就地平衡。试求其设计标高并计算其土方量（图 1-3-5）。

1. 绘制方格网

按正南北方向（或根据场地具体情况定）作边长为 20m 的方格控制网，将各方格角点测设到地面上，同时测量角点的地面标高并将标高值标记在图纸上，这就是该点的原地形标高，如果有较精确的地形图，可用插入法由图上直接求得各角点的原地形标高。

插入法求标高的方法：设 H_X 为欲求角点的原地面高程，过此点作相邻两等高线间最小距离 L。则

$$H_X = H_a \pm \frac{x \cdot h}{L} \qquad (1-3-5)$$

式中　H_X——位于低边等高线的高程（m）；

　　　x——角点至低边的距离（m）；

　　　h——等高差（m）。

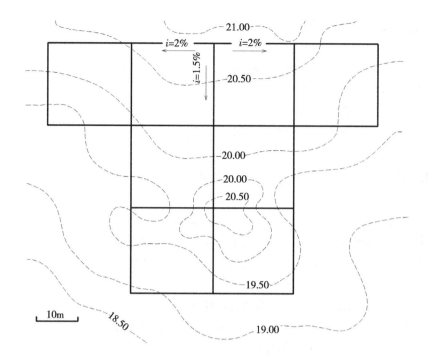

图 1-3-5　某园林广场
方格控制网

用插入法求某地面高程通常会遇到三种情况：

（1）待求点标高 H_X 在两等高线之间：

$$H_X ： h=x ： L \qquad H_X=xh/L$$

$$H_X=H_a+\frac{x \cdot h}{L} \tag{1-3-6}$$

（2）待求点标高 H_X 在低边等高线的下方：

$$H_X ： h=x ： L \qquad H_X=xh/L$$

$$H_X=H_a-\frac{x \cdot h}{L} \tag{1-3-7}$$

（3）待求点标高 H_X 在高边等高线的上方：

$$H_X ： h=x ： L \qquad H_X=xh/L$$

$$H_X=H_a+\frac{x \cdot h}{L} \tag{1-3-8}$$

实例中角点 1-1 的原地形标高求法见图 1-3-6，过 1-1 点作相邻两等高线间的距离最短线段。用比例尺量得 $L=12.6m$，$x=7.4m$，等高线等高差 $h=0.5m$，代入公式（1-3-7）：

$$H_X=20.00+7.4 \times 0.5/12.6=20.29m$$

求点 1-2 的高程利用公式（1-3-7），用最短直线连接 1-2 点及 20.00、20.50 等高线。由图上得 $L=12m$，$x=13m$。

$$H_X=20.00+13 \times 0.5/12=20.54m$$

依次将其余各角点一一求出，并标写在图上。

2. 求平整标高（即设计标高）

平整标高又称设计标高。平整在土方工程中的含义就是把一块高低不平的地面

· 32　园林工程（第二版）

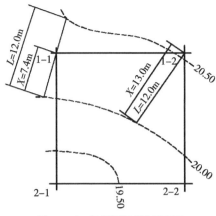

图 1-3-6　角点标高求法示意图

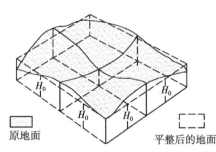

原地面　　　　　　　平整后的地面

图 1-3-7　场地土方平衡图解

在保证土方平衡的前提下，挖高垫低使地面成为水平的。这个水平地面的高程就是平整标高。设计工作中通常以原地面高程的平均值（算术平均或加权平均）作为平整标高。我们可以把这个标高理解为居于某一水准面之上凹凸不平的土体，经平整后使其表面成为水平的，经平整后的这块土体的高度就是平整标高，见图 1-3-7。

设平整标高为 H_0，则：

$$V=H_0 Na^2 \tag{1-3-9}$$

$$H_0 = V/Na^2 \tag{1-3-10}$$

式中　　V ——该土体自水准面起算经平整后的体积（m^3）；

　　　　N ——方格数；

　　　　H_0 ——平整标高（m）；

　　　　a ——方格边长（m）。

平整前后这块土体的体积是相等的。设 V 为平整前的土方体积。

$V=V'$，结合本实例，则

$$V'=V'_1+V'_2+V'_3+V'_4+\cdots+V'_8$$

$$V'_1=\frac{h_{1-1}+h_{1-2}+h_{2-1}+h_{2-2}}{4}\times a^2$$

$$V'_2=\frac{h_{1-2}+h_{1-3}+h_{2-2}+h_{2-3}}{4}\times a^2$$

$$\cdots$$

$$V'_8=\frac{h_{3-3}+h_{3-4}+h_{4-3}+h_{4-4}}{4}\times a^2$$

$\because V=V'$

$\therefore H_0 Na^2 = \dfrac{a^2}{4}$ ($h_{1-1}+2h_{1-2}+2h_{1-3}+2h_{1-4}+h_{1-5}+h_{2-1}+3h_{2-2}+4h_{2-3}+$

$\qquad 3h_{2-4}+h_{2-5}+2h_{3-2}+4h_{3-3}+2h_{3-4}+h_{4-2}+2h_{4-3}+h_{4-4}$)

$\therefore \quad H_0 = \dfrac{1}{4N}$ ($h_{1-1}+2h_{1-2}+2h_{1-3}+2h_{1-4}+h_{1-5}+h_{2-1}+3h_{2-2}+4h_{2-3}+3h_{2-4}+$

$\qquad h_{2-5}+2h_{3-2}+4h_{3-3}+2h_{3-4}+h_{4-2}+2h_{4-3}+h_{4-4}$)

简化为：

$$H_0=\frac{1}{4N}\left(\sum h_1+2\sum h_2+3\sum h_3+4\sum h_4\right) \qquad （1-3-11）$$

式中　h_1——计算中使用一次的角点高程；

　　　h_2——计算中使用二次的角点高程；

　　　h_3——计算中使用三次的角点高程；

　　　h_4——计算中使用四次的角点高程。

本例中：$\sum h_1=h_{1-1}+h_{1-5}+h_{2-1}+h_{2-5}+h_{4-2}+h_{4-4}$

$\qquad\qquad =20.29+20.23+19.37+19.64+18.79+19.32=117.64m$

$\qquad 2\sum h_2=\left(h_{1-2}+h_{1-3}+h_{1-4}+h_{3-2}+h_{3-4}+h_{4-3}\right)\times 2$

$\qquad\qquad =\left(20.54+20.89+21.00+19.50+19.39+19.35\right)\times 2=241.34m$

$\qquad 3\sum h_3=\left(h_{2-2}+h_{2-4}\right)\times 3=\left(19.91+20.15\right)\times 3=120.18m$

$\qquad 4\sum h_4=\left(h_{2-3}+h_{3-3}\right)\times 4=\left(20.21+20.50\right)\times 4=162.84m$

代入公式（1-3-10），其中 $N=8$

$$H_0=\frac{1}{4\times 8}\left(117.64+241.34+120.18+162.84\right)\approx 20.06m$$

3. 定设计标高

将图 1-3-5 所给的条件画成立体图，见图 1-3-8，图中 1-3 点最高，设其设计标高为 x，则依给定的坡向、坡度和方格边长，可以立即算出其他各角点的假定设计标高。以点 4-2 为例，点 4-2 在点 4-3 的下坡，距离 $L=20m$，设计坡度 $i=2\%$，则点 4-2 和点 4-3 之间的高差为：$h=i\times L=0.02\times 20=0.4m$。

所以点 4-2 的假定设计标高为 $x-0.4$。而在纵向上的点 2-3，因其设计纵坡坡度为 1.5%，所以该点低 0.3m，其假定设计标高应为 $x-0.3$。依此类推，就可以将各角点的假定设计标高求出，见图 1-3-8。再将图中各角点的假定标高值代入公式（1-3-11）

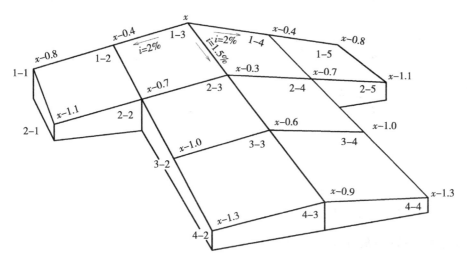

图 1-3-8　代入法求 H_0 的位置图示

$$\sum h_1'=x-0.8+x-0.8+x-1.1+x-1.1+x-1.3+x-1.3=6x-6.4$$

$$2\sum h_2'=(x-0.4+x+x-0.4+x-1.0+x-1.0+x-0.9)\times2=12x-7.4$$

$$3\sum h_3'=(x-0.7+x-0.7)\times3=6x-4.2$$

$$4\sum h_3'=(x-0.3+x-0.6)\times4=8x-3.6$$

$$H_0'=\frac{1}{4\times8}(6x-6.4+12x-7.4+6x-4.2+8x-3.6)=x-0.675$$

$\because$　$H_0=H_0'$，$H_0=20.06\text{m}$

$\therefore$　$20.06=x-0.675$

$\therefore$　$x=20.74\text{m}$

求得点 1-3 的设计标高,就可依此将其他角点的设计标高求出(图 1-3-9)。根据这些设计标高,求得的挖方量和填方量比较接近。

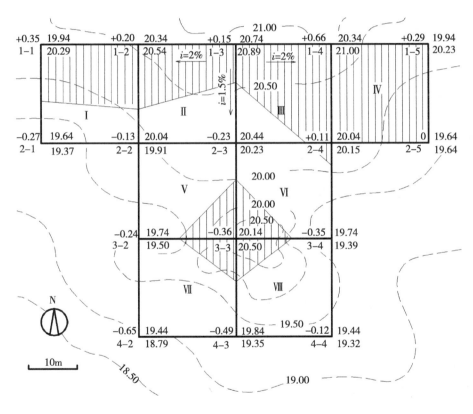

图 1-3-9　某园林广场挖、填方区划图

4. 求施工标高

$$施工标高 = 原地形标高 - 设计标高$$

得数为 " + " 号为挖方,"-" 号为填方。

5. 求零点线

求出施工标高以后,如果在同一方格中既有填土又有挖土部分,就必须求出零点线。

如图 1-3-10 所示,可以用以下公式求出零点:

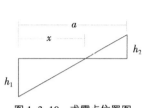

图 1-3-10 求零点位置图

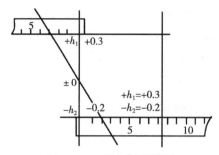

图 1-3-11 零点位置图解法

$$x=\frac{h_1}{h_1+h_2}\times a \qquad (1-3-12)$$

式中 　x ——零点距 h_1 一端的水平距离（m）；

　　h_1、h_2 ——方格相邻两角点的施工标高绝对值（m）；

　　a ——方格边长（m）；

确定零点的办法也可以用图解法，如图 1-3-11 所示，方法是用尺在各角点上标出挖填施工高度的相应比例，用尺相连，与方格相交点即为零点位置。

将相邻的零点连接起来，即为零点线。它是确定方格中挖方与填方的分界线。

例题中，以图 1-3-11 中方格 I 的点 1-2 和点 2-2 为例，求其零点。

$h_1=0.2$，$h_2=-0.13$ 取绝对值代入公式（1-3-12）：

$$x=\frac{0.2}{0.2+0.13}\times 20=12.12\text{m}$$

零点位于距点 1-2 12.12m 处（或距点 2-2 7.88m 处），同法求出其余零点，并依地形特点将各零点连接成零点线，按零点线将挖方区和填方区分开，以便计算其土方量。

6. 土方量计算

根据方格网中各个方格的填挖情况，分别计算出每一方格的土方量。由于每一方格内的填挖情况不同，计算所依据的图式也不同。计算中，应按方格内的填挖具体情况，选用相应的图式，并分别将标高数字代入相应的公式中进行计算。套用图式及计算公式见表 1-3-3。

在例题中方格 IV 的四个角点的施工标高全为 "+" 号，是挖方，用表 1-3-3 中的公式 1 进行计算：

$$V_{\text{IV}}=\frac{a^2}{4}(h_1+h_2+h_3+h_4)=\frac{400}{4}\times(0.66+0.29+0.11+0)=106\text{m}^3$$

方格 I 中两点为挖方，两点为填方，用表 1-3-3 中的公式 2 进行计算，则

$$+V_{\text{I}}=\frac{a(b+c)\times\sum h}{8}$$

$$a=20\text{m}，b=11.29\text{m}，c=12.12\text{m}$$

$$+V_{\text{I}}=\frac{20\times(11.29+12.12)\times 0.55}{8}=32.2\text{m}^3$$

$$-V_I = \frac{20 \times (8.71+7.88) \times 0.4}{8} = 16.6\text{m}^3$$

依法可以求出其余各个方格的土方量，并将计算结果逐项填入土方量计算表，见表1-3-4。

土方平衡表　　　　　　　　　　　　　　　　表1-3-4

方格编号	挖方（m³）	填方（m³）	备注	方格编号	挖方（m³）	填方（m³）	备注
V_I	32.2	16.6		V_{VI}	8.2	31.2	
V_{II}	17.6	17.9		V_{VII}	6.1	88.5	
V_{III}	58.5	6.3		V_{VIII}	5.2	60.5	
V_{IV}	106.0	—		合计	242.6	260.2	
V_V	8.8	39.2					

7. 绘制土方调配表及土方平衡图

本例题土方调配表见表1-3-5，表中清楚地显示了各个区的出土量和需土量、调拨关系和土方平衡情况，土方平衡图如图1-3-12所示。

土方调配表　　　　　　　　　　　　　　　　表1-3-5

挖方及进土	体积（m³）	体积（m³）					
		填方Ⅰ	填方Ⅱ	填方Ⅲ	填方Ⅳ	弃土	总计
		73.7	37.5	88.5	60.5		260.1
A	49.8	6.6		43.2			
B	165.1	67.1	37.5		60.5		
C	27.7			27.7			
进土	17.6			17.6			
总计	260.1						

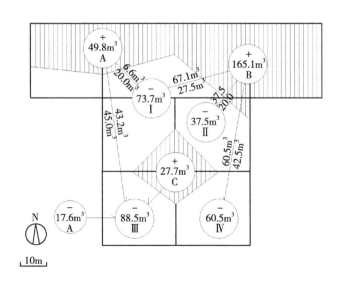

图1-3-12　某园林广场土方量调配图

1.4 土方施工

园林的竖向设计对所建园林的地形进行了设计与布置，要使设计地形成为现实的园林，必然要依靠土方工程的施工才能实现。园林中地形的利用和改造工程都离不开土方工程。土方工程量的大小、难易程度，直接关系到工程的施工速度和完成的质量，还会直接影响到后续的其他工程，如建筑工程、管线工程、绿化工程等。

1.4.1 施工前的准备工作

土方工程开工之前，要先做好准备工作，包括制订施工计划、清理场地、排水和定点放线等工作，以便为后续土方施工提供必要的场地条件和施工依据等。准备工作做得好坏，直接影响着土方工程的工效和工程质量。

1.制订施工计划

施工计划是指导施工的纲领性文件，为制订合理的施工计划，首先要查看设计图纸、资料是否齐全，熟悉图纸、土层地质、水文勘察资料，掌握设计内容，并对图纸进行会审，搞清建设场地范围与周围地下设施管线的关系。

其次，对施工现场进行勘察，摸清工程现场的地形、地貌、地质、水文、气象，以及植被、地下设施、管线、障碍物、供水、供电情况等，为制订施工方案和施工计划提供依据。

在掌握了翔实准确的现场情况以后，可按照园林竖向设计要求，根据甲方要求的施工进度及施工质量进行可行性分析和研究，制订出符合本工程要求及特点的各项施工方案和措施，绘制施工总平面布置图和土方开挖图。根据土方施工的分期工程量、施工条件对施工人员、施工机具进行合理选择，对施工进度及流程进行控制，合理布置施工场地的总平面，同时对临时施工设施搭建等进行周全、细致的安排，力求使开工后的施工工作能够有条不紊地进行。

由于土方工程在园林工程中一般是影响全局的最重要的基础工程，因此它的施工方案及施工组织设计可以直接按照园林的总平面进行施工组织和实施。

2.清理场地

在施工场地范围内，凡有碍工程的开展或影响工程稳定的地面物或地下物都应该清理，例如按设计未加保留的树木、废旧建筑物或地下构筑物等。

（1）伐除树木：凡土方开挖深度不大于50cm或填方高度较小的土方施工，现场及排水沟中的树木必须连根拔除。清理树墩除用人工挖掘外，直径在50cm以上的大树墩还可用推土机或用爆破方法清除，建筑物、构筑物基础下的土方中不得混有树根、树枝、草及落叶。

（2）建筑物或地下构筑物的拆除，应根据其结构特点采取适宜的施工方法，并遵照《建筑工程安全技术规范》的规定进行操作。

（3）施工过程中如发现其他管线或异常物体时，应立即请有关部门协同查清，未搞清前不可施工，以免发生危险或造成其他损失。

3. 排水

场地积水不仅不便于施工，而且也影响工程质量。在施工之前应采取合适的排水措施将施工场地范围内的积水或过高的地下水排走。

（1）排除地面水

在施工前，根据施工区场地地形特点在场地内及其周围挖排水沟，使场地内排水通畅，并防止场地外的水流入。在低洼处或挖湖施工时，除挖好排水沟外，必要时还应加筑围堰或设防水堤。另外，在施工区域内考虑设置临时排水设施时，应注意与原排水方式相适应，并且应尽量与永久排水设施相结合。为了排水通畅，排水沟的纵坡不应小于2%，沟的边坡值取1∶1.5，沟底宽及沟深不小于50cm。

（2）地下水的排除

园林土方施工中多采用明沟排水，通过明沟将水引至集水井，再用水泵抽走。一般按排水面积和地下水位的高低来确定排水系统，先定出主干渠和集水井的位置，再定支渠的位置和数目，土壤含水量大要求排水迅速的，支渠分支应密些，其间距通常取1.5m，反之可疏些。

在挖湖施工中，排水明沟的深度，应深于水体挖置深度。沟可一次挖到底也可依施工情况分层下挖，采用哪种方式可根据出土方向决定，参见图1-4-1及图1-4-2，图1-4-1为排水沟一次挖到底（湖底以下），其开挖顺序为A→B→C→D，为双向出土；图1-4-2为分层挖掘排水沟，A、C、E分别为一、二、三层的排水明沟，开挖顺序为A→B→C→D→E→F，为单向出土挖湖施工。

4. 定点放线

在清场之后，为了确定施工范围及挖土或填土的标高，应按设计图纸的要求，用测量仪器在施工现场进行定点放线工作，这一步工作很重要，为使施工充分表达设计意图，测量时应尽量精确。

（1）平整场地的放线

用经纬仪或红外线全站仪将图纸上的方格网测设到地面上，并在每个方格网交点处设立木桩，边界木桩的数目相对位置依图纸要求设置。木桩上应标记桩号（取施工图纸上方格网交点的编号）和施工标高（挖土用"+"号，填土用"-"号）（图1-4-3）。

（2）自然地形的放线

如挖湖堆山等，也是将施工图纸上的方格网测设到地面上，然后将堆山或挖湖的边界线以及各种设计等高线与方格的交点，一一标注到地面上并打桩

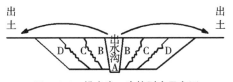

图1-4-1 排水沟一次挖到底示意图

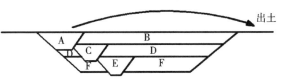

图1-4-2 排水沟分层挖掘示意图

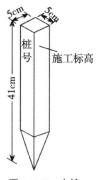

图 1-4-3 木桩

图 1-4-4 自然地形放线

（对于等高线的某些弯曲段或设计地形较复杂、要求较高的局部地段，应附加标高桩或者缩小方格网边长而另设方格控制网，以保证施工质量）（图 1-4-4）。木桩上也要标明桩号及施工标高。

堆山时由于土层不断升高，木桩可能被埋没，所以桩的长度应保证每层填土后要露出土面。土山不高于 5m 的，也可用长竹竿做标高桩。在桩上把每层的标高均标出。不同层用不同颜色标志，以便识别，对于较高的山体，标高桩只能分层设置。见图 1-4-5 及图 1-4-6。

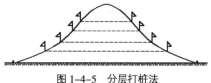

图 1-4-5 分层打桩法

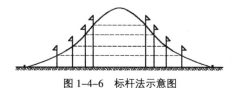

图 1-4-6 标杆法示意图

挖湖工程的放线工作与堆山基本相同，但由于水体挖深一般较一致，而且池底常年隐没在水下，放线可以粗放些，岸线和岸坡的定点放线应准确，这不仅是因为它是水上造景部分，而且和水体岸坡的工程稳定有很大关系。为了精确施工，可以用边坡板控制坡度，参见图 1-4-7。

开挖沟槽时，用打桩放线的方法在施工中木桩易被移动，从而影响了校核工作，所以应使用龙门板（图 1-4-8），每隔 30~100m 设龙门板一块，其间距视沟渠纵坡的变化情况而定。板上应标明沟渠中心线位置，沟上口和沟底的宽度等，板上还要设坡度板，用坡度板来控制沟渠纵坡。

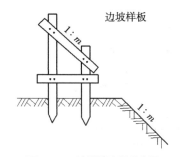

图 1-4-7 边坡坡度板示意图

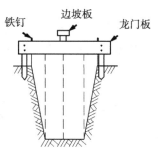

图 1-4-8 龙门板控制边坡示意图

上述各项准备工作以及土方施工一般是按其先后顺序进行，但有时要穿插进行，不仅是为了缩短工期，也是工作需要协调配合。例如，在土方施工过程中，仍可能会发现新的地下异常物体需要处理，施工时也会碰上新的降水，桩线也可能被破坏或移位等。因此，上述的准备工作可以说是贯穿土方施工的整个过程，以确保工程施工按质、按量、按时顺利完成。

1.4.2　土方施工

土方工程施工主要包括挖、运、填、压四部分内容。其施工方法可采用人力施工，也可采用机械化或半机械化施工，这要根据场地条件、工程量大小和当地施工条件决定。在土方规模校大、较集中的工程中，采用机械化施工较经济、快捷。但对工程量不大、施工点较分散的工程或因受场地限制，不便采用机械施工的地段，应该用人力施工或半机械化施工。

1. 土方的挖掘

（1）人力施工

施工工具主要是锹、镐、条锄、板锄、钢钎等，人力施工应组织好劳动力，而且要注意施工安全并保证工程质量。

施工过程中应注意以下几方面：

1）施工人员应有足够的工作面，以免互相碰撞，每人应有 $4 \sim 6 m^2$ 的作业面积。

2）开挖土方附近不得有重物和易坍落物体。

3）随时注意观察土质情况，挖方时注意留出必要的边坡。一般松散土不超过 0.7m，中度密度土壤深不超过 1.25m，坚硬土深不超过 2m。若超出标准者或垂直下挖时超过规定深度者，必须设支撑板支撑。

4）土壁下不得向里挖土，以防坍塌。

5）在坡上或坡顶施工者，不得随意向坡下滚落重物。

6）按设计要求施工，施工过程中注意保护基桩、龙门板或标高桩，以防损坏。

7）遵守土方施工操作规范和安全技术要求。

（2）机械施工

土方施工中推土机应用较广泛，例如在挖掘水体时，用推土机推挖土堆至水体四周，再运走或堆置地形，最后岸坡再用人工修整。

用推土机挖湖堆山，效率很高，但应注意以下几方面：

1）推土机司机应识图或了解施工对象的情况，如施工地段的原地形情况和设计地形特点，最好结合模型，便于一目了然；另外，施工前还要了解实地定点放线情况，如桩位、施工标高等，这样施工时司机心中有数，就能得心应手地按设计意图去塑造设计地形，这对提高工效有很大帮助，在修饰地形时便可节省许多人力、物力。

2）注意保护地表土层。在挖湖堆山时，先用推土机将施工地段的表层熟土（耕作层）推到施工场地外围，待地形整理停当，再把表土铺回来。这对园林植物的生长有利，包括人力施工地段有条件的都应当这样做。

3）为防止木桩受到破坏并有效指引推土机司机，木桩应加高或作醒目标志，放线也要明显，同时施工人员经常到现场校核桩点和放线，以免挖错（或堆错）位置。

2. 土方的运输

在土方调配中，一般都按照就近挖方和就近填方的原则，力求土方就地平衡以减少土方的搬运量。运土关键是运输路线的组织。一般采用回环式道路，避免相互交叉。运土方式也分人工运土和机械运土两种。人工运土一般是短途的小搬运。搬运方式有用人力车拉、用手推车推或由人力肩挑肩扛等。这种运输方式在有些园林局部或小型施工中经常使用。运输方案中应组织好劳力、机械并确定运输路线，明确卸土地点。场地应有专人指挥，避免乱堆乱卸。

3. 土方的填筑

填土应满足工程的质量要求，土壤质量需根据填方用途加以选择，如碎石类土、砂土和爆破石碴可用于表层填料；含水量符合压实要求的黏性土，可用作各层填料；碎块草皮和有机质含量大于8%的土，仅用于无压实要求的填方；淤泥和淤泥质土一般不能用作填料；水溶性硫酸盐含量大于5%的土，不能用作填料；冻土、膨胀性土等不应作为填方材料。土方调配方案不能满足实际需要时应予以重新调整。

（1）大面积填方应分层填筑，并应从最底层开始分层进行，一般每层30~50cm，填一层压实一层，为保持排水，应保证斜面有3%的坡度，并应层层压实。

（2）同一填方工程应尽量采用同类土填筑，如采用不同土填筑时，必须按类分层铺筑，并注意土层的透水性，应将透水性大的土层置于透水性小的土层之下。

（3）在自然斜坡上填土，为防止新填土方滑落，应先将土坡挖成台阶状，然后再填土，有利于新旧土方的结合使填方稳定。见图1-4-9。

（4）当天填筑应在当天压实，避免填土干燥或雨水、施工用水浸泡。

（5）填土层如有地下水或滞水时，应在四周设置排水沟和集水井，将水位降低；填土区应保持一定横坡，或中间稍高两边稍低，以利排水。

（6）在填自然式山体时，土方的运输路线应以设计的山头及山脊走向为中心，并结合来土方向进行安排。采用螺旋式分路上行，运土顺循环道路上填，车辆或人挑满载上山，土卸在路两侧，空载的车（或人）沿路线继续前行下山，车（或人）不走回头路、不交叉穿行，路线畅通，不会逆流相挤，随着不断卸土，山势逐渐升高，运土路线也随之升高，这样既组织了车（或人）流，又使山体分层上升，部分土方边卸边压实，有利于山体稳定，山体表面也较自然。如果山源有几个来向，运土路线可根据地形特点安排几个小环路，小环路的布置安排应互不干扰。见图1-4-10。

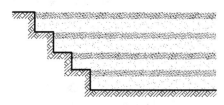

图1-4-9　分层填筑示意图

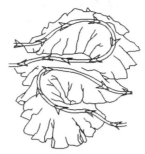

图 1-4-10 堆山行走
路线示意图

4. 土方的压实

土方的压实根据工程量的大小，可采用人工夯压或机械碾压。

人工夯压可用夯、硪、碾等工具；机械碾压可用碾压机、振动碾或用拖拉机带动铁碾，小型夯压机械有内燃夯、蛙式夯等。

压实方法分为碾压、夯实、振动压实三种。对于大面积填方，多采用碾压方法压实；对于较小面积的填土工程则宜用夯压机具进行夯实；振动压实方法主要用于压实非黏性填料如石碴、碎石类土、杂填土或亚黏土等。

填土的含水量对压实质量有直接的影响。每种土壤都有其最佳的含水量，土在这种含水量条件下，压实后可以获得最大密度效果。为了保证填土在压实过程中处于最佳含水量，当土过湿时，应予翻松晾干，也可掺不同类土或吸水性填料；当土过干时，则应洒水湿润后再行压实。尤其是作为建筑、广场道路、驳岸等基础对压实要求较高的填土场合，更应注意这个问题。常见土壤的最佳含水量见表 1-4-1。

各种土壤最佳含水量   表 1-4-1

土壤名称	最佳含水量	土壤名称	最佳含水量
粗砂	8%~10%	黏土	20%~30%
细砂和黏质砂土	10%~15%	重黏土	30%~35%
砂质黏土	6%~22%	—	—

另外，在压实过程中还应注意以下几点：

（1）压实工作必须分层进行，每层的厚度要根据压实机械、土的性质和含水量来决定。填土施工时的分层厚度及压实遍数见表 1-4-2。

填土施工时的分层厚度及压实遍数   表 1-4-2

压实机具	分层厚度（mm）	每层压实遍数	压实机具	分层厚度（mm）	每层压实遍数
平碾	250~300	6~8	蛙式打夯机（柴油）	255~300	3~4
振动压实机	250~350	3~4	人工打夯	<200	3~4

（2）压实工作要注意均匀，以保证土壤相对稳定。

（3）松土不宜用重型碾压机械直接滚压，否则土层会有强烈起伏现象，效率不高。如先用轻碾压实，再用重碾压实就会取得较好效果。

（4）压实工作应自边缘开始逐渐向中间收拢，否则边缘土方易外挤引起坍落。

园林土方工程，施工场地大，工作面较宽，工程量大，工期较长，施工组织工作很重要。大规模的工程应根据施工场地情况，施工人员、机具力量，工期要求和具体条件来确定。工程可全面铺开也可分期进行。施工现场要有专人指挥调度，各项工作要有专人负责，以确保工程按计划完成。

复习思考题

1-1. 名词解释：土壤的密度、土壤的含水率、安息角、边坡系数、等高线。

1-2. 土的工程分类有哪些？园林工程中常用的土的类别有哪几种？

1-3. 什么是土的可松性？土的最初及最终可松性系数如何确定？

1-4. 土方边坡的表示方法有哪些？影响土方边坡大小的因素有哪些？

1-5. 竖向设计的主要内容有哪些？竖向设计应遵循哪些原则？

1-6. 竖向设计的主要方法有哪些？试比较其优缺点。

1-7. 地形设计时，对平地、坡地的坡度有何要求？

1-8. 土方工程量的计算方法有哪些？

1-9. 断面法计算土方工程量的特点是什么？水平断面法和垂直断面法有何不同？

1-10. 土方平衡与调配的主要原则是什么？

1-11. 土方开挖前应做哪些准备工作？

1-12. 土方工程施工的主要内容有哪些？

1-13. 计算题：某园林广场场地方格网如习题图 1-1 所示，方格网边长为 20m，纵、横双向排水 $i_x=i_y=3\%$，土质为黏性土。不考虑土的可松性系数，试根据挖填方平衡的原则，计算场地设计标高、各角点的施工高度及挖、填方总土方量。

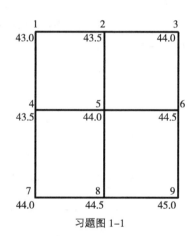

习题图 1-1

实习实训

提供某校园绿地原有地形等高线的地形设计图，利用方格网法计算土方量。要求将设计图描绘到硫酸纸上，按步骤进行计算，同时绘制土方平衡表及土方调配图。

园林工程（第二版）

2

园林给水排水及管线工程

■ 本章学习要点

熟悉园林给水的类型、特点、水质选择、给水系统的组成及布置形式；掌握给水管网的水力计算方法，理解给水管网的相关概念；熟悉园林排水的特点，掌握地表径流、雨水管渠、排水盲沟等排水设计；掌握喷灌形式和喷灌系统的设计要求与方法；熟悉园林污水处理和利用的主要方法；熟悉中水回用的方式和途径，理解中水回用的水质标准。要求学生具备基本的园林给水、排水和喷灌设计能力。

园林给水排水工程是城市给水排水工程的一个组成部分。给水排水系统是为人们的生活、生产和消防提供用水和排除废水的设施总称，其功能是向各种不同类别的用户供应满足需求的水质和水量，同时承担用户排出的废水的收集、输送和处理，达到消除废水中污染物质对于人体健康的危害和保护环境的目的。给水排水系统可分为给水和排水两个组成部分，分别被称为给水系统和排水系统。

在人们的生活和生产活动中，为了给各生产部门及居民点提供在水质、水量和水压方面均符合国家规范的用水，需要设置一系列的构筑物，从水源取水，并按用户对水质的不同要求分别进行处理，然后将水送至各用水点使用。这一系列的构筑物就叫给水系统。

清洁的水经过人们在生活中和生产上的使用而被污染，形成大量成分复杂的污水。这些污水往往含有传染疾病的细菌及各种有害物质，如不经过处理和消毒就排走，将严重污染生态环境，危害人们的身体健康。另外，在污水中又含有一些有用物质，经处理可回收利用。为了使排出的污水无害及变害为利，必须建造一系列设施对污水进行必要的处理，这些处理与排除污水的系统就叫排水系统。

城市中的水的供、用、排三个环节就是通过给水系统和排水系统联系起来的。关于给水排水的整个流程如图 2-1-1 所示。

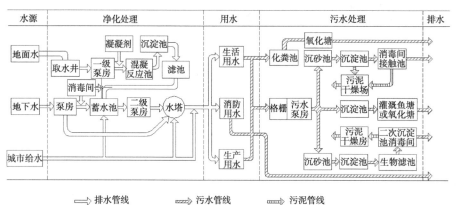

图 2-1-1　城市给水排水流程示意图

2.1 园林给水工程

2.1.1 园林给水工程概述

1.园林用水类型

园林用水大致可分为以下几方面。

（1）生活用水

指人们的日常用水，如办公室、餐厅、内部食堂、茶室、小卖部、消毒饮水器及卫生设备等的用水。生活用水对水质要求很高，直接关系到人身健康，其水质应符合《生活饮用水卫生标准检验方法》（GB5750—2006）的要求。

（2）养护用水

包括植物灌溉、动物笼舍的冲洗及夏季广场园路的喷洒用水等。这类用水对水质的要求不高。

（3）造景用水

各种水体（溪涧、湖泊、池沼、瀑布、跌水、喷泉等）的用水。

（4）消防用水

按国家建筑规范规定，所有建筑都应单独设置消防给水系统。公园中的古建筑或主要建筑周围应该设消火栓。

园林给水工程的任务就是如何经济、合理、安全可靠地满足以上四个方面的用水需求。

2.园林给水的特点

（1）园林中用水点较分散；

（2）由于用水点分布于起伏的地形上，高程变化大；

（3）水质可据用途不同分别处理；

（4）用水高峰时间可以错开；

（5）饮用水（沏茶用水）的水质要求较高，以水质好的山泉最佳。

2.1.2 园林给水方式

1.水源与水质

（1）水源

园林由于其所在地区的供水情况不同，取水方式也各异。在城区的园林，可以直接从就近的城市自来水管引水。在郊区的园林绿地，如果没有自来水供应，只能自行设法解决，附近有水质较好的江湖水的可以引用江湖水；地下水较丰富的地区可自行打井抽水。近山的园林如果有山泉，则可就近取用山泉水。

（2）水质

园林用水的水质要求，可因其用途的不同而分别进行处理。公园中除生活用水外，其他方面用水的水质要求可根据情况适当降低。例如无害于植物，不污染环境的水都可用于植物灌溉和水景用水的补给。如条件许可，这类用水可取自园内水体；大型喷泉、瀑布用水量较大，可考虑自设水泵循环。

生活用水（特别是饮用水）则必须经过严格净化消毒，水质应符合国家颁布的《生活饮用水卫生标准检验方法》（GB5749—2006）的要求。

园林用水如果来源于地表水，即江、河、湖塘和浅井中的水，这些水由于长期暴露于地面上，容易受到污染，水质较差，必须经过净化和严格消毒，才可作为生活用水。

园林用水如果来源于地下水，即泉水以及从深井中或管井中取用的水，由于其水源不易受污染，水质较好，一般情况下除作必要的消毒外，不必再净化。

2. 园林给水方式

（1）根据给水性质和给水系统构成分为从属式、独立式和复合式三类。

从属式指水源来自城市管网，是城市给水管网的一个用户；独立式指水源取自园内水体，独立取水并进行水的处理和使用；复合式指水源兼由城市管网供水和园内水体供水。

（2）根据水质、水压或地形高差要求分为分区给水、分质给水和分压给水三类。其系统组成如图 2-1-2~ 图 2-1-4 所示。

当园内地形起伏较大，或管网延伸很远时，可以采用分区给水系统。

当用户对水质要求不同时，可采用分质给水系统。如：园内游人生活用水，要求符合人们饮用的高水质水，浇洒绿地、灌溉植物及水景用水，只要符合无害于植物、不污染环境的低水质水。

当用户对水压要求不同时，可采取分压给水系统。如园内大型喷泉、瀑布或高层建筑对水压要求较大，因此要考虑设水泵加压循环使用，其他地方的用水对水压要求较小，可直接采用城市管网水压。

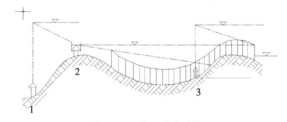

图 2-1-2　分区给水系统
1—低区供水泵站；2—水塔；3—高区供水泵站

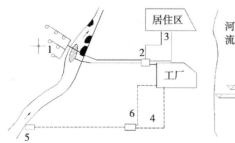

图 2-1-3　分质给水系统
1—管井；2—泵站；3—生活用水管网；
4—生产用水管网；5—取水构筑物；
6—工业用水处理构筑物

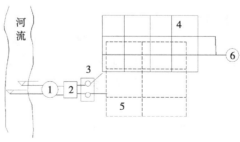

图 2-1-4　分压给水系统
1—取水构筑物；2—水处理构筑物；3—泵站；
4—高压管网；5—低压管网；6—水塔

2.1.3 园林给水管网的布置

园林给水管网的布置除了要了解园内用水的特点外，公园周围的给水情况也很重要，它往往影响管网的布置方式。一般市区公园的给水可由一点引入，但对较大型的公园，特别是地形复杂的公园，最好采用多点引水，这样可以节约管材，减少水头损失，而且为连续供水提供了保障。

1. 给水管网的布置形式

（1）树状网

树管网是把从水厂泵站或水塔到用户的管线布置成树枝状，如图 2-1-5（a）所示。树状网的特点是管道长度小，节约投资，但供水可靠性、水质安全性较差。因为管网中任何一段管线损坏时，在该管段以后的所有管线就会断水。另外，在树状网的末端，因用水量已经很小，管中的水流缓慢，甚至停滞不流动，因此水质容易变坏。树状网一般适合于小城市和小型工矿业。

（2）环状网

环管网是把供水管线连接成环状，使管网供水能相互调剂。当管网中的某一管线出现故障时，可以关闭附近的阀门，与其余管线隔开，然后进行检修，水还可以从另外的管线供应给用户，断水的地区可以缩小，从而增加供水可靠性，如图 2-1-5（b）所示。环状网可以大大减轻因水锤作用产生的危害，而在树状网中，则往往因此而使管线损坏。但是环状网的造价要明显高于树状网。

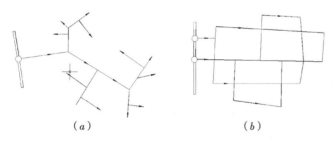

（a）　　　　　　　　　　（b）

图 2-1-5　给水管网的
基本布置形式
（a）树状网；（b）环状网

一般城市建设初期可采用树状网，以后随着给水事业的发展逐步连成环状网。实际上，现有城市的给水管网，多数是将树状网和环状网结合起来。在城市中心地区和供水可靠性要求较高的地方，布置成环状网，在郊区或供水可靠性要求不高的地方则以树状网形式向四周延伸。

2. 管网的布置原则

（1）按照城市总体规划，结合当地实际情况布置给水管网，要进行多方案技术经济比较。

（2）主次明确，先搞好输水管渠与主干管布置，然后布置一般管线与设施。

（3）尽量缩短管线长度，节约工程投资与运行管理费用。

（4）管线布置应保证使用安全，避免损坏和受到污染，并应协调好与其他管道、电缆和道路等工程的关系。

（5）干管应尽量埋设于绿地下，避免穿越或设于园路下。

（6）远近期结合，留有发展余地，考虑分期实施的可能性。

3. 管网布置的一般规定

（1）冰冻地区，管道应埋设于冰冻线以下40cm处；不冻或轻冻地区，覆土深度也不应小于70cm。管道不宜埋得过深，否则工程造价高；但也不宜过浅，否则管道易损坏。

（2）阀门及消火栓

给水管网的交点叫做节点，在节点上设有阀门等附件，阀门除安装在支管和干管的连接处外，为了便于检修养护，要求每500m直线距离设一个阀门井。

配水管上要安装消火栓，按规定其间距通常为120m，且其位置距建筑物不得少于5m，为了便于消防车补给水，离车行道不大于2m。

（3）管道材料的选择

1）钢管：钢管可分为焊接钢管和无缝钢管，而焊接钢管又分为镀锌钢管和黑铁管，室内饮用给水用镀锌钢管。用钢管施工造价高，工期长，但耐久性好。

2）铸铁管：分为灰铸铁管和球墨铸铁管。灰铸铁管耐久性好，但质脆，不耐弯折和振动，内壁光滑度差；球墨铸铁管抗压、抗震强度较大，具有一定的弹性，施工较方便，但造价高于灰铸铁管。

3）钢筋混凝土管：分为普通钢筋混凝土管和预应力钢筋混凝土管。这一类管材多用于输水量大的园林。普通混凝土管材由于质脆、重量大，在防渗和密封上都不理想，现多作排水管使用。而预应力钢筋混凝土管是由预应力钢筋和混凝土复合而成，具有较好的抗震、耐腐、耐渗等特点，输水量大的园林常使用这种管材。

4）塑料管：塑料管的种类比较多，常用的有：PVC（聚氯乙烯）管、PE（聚乙烯）管、PP（聚丙烯）管等，这些管材均具有表面光滑、耐腐蚀、连接方便等特点，是小管径（200mm以内）输水较理想的管材。生活用水主要选择PE管和PPR管，PVC管主要用于喷灌。

2.1.4 园林给水管网的设计计算

给水管网计算的目的是根据最高时设计用水量求出各段管线的直径和水头损失，然后确定城市给水管网的水压是否满足园林用水的要求。如园林给水管网自设水源供水，则需确定水泵所需扬程及水塔（或高位水池）所需的高度，以保证各自用水点有足够的水量和水压。

1. 与给水管网计算相关的概念

（1）设计用水量

设计给水系统时，首先须确定该系统在设计年限内达到的用水量。园林给水系统的设计年限，应符合园林建设的总体规划，近、远期结合，以近期为主。一般近期规划年限采用5~10年，远期规划年限采用10~20年。园林设计用水量主要包括园内生活用水量、养护用水量、造景用水量、消防用水量以及未预见水量和管网漏失水量。

（2）用水量标准

进行管网布置时，首先应求出各点的用水量，以便管网根据各个用水点的需要量供水。公园中用水大致分为生活、生产、造景和养护几方面，不同用水点对水的用途不同，其用水量标准也各异。公园中各用水点的用水量就是根据或参考这些用水量标准计算出来的。所以，用水量标准是水工程设计时的一项基本数据。

用水量标准是国家根据各地区城镇的性质、生活水平和习惯、气候、房屋设备及生产性质等不同情况而制定的。现将有关的项目列表，见表 2-1-1。

用水量标准及小时变化系数   表 2-1-1

建筑物名称	单位	生活用水最高日用水量标准（L）	小时变化系数	备注
公共食堂、营业食堂	每一顾客每次	12~20	1.5~2.0	食堂用水包括主副食加工，餐具洗涤、清洁用水和工用人员及顾客的生活用水，但未包括冷冻机冷却用水
内部食堂	每人每次	10~15	1.5~2.0	营业食堂用水比内部食堂多，中餐餐厅又多于西餐餐厅
茶室	每一顾客每次	5~10	1.5~2.0	餐具洗涤方式是影响用水量标准的重要因素，设有洗碗机的用水量大
小卖部	每一顾客每次	3~5	1.5~2.0	内部食堂设计人数即为实际服务人数；营业食堂按座位数、每一顾客就餐时间及营业时间计算顾客人数
电影院	每一顾客每场	3~8	2.0~2.5	（1）附设有厕所和饮水设备的露天或室内文娱活动的场所，都可以按电影院或剧场的用水量标准选用；
剧场	每一顾客每场	10~20	2.0~2.5	（2）俱乐部、音乐厅和杂技场可按剧场标准，影剧院用水量标准介于电影院与剧场之间
体育场	运动员沐浴每人每次	50	2.0	（1）体育场的生活用水用于运动员沐浴部分系考虑运动员在运动场进行 1 次比赛或表演活动后需沐浴 1 次；
体育场	观众每人每次	3	2.0	（2）运动员人数应按假日或大规模活动时的运动员人数计
游泳池	游泳池补充水每日占水池容积	15%		当游泳池为完全循环处理（过滤消毒）时，补充水量按每日水池容积的 5% 考虑
游泳池	运动员沐浴每人每场	60	2.0	
游泳池	观众每人每场	3	2.0	
办公楼	每人每班	10~25	2.5~3.0	（1）企业、事业、科研单位的办公及行政管理用房均属此项；（2）用水只包括便溺冲洗、洗手、饮用和清洁用水
公共厕所	每小时每个冲洗器	100		
大型喷泉	每小时	≥10000		大、中型喷水池通常应考虑循环用水
中型喷泉	每小时	2000		
柏油路面	每次每平方米	0.2~0.5		≤3 次 / 日（洒地用水量）
石子路面	每次每平方米	0.4~0.7		≤4 次 / 日（洒地用水量）
庭园及草地	每次每平方米	1.0~1.5		≤2 次 / 日（洒地用水量）

2. 日变化系数和时变化系数

公园中的用水量是经常变化的。在一天中随公园的游人数量而变化，在一年中又随着季节的冷暖而变化。另外，不同的生活方式对用水量也有影响。用水量的变化可以用变化系数表示。

用水量最多的一年内，用水量最多的一天的总用水量称为最高日用水量，该值一般作为给水取水与水处理工程规划和设计的依据；用水量最多的一年内，用水量最高日的24小时中，用水量最大的一小时的总用水量称为最高时用水量，该值一般作为给水管网工程规划与设计的依据。

在一年中，每天用水量的变化可以用日变化系数表示，即最高日用水量与平均日用水量的比值，称为日变化系数，记作 K_d，即：

$$日变化系数 = 最高日用水量 / 平均日用水量$$

在一日内，每小时用水量的变化可以用时变化系数表示，最高时用水量与平均时用水量的比值，称为时变化系数，记作 K_h，即：

$$时变化系数 = 最高时用水量 / 平均时用水量$$

园林中的各种活动、饮食、服务设施及各种养护、造景设施的动转基本上都集中在白天进行，随着时间的变化，用水量变化很大。而且，游人多集中在假日游玩，随着日期的不同，用水量变化也很大。因此，园林的时变化系数和日变化系数与城镇的相比，取值要更大些。在没有统一规定之前，建议 K_d 取 2~3、K_h 取 4~6。具体的取值要根据园林的位置、大小、使用性质等方面具体分析。

3. 流量、流速和管径

管道的流量就是过流断面与流速的积，即 $Q=(\pi D^2/4)\times v$，由此式可导出：

$$D=\sqrt{\frac{4Q}{\pi v}} \tag{2-1-1}$$

式中　Q——流量（L/s 或 m³/h）；

　　　D——管径（mm）；

　　　v——流速（m/s）。

由上式可看出，管径与流量和流速有关。流速的选择较复杂，涉及管网设计使用年限、管材价格、电费高低等，在实际工作中通常按经济流速的经验数值取用：小管径 $D \leq 400$mm 时，$v=0.6~1.0$m/s，此时的流速为经济流速，在此流速范围下，整个给水系统的成本降到最低；大管径 $D>400$mm 时，$v=1.0~1.4$m/s。

4. 水压力和水头损失

在给水管网上任意点接上压力表，所测得的读数即为该点的水压力值，通常以 kgf/cm² 表示。为便于计算管道阻力，并对压力有一较形象的概念，常以"水柱高度"表示。1kgf/cm² 与"水柱高度"的换算关系是：1kgf/cm² 水压力等于 10m 水柱。水文学上又将水柱高度称为"水头"。

水在管中流动时，水和管壁发生摩擦，克服这些摩擦力消耗的势能就叫做水头损失。水头损失可由水压测出。水头损失包括沿程水头损失和局部水头损失。

5. 管网的设计与计算步骤

（1）收集并分析有关的图纸、资料

首先从设计图纸、说明书上了解原有的或拟建的建筑物、设施等的用途及用水要求、各用水点的高程等，然后掌握附近市政干管的布置情况或其他水源情况。

（2）布置管网

在公园平面图上根据用水点分布情况、其他设施布置情况等，定出给水干管的位置走向，并对节点进行编号，量出节点间的长度。

（3）计算公园中各用水点的最高时用水量（即设计流量）及水压要求

1）计算某一用水点的最高日用水量 Q_d

$$Q_d = qN \qquad (2-1-2)$$

式中　Q_d——最大日用水量（L/d 或 m^3/d）；

　　　q——用水量标准（最大日用水量）；

　　　N——游人数（服务对象数目）或用水设施的数目。

2）计算该用水点的最高时用水量 Q_h

$$Q_h = K_h Q_d / 24 \qquad (2-1-3)$$

式中　K_h——时变化系数（公园中值可取 4~6）。

3）计算设计秒流量 Q_0

$$Q_0 = Q_h / 3600$$

（4）计算各管段的设计流量并确定管径

根据各用水点所求得的设计秒流量及管段流量并考虑经济流速，查铸铁管水力计算表以确定各管段的管径。同时，还可查得与该管径相应的流速和单位长度的沿程水头损失值。

（5）水头计算

公园中所设的给水管网无论是采用城市自来水还是自设水泵取水，水头计算必须考虑以下几个方面：水在管道中流动，克服管道阻力产生的水头损失；用水点和引水点的高程差；用水点建筑的层数及用水点仍有足够的自由水头以保证用水点（包括园中林木利用）有足够的水量和水压；校核城市自来水配水管的水压（可水泵扬程）是否能满足公园内最不利的配水水压要求。

在进行水头损失计算时，一般选择园内的一个或几个最不利点进行计算，因为最不利点的水压可以满足，则同一管网的其他用水点的水压也能满足。所谓最不利点是指所处地势高、距离引水点远、用水量大或要求工作水头特别高的用水点。水在管道中流动，必须具有足够的水压来克服沿程的水头损失，并使供水达到一定的高度以满足用水点的要求。水力计算的目的有两方面：一是计算出最不利点的水头要求，二是校核城市自来水配水管的水压（或水泵扬程）是否能满足园内最不利点配水的水头要求。

园内给水管段所需水压可用式（2-1-4）表示：

$$H=H_1+H_2+H_3+H_4 \qquad (2-1-4)$$

式中　　H——引水管处所需要的总水头（或水泵的扬程）（米水柱）；

　　　　H_1——引水点与用水点之间的地面高程差（m）；

　　　　H_2——计算配水点与建筑物进水管的标高差（m）；

　　　　H_3——计算配水点所需流出水头（米水柱）；

　　　　H_4——管内因沿程和局部阻力而产生的水头损失值（米水柱）。

H_2 与 H_3 之和是计算用水点建筑物或构筑物从地面算起所需要的水压值。此数值在估算总水头时可参考以下数值：即按建筑物层数，确定从地面算起的最小保证水头值。平房 10m 水柱，二层 12m 水柱，三层 16m 水柱，三层以上每增加一层，增加 4m 水柱。

H_3 值随阀门类型而定，其水头值一般取 1.5~2.0m 水柱。

H_4 为沿程水头损失和局部水头损失之和。

$$H_4=h_y+h_j \qquad (2-1-5)$$

$$h_y=iL \qquad (2-1-6)$$

式中　　h_y——沿程水头损失（米水柱）；

　　　　L——管段长度（m）；

　　　　i——单位长度的水头损失值，可查水力计算表得知；

　　　　h_j——局部水头损失（米水柱）。公式计算比较复杂，一般情况下不需计算，而是按不同用途管道的沿程水头损失值的百分比计取；生活用水管网取 25%~30%，生产用水管网取 20%，消防用水管网取 10%。

通过水头损失计算，应使城市自来水配水管的水头大于园内给水管网所需总水头 H。当城市配水管的水头大于 H 很多时，应充分利用城市配水管的水头，在允许的限值内适当缩小某些管段的管径，以节约管材；当城市配水管的水头小于 H 不很多时，为了避免设置局部升压设备而增加投资，可采取放大某些管段的管径，减少管网的水头损失来满足。

园中的消防用水应专门设计，尤其针对一些文艺演出场地、展览馆等，特别是古建筑，更应引起足够的重视。一般来说，2~3 层建筑物消防管网的水头值不小于 25m。

（6）干管的水力计算及校核

在完成各用水点用水量计算和确定各点引水管的管径之后，应进一步计算干管各节点的总流量，据此确定干管各管段的管径。并对整个管网的总水头要求进行复核。

复核一个给水管网各点所需水压能否得到满足的方法是：找出管网中的最不利点，所谓最不利点是指所处地势高、距离引水点远、用水量大或要求工作水头特别高的用水点，如果引水点的自由水头略高于最不利点的总水压要求，则说明最不利点的水压可以满足，同一管网的其他用水点的水压也能满足，该设计是合理的。否则，需对管网布置方案或对供水压力进行调整。

园林给水管网的布置和水力计算,是以各用水点的用水时间相同为前提的,即所设计的供水系统在用水高峰时仍可安全地供水。但实际上公园中各用水点的用水时间并不同步。例如,餐厅营业时间主要集中在中午前后,植物的浇灌则宜在清晨或傍晚。由于用水时间不尽相同,可以通过合理安排用水时间,把几个用水量较大项目的用水时间错开。另外,像餐厅、花圃等用水量较大的用水点可设水池等储水设备,错过用水高峰时间在平时储水;像喷泉、瀑布之类的水景,其用水可考虑自设水泵循环使用。这样就可以降低用水高峰时的用水量,对节约管材和投资是有很大意义的。

2.2 园林排水工程

2.2.1 园林排水工程概述

水在被用户使用以后,水质受到了不同程度的污染,成为废水。这些废水携带着不同来源的污染物质,会对人体健康、生活环境和自然生态环境带来严重危害,需要及时收集和处理,然后才可以排放到自然水体或重复利用。另外,降水也可能会造成地面积水,甚至洪涝灾害,需要建设雨水排水系统及时排除。在水资源缺乏地区,降水应尽可能被收集和利用。建立合理、经济和可靠的排水系统,才能够达到保护环境、保护水资源、促进生产和保障人们生活及生产活动安全的目的。

园林排水工程是由从天然降水、污废水的收集和输送,到污水的处理和排放等一系列过程组成的。从排水工程设施来分,可以分为两部分:一部分是排水管渠,另一部分是污水处理设施,包括必要的水池、泵房等构筑物。从排水的种类方面来分,分为雨水排水系统和污水排水系统。

1. 雨水排水系统的组成

园林内的雨水排水系统排除的对象包括雨水、园林生产废水和游乐废水。其基本构成有:

(1)汇水坡地、给水浅沟和建筑物屋面、天沟、雨水斗、竖管、散水。

(2)排水明沟、暗沟、截水沟、排洪沟。

(3)雨水口、雨水井、雨水排水管网、出水口。

(4)在利用重力自流排水困难的地方,还可设置雨水排水泵站。

2. 污水排水系统的组成

园林内的污水排水系统排除的主要对象是生活污水,包括室内和室外两部分。

(1)室内污水的排放设施有厨房、厕所的卫生设备和下水管道等。

(2)除油池、化粪池、污水集水口。

(3)污水排水干管、支管组成的管网。

(4)管网附属构筑物,如检查井、连接井、跌水井等。

(5)污水处理站或污水处理设备。

（6）出水口。

3.园林排水的特点

主要排除雨水和少量生活污水；园林地形起伏多变，有利于地面水的排除；雨水可就近排入园中水体；园林绿地通常植被丰富，地面吸收能力强，地面径流较小，因此雨水一般采取以地面排除为主，以沟渠和管道排除为辅的综合式排水方式；排水方式应尽量结合造景，可以利用排水设施创造瀑布、跌水、溪流等景观；排水的同时还要考虑土壤能吸收到足够的水分，以利植物生长，干旱地区应注意保水。

2.2.2　园林排水方式

1.地面排水

公园中排除地表径流，基本上有三种形式，即地面排水、沟渠排水和管道排水，三者之间以地面排水最为经济。现以几种常见排水量相近的排水设施的造价作一比较，设以管道（混凝土管或钢筋混凝土管）的造价为100%，则石砌明沟约为58.0%，砖砌明沟约为68.0%，砖砌加盖明沟约为27.9%，而土明沟只为2%。由此可见利用地面排水的经济性。

地面排水是最经济、最常见的园林排水方式，即利用地面坡度使雨水汇集，再通过沟、谷、涧、山道等加以组织引导，就近排入水体或城市雨水管渠。在我国，大部分公园绿地都采用以地面排水为主，沟渠和管道排水为辅的综合排水方式。

雨水径流对地表的冲刷，是地面排水所面临的主要问题。必须进行合理的安排，采取措施防止地表径流冲刷地面，保持水土，维护园林景观。造成地表被冲蚀的原因主要是由于地表径流（径流是指经土壤或地被物吸收及在空气中蒸发后余下的在地表面流动的那部分天然降水）的流速过大，冲蚀了地表土层。解决这个问题可以从以下三个方面着手。

（1）在地形设计时，充分考虑排水要求

1）注意控制地面坡度，使之不至于过陡，否则应另采取措施以减少水土流失。

2）同一坡度（即使坡度不太大）的坡面不宜延续过长，应该有起有伏，使地表径流不致一冲到底，形成大流速的径流。

3）利用盘山道、谷线等拦截和组织排水。

（2）利用地被植物的护坡作用

裸露地面很容易被雨水冲蚀，而有植被则不易被冲刷。这是因为：一方面，植物根系深入地表将表层土壤颗粒稳固住，使之不易被地表径流带走。另一方面，植被本身阻挡了雨水对地表的直接冲击，吸收部分雨水并减缓了径流的流速。所以，加强绿化是防止地表水土流失的重要手段之一。

（3）采取工程措施

在过长（或纵坡度较大）的汇水线上以及较陡的出水口处，地表径流速度很大，需利用工程措施进行护坡。在我国园林中有关防止冲刷、固坡及护岸的措施很多，现将常见的几种介绍如下。

1）"谷方"、"挡水石"

地表径流在谷线或山洼处汇集，形成大流速径流，为了防止其对地表的冲刷，在汇水线上布置一些山石，借以减缓水流的冲力，达到降低其流速、保护地表的作用。这些山石就叫"谷方"。作为"谷（谷底）方（障碍物）"的山石须具有一定的体量，且应深埋浅露，才能抵挡径流冲击。"谷方"如布置自然得当，可成为优美的山谷景观。雨天流水穿行于"谷方"之间，又能形成生动有趣的水景。

"挡水石"布置在山道边沟坡度较大处，其作用和布置方式同"谷方"相近。挡水石可以本身的形体美或与植物配合形成很好的点景物。

2）护土筋

其作用与"谷方"或挡水石相仿，一般沿山路两侧坡度较大或边沟沟底纵坡较陡的地段敷设，用砖或其他块材成行埋置土中，使之露出地面 3~5m，每隔一定距离（10~20m）设置三至四道（与道路中线成一定角度，如鱼骨状排列于道路两侧）。护土筋设置的疏密主要取决于坡度的陡缓，坡陡多设，反之则少设。在山路上为防止径流冲刷，除采用上述措施外，还可以在排水沟底用较粗糙的材料（如卵石、砾石等）衬砌。

3）出水口

园林中利用地面或明渠排水，在排入园内水体时，为了保护岸坡、结合造景，出水口应作适当处理，常见的有以下两种方式：

"水簸箕"：是一种敞口排水槽，槽身的加固可采用三合土、浆砌块石（或砖）或混凝土。排水槽上下口高差大的，可作如下处理：在下口前端设栅栏起消力和拦污作用；在槽底设置消力阶或砌消力块；槽底做成礓磋状等。

埋管排水：利用路面或道路边沟将雨水引至濒水地段低处或排放点，设雨水口埋置暗管将水排入水体。如图 2-2-1 和图 2-2-2 所示。

在园林中，雨水排水口应结合造景，用山石布置成峡谷、溪涧，落差大的地段还可以处理成跌水或小瀑布。这不仅解决了排水问题，而且丰富了园林地貌景观。

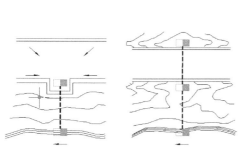

图 2-2-1　用雨水口将雨水排入园中水体

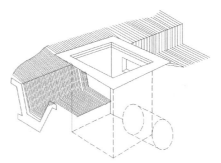

图 2-2-2　边沟和排水管的连接

2. 沟渠排水

（1）明沟排水

明沟主要是土质明沟，其断面形式有梯形、三角形和自然式浅沟，沟内可植草种花，也可任其生长杂草，通常采用梯形断面。在某些地段根据需要也可砌砖、石或混凝土明沟，断面形式常采用梯形或矩形。如图2-2-3所示。

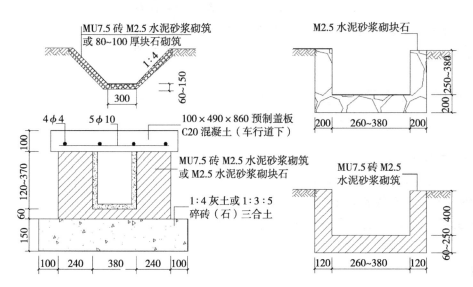

图 2-2-3　砌筑明沟（mm）

（2）盲沟排水

盲沟是一种地下排水渠道，又名暗沟、盲渠。主要用于排除地下水，降低地下水位。适用于一些要求排水良好的全天候的体育活动场地、地下水位高的地区以及某些不耐水的园林植物生长区等。

盲沟排水的优点是：取材方便，可废物利用，造价低廉；不需附加雨水口、检查井等构筑物，地面不留"痕迹"，从而保持了园林绿地草坪及其他活动场地的完整性。

盲沟排水的布置形式取决于地形及地下水的流动方向。常见的有四种形式，即自然式（树枝式）、截流式、算式（鱼骨式）和耙式，如图2-2-4所示。自然式适用于周边高、中间低的山坞状园址地形，截流式适用于四周或一侧较高的园址地形，算式适用于谷地或低洼积水较多处，耙式适用于一面坡的情况。

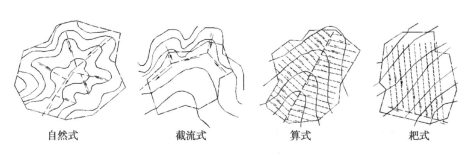

自然式　　　截流式　　　算式　　　耙式

图 2-2-4　盲沟排水的布置形式

盲沟的埋深主要取决于地下水位的要求、受根系破坏的影响、土壤质地、冰冻深度及地面荷载情况等因素，通常在 1.2~1.7m 之间，如表 2-2-1 所示。支管间距则取决于土壤种类、排水量和要求的排除速度，对排水要求高的场地，应多设支管。支管间距一般为 8~24m，如表 2-2-2 所示。

盲沟埋深参考值	表 2-2-1
土壤类别	埋深（m）
砂质土	1.2
壤土	1.4~1.6
黏土	1.4~1.6
泥炭土	1.7

支管间距和埋深		表 2-2-2
土壤类别	管路（m）	埋深（m）
重黏土	8~9	1.15~1.30
致密黏土和泥炭黏土	9~10	1.20~1.35
砂质或黏壤土	10~12	1.10~1.60
致密壤土	12~14	1.15~1.55
砂质壤土	14~16	1.15~1.55
多砂壤土或砂中含腐殖质	16~18	1.15~1.50
砂	20~24	

盲沟的沟底纵坡不小于 0.5%。只要地形等条件许可，纵坡坡度应尽可能取大一些，以利于地下水的排除。

因透水材料多种多样，所以盲沟的构造类型也多。常用材料及构造形式如图 2-2-5 所示。

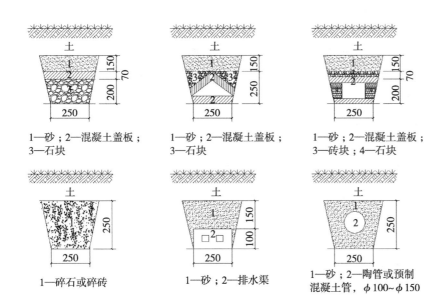

1—砂；2—混凝土盖板；3—石块

1—砂；2—混凝土盖板；3—石块

1—砂；2—混凝土盖板；3—砖块；4—石块

1—碎石或碎砖

1—砂；2—排水渠

1—砂；2—陶管或预制混凝土管，φ100~φ150

图 2-2-5 盲沟构造

3. 管道排水

在园林中的某些地方（如低洼的绿地、广场及休息场所）和建筑物周围的积水、污水的排除，需要或只能利用敷设管道的方式进行。利用管道排水的优点是不妨碍地面活动，卫生和美观，排水效率高。但造价高、检修困难。

2.2.3 园林排水管网的布置与计算

公园绿地应尽可能利用地形排除雨水，但在某些局部如广场、主要建筑周围或难于利用地面排水的局部，可以设置暗管或开渠排水。这些管渠可根据分散和直接的原则，分别排入附近水体或城市雨水管，不必做成完整的系统。现将雨水管渠的布置与计算介绍如下。

1. 雨水管渠布置的一般规定

（1）覆土厚度

管道的覆土厚度是指管道外壁顶部到地面的垂直距离。管道的最小覆土厚度根据管材强度、外部荷载、土壤冰冻尝试和土壤性质等条件，结合当地埋管经验确定。车行道下雨水管的最小覆土厚度均不宜小于 0.7m。

（2）设计流速

为了防止管道中产生淤积或冲刷，设计流速不宜过小或过大，应在最大和最小设计流速范围之内。

最小设计流速是保证管道内不发生淤积的流速。为避免雨水所挟带的泥砂等无机物质在管渠内沉积下来而堵塞管道，满流时雨水管道内的最小设计流速为 0.75m/s；明渠内的最小设计流速为 0.4m/s。

最大设计流速是保证管壁不被冲刷损坏的流速。该值与管道材料有关，通常对雨水管渠的最大设计流速规定为：金属管为 10m/s；非金属管为 5m/s；明渠中水流深度为 0.4~1.0m 时，最大设计流速宜按表 2-2-3 采用。

明渠最大设计流速 表 2-2-3

明渠类别	最大设计流速（m/s）	明渠类别	最大设计流速（m/s）
粗砂或低塑性粉质黏土	0.8	草皮护面	1.6
粉质黏土	1.0	干砌块石	2.0
黏土	1.2	浆砌块石或浆砌砖	3.0
石灰岩及中砂岩	4.0	混凝土	4.0

当水流深度 h 在 0.4~1m 范围以外时，表中所列最大设计流速宜乘以下列系数：

$h<0.4$m，系数 0.85；2m$>h>$1m，系数 1.25；$h \geqslant 2$m，系数 1.4。

（3）最小管径和最小设计坡度

相应于管内流速为最小设计流速时的管道坡度叫做最小设计坡度。不同管径的管道应有不同的最小坡度。排水管道的最小管径与相应的最小设计坡度宜按表 2-2-4 的规定取值。公园绿地的径流中夹带泥砂及枯枝落叶较多，容易堵塞管道，故最小管径的值可适当放大。

最小管径与相应的最小设计坡度　　　　　　表 2-2-4

管道类别	最小管径（mm）	相应的最小设计坡度
污水管	300	塑料管 0.002，其他管 0.003
雨水管和合流管	300	塑料管 0.002，其他管 0.003
雨水口连接管	200	0.01
压力输泥管	150	——
重力输泥管	200	0.01

梯形明渠为了便于维修和排水通畅，渠底宽度不得小于 30cm。梯形明渠的边坡，用砖石或混凝土块的一般采用（1：0.75）~（1：1）的边坡。边坡在无铺装情况下，根据其土壤性质可采用表 2-2-5 的数值。

道路边沟的最小坡度不小于 0.002，梯形明渠的最小坡度不小于 0.0002。

梯形明渠的边坡　　　　　　表 2-2-5

土　质	边　坡	土　质	边　坡
粉砂	（1：3）~（1：3.5）	砂质黏土和黏土	（1：1.15）~（1：1.25）
松散的细砂、中砂、粗砂	（1：2）~（1：2.5）	砾石土和卵石土	（1：1.25）~（1：1.5）
细实的细砂、中砂、粗砂	（1：1.5）~（1：2）	变岩性土	（1：0.5）~（1：1）
黏质砂土	（1：1.5）~（1：2）	风化岩石	（1：0.25）~（1：0.5）

（4）管道材料的选择

排水管材的种类有铸铁管、钢管、石棉水泥管、陶土管、混凝土管和钢筋混凝土管等。室外雨水的无压排除通常选用陶土管、混凝土管和钢筋混凝土管。

2. 雨水管渠平面布置的要点

（1）应结合区域的总体规划进行考虑，如道路、建筑物、远景建设规划等。考虑利用水体调蓄雨水，必要时可建人工调蓄和初期雨水处理设施。

（2）在雨水水质符合排放水质标准的条件下，雨水应尽量利用自然地形坡度，以重力流方式和最短的距离排入附近的池塘、河流、湖泊等水体中，以减低管渠工程造价。

（3）当地形坡度较大时，雨水干管宜布置在地面标高较低处或溪谷线上；当地形平坦时，雨水干管宜布置在排水流域的中间，以便于支管就近接入，尽可能地扩大重力流排除雨水的范围。

（4）雨水管道应平行于园内道路布设，且宜布置在人行道或绿化带下。若道路宽度大于 40m 时，可考虑在道路两侧分别设置雨水管道。

（5）合理布置雨水口，以保证路面雨水排除通畅。一般在道路交叉点和低洼地段均应设置。雨水口的形式、数量和布置，应按汇水面积所产生的流量、雨水口的泄水能力及道路形式确定。雨水口宜设污物截留设施。

（6）当管道出水口离水体较近时，雨水干管的平面布置宜采用分散式出水口的管道布置形式；反之，则宜采用集中式出水口的管道布置形式。

3. 雨水管渠的设计步骤和水力计算

首先要收集和整理设计地区的各种原始资料，包括地形图、城市的总体规划、水文、地质、暴雨等资料作为基本的设计数据，然后根据具体情况进行设计。一般雨水管渠设计按下列步骤进行。

（1）划分排水流域和管道定线

根据实际地形划分排水流域，通常沿山脊线（分水岭）、河流、道路等进行划分。

（2）划分设计管段，并计算各设计管段的汇水面积

各设计管段汇水面积的划分应结合地形坡度、汇水面积的大小以及雨水管渠布置等情况而划定。雨水管渠的设计管段的划分应使设计管段范围内地形变化不大，管段上下端流量变化不多，无大流量交汇，一般以 100~200m 为一段，如果管段划得较短，则计算工作量增大，设计管段划得太长，则设计方案不经济。管段沿线面积的划分，要根据实际地形条件而定。当地形平坦时，则根据就近排除的原则，把汇水面积按周围管渠的布置用等分角线划分。当有适宜的地形坡度时，则按雨水汇入低侧的原则划分，按地面径流的水流方向划分汇水面积，并将每块面积进行编号，计算其面积，并在图中标明。汇水面积除街区外，还应包括街道、绿地。

根据管道的具体位置，在管道转弯处、管径或坡度改变处、有支管接入或两条以上管道交会处以及超过一定距离的直线管段上，都应设置检查井。把两个检查井之间流量没有变化且预计管径和坡度也没有变化的管段定为设计管段，设计管段上下游端点的检查井设为节点，并从管段上游往下游按顺序进行设计管段和节点的编号。

（3）确定各排水流域的平均径流系数值

径流系数 ψ 是径流量与降雨量的比值，其值常小于 1。径流系数的值因汇水面积的地面覆盖情况、地面坡度、地貌、建筑密度的分面、路面铺砌等情况的不同而异。目前，在雨水管渠设计中，通常根据排水流域内各类地面的面积或所占比例，加权平均计算出该排水流域的平均径流系数。径流系数可按表 2-2-6 的规定取值。也可根据规划的地区类别，采用区域综合径流系数，可按表 2-2-7 的规定取值。

径流系数   表 2-2-6

地面种类	ψ	地面种类	ψ
各种屋面、混凝土或沥青路面	0.85~0.95	干砌砖石或碎石路面	0.35~0.40
大块石铺砌或沥青表面处理的碎石路面	0.55~0.65	非铺砌土路面	0.25~0.35
级配碎石路面	0.45~0.50	公园或绿地	0.10~0.20

综合径流系数   表 2-2-7

区域情况	ψ
城镇建筑密集区	0.60~0.70
城镇建筑较密集区	0.45~0.60
城镇建筑稀疏区	0.20~0.45

（4）确定当地暴雨强度公式里的参数

设计重现期 P、地面集水时间 t_1。

暴雨强度是指单位时间内单位面积上的降雨体积 q（L/（s·hm²））。暴雨强度公式是在各地自记雨量记录分析整理的基础上，按一定的方法推求出来的。具体实例可参见《给水排水设计手册》第 5 册的有关部分。我国常用的暴雨强度公式如式（2-2-1）所示：

$$q=\frac{167A_1\left(1+c\lg P\right)}{\left(t_1+mt_2\right)^n} \tag{2-2-1}$$

式中　　q ——设计暴雨强度（L/（s·hm²））。

　　　　P ——设计重现期（a）。

　　　　t_1 ——地面集水时间（min）。

　　　　t_2 ——管渠内雨水流行时间（min）。

　　　　m ——折减系数，一般暗管取 2；明渠取 1.2；在陡坡地区，暗管取 1.2~2；经济条件较好、安全性要求较高地区的排水管渠可取 1。

A_1、c、n ——地方参数，根据统计方法进行计算确定。

暴雨强度公式中含有两个计算因子，即设计重现期 P，其单位为年（a）；设计降雨历时 t，单位为分钟（min），$t=t_1+mt_2$。

设计重现期是指等于或大于一定强度的暴雨可能出现一次的平均间隔时间。设计时应结合该地区的地形特点、汇水面积的地区建筑性质和气象特点选择设计重现期。园林的设计重现期可在 1~3 年之间选择，对于洼地或怕淹的地区设计重现期可适当提高些。

设计降雨历时是指连续降雨的时段。强限强度理论认为只有当降雨历时等于集水时间时，雨水流量为最大。因此，计算雨水设计流量时，通常用汇水面积最远点的雨水流到达设计断面的时间作为设计降雨历时。对管道的某一设计断面来说，集水时间由地面集水时间 t_1 和管内雨水流行时间 t_2 两部分组成。

设计时应根据建筑物的密度情况、地形坡度和地面覆盖种类、街区内设置雨水暗管与否等,确定雨水管道的地面集水时间。根据《室外排水设计规范》(GB 50014—2006)规定:地面集水时间视距离长短和地形坡度及地面覆盖情况而定,一般采用5~10min。

(5)求单位面积径流量q_0

单位面积径流量q_0是暴雨强度q与径流系数ψ的乘积。对于具体的雨水管道工程来说,q_0只是t_2的函数。只要求得各管段的雨水流行时间t_2,就可以求出相应于该管段的q_0值。

(6)列表进行雨水干管的设计流量和水力计算,以求得各管段的设计流量,及确定各管段的管径、坡度、流速、管底标高和管道埋深等。计算时需要先定管道起点的埋深或是管底标高。

$$Q=q \cdot \psi \cdot F \tag{2-2-2}$$

式中　q——设计暴雨强度($L/(s \cdot hm^2)$);

　　　ψ——径流系数,其数值小于1;

　　　F——汇水面积(hm^2)。

(7)绘制雨水管道平面图及纵剖面图。

2.2.4　园林雨水利用

1.雨水利用的途径

随着城市的发展,大量的道路、房屋等不透水面积的增加,使城市的降雨入渗量大大减少,雨洪峰值增加,汇流时间缩短,导致城市下游地区的雨洪威胁加剧。通过工程设施开展城市雨水利用,既可缓解城市水资源短缺的局面,又可减少城市雨洪灾害。我国《室外排水设计规范》(GB 50014—2006)明确规定:综合径流系数高于0.7的地区应采用渗透、调蓄措施。

园林雨水利用的途径可分为直接利用和间接利用。直接利用是将雨水收集,经混凝、沉淀、过滤、消毒等工艺处理后,用以冲厕、绿地灌溉、水景补水等,或将雨水引入中水处理站作为中水水源之一。间接利用是将雨水经土壤渗透涵养地下水,或者经适当处理后回灌至地下含水层。渗透利用包括绿地的渗透利用和修建渗透设施两种措施。

2.雨水利用的设施

(1)雨水调蓄池

需要控制面源污染、削减排水管道峰值流量、防治地面积水、提高雨水利用程度时,宜设置雨水调蓄池。调蓄池可分为两种:一种是将雨水引入专门设置的地上或地下蓄水调节池,结合水质处理设施净化利用;另一种是利用绿地内的水面、城市河道、湖泊、水库等蓄水量较多的开阔水面,将雨水蓄存与公园景观建设有机结合。调蓄池的位置,应根据调蓄目的、排水体制、管网布置、溢流管下游水位高程和周围环境等综合考虑后确定。调蓄池应设置清洗、排气和除臭等附属设施及检修通道。

（2）低势绿地

绿地是一种天然的渗透设施。它具有透水性好、节省投资、便于雨水引入就地消纳等优点；同时，对雨水中的一些污染物具有一定的截留和净化作用。通过改造或设计成低势绿地，以增加雨水渗透量，减少绿化用水并改善环境。低势绿地的缺点是渗透流量受土壤性质的限制，雨水中如含有较多的杂质和悬浮物，会影响绿地的质量和渗透性能。

由于景观设计的要求，园区内可能会有一些微地形坡式绿地，从雨水利用、渗透和减少土壤的冲蚀考虑，可以在坡地四周设一些凹形绿地来容纳坡地产生的雨水。

（3）人造透水地面

人造透水地面是指各种人工材料铺设的透水地面，如多孔的嵌草砖（俗称草皮砖）、碎石路面、透水性混凝土路面等。主要优点是：能利用表层土壤对雨水的净化能力，对预处理要求相对较低，技术简单，便于管理；缺点是：渗透能力受土质限制，需要较大的透水面积，对雨水径流的调蓄能力低。在条件允许的情况下，园林中的停车场、步行道、广场等应尽可能多地采用透水性地面。

（4）渗透管（渠）

渗透管（渠）是在传统雨水排放的基础上，将雨水管或明渠改为渗透管（穿孔管）或渗透渠，周围回填砾石，雨水通过埋设于地下的多孔管材向四周土壤层渗透。一般要求土壤的渗透系数明显大于 10^{-6}m/s，距地下水位应有 1m 以上的保护土层。

（5）渗透池（塘）

在场地条件许可的情况下，可设置植草沟、渗透池等设施接纳地面径流。

渗透池（塘）是利用地面低洼的水塘或地下水池对雨水实施渗透的设施。当可利用土地充足且土壤渗透性能良好时，可采用地面渗透池。适用于汇水面积较大（>1hm^2）、有足够可利用地面的情况。特别适合在生态园林或生态小区里应用。渗透池（塘）一般常与绿地、景观结合起来设计，充分发挥城市宝贵土地资源的效益。

2.3 园林喷灌系统

园林景观灌溉有许多方法，如喷灌、涌灌、滴灌和地下渗灌等技术。喷灌是一种较好的灌溉方式，它是借助一套专门的设备将具有压力的水喷射到空中散成水滴、降落地面，供给植物水分的一种灌溉方式。它近似于天然降水，能够在不破坏土壤通气和土壤结构的条件下，保证均匀地湿润土壤、湿润地表空气层，使地表空气清爽；还能够节约用水，喷灌比普通浇水节约水量 40%~60%。喷灌还能使灌水工作机械化，显著提高灌溉的功效。

喷灌系统的布置近似于上述的给水系统，其水源可取自城市的给水系统，也可取自江河、湖泊和泉源等水体，水质可稍低一些，只要对绿化植物没有害处即可。喷灌系统的设计就是要求得到一个完善的供水管网，通过这一管网为喷头提供足够的水量和必要的工作压力，使所有喷头能正常工作。在必要时，管网还可以分区控制。

2.3.1 喷灌系统的组成

喷灌系统通常由喷头、管材和管件、控制设备、控制电缆、过滤装置、加压装置及水源等构成。为市政供水的中小型绿地喷灌系统一般无须设置过滤装置和加压设备。以下着重介绍喷灌机与喷头部分。

喷灌机主要由压水、输水和喷头三个主要结构部分构成。

1. 压水部分

通常有发动机和离心式水泵，主要是为喷灌系统提供动力和为水加压，使管道系统中的水压保持在一个较高的水平上。

2. 输水部分

是由输水主管和分管构成的管道系统。

3. 喷头部分

根据喷头的结构形式与水流形状，可把喷头分为旋转类、漫射类和孔管类三种类型。

（1）旋转类喷头：其管道中的压力水流通过喷头而形成一股集中的射流喷射而出，再经自然粉碎形成细小的水滴洒落在地面。在喷洒过程中，喷头绕竖向轴缓缓旋转，使其喷射范围形成一个半径等于其射程的圆形或扇形。其喷射水流集中，水滴分布均匀，射程达 30m 以上，喷灌效果较好。这类喷头中，因其转动机构的构造不一样，又可分为摇臂式、叶轮式、反作用式和手持式等四种形式。还可根据是否装有扇形机构而分为扇形喷灌喷头和全圆周喷洒喷头两种形式。

（2）漫射类喷头：这种喷头是固定式的，在喷灌过程中所有部件都固定不动，而水流却是呈圆形或扇形向四周分散开。喷液系统的结构简单，工作可靠，在公园、苗圃或一些小块绿地有所应用。其喷头的射程较短，在 5~10m 之间，喷灌强度大，在 15~20mm/h 以上，但喷灌水量不均匀，近处比远处的喷灌强度大得多。

（3）孔管类喷头：喷头实际上是一些水平安装的管子，在水平管子的顶上分布着一些整齐排列的小喷水孔，孔径仅 1~2mm。喷水孔在管子上有排列成单行的，也有排列为两行以上的，可分别叫做单列孔管和多列孔管。

2.3.2 喷灌系统的分类

按喷灌方式，喷灌系统可分为移动式、固定式、半固定式三类。

1. 移动式喷灌系统

要求灌溉区有天然地表水源（池塘、河流等），其动力（电动机或汽油发动机）、水泵、管道和喷头等是可以移动的。由于管道等设备不必埋入地下，所以投资较省，机动性强，但灌溉劳动强度大。适用于水网地区的园林绿地、苗圃和花圃的灌溉。

2. 固定式喷灌系统

泵站固定，干支管均埋于地下的布置方式，喷头固定于竖管上，也可临时安装。还有一种较先进的固定喷头，喷头不工作时，缩入套管中或检查井中，使用时打开阀门，水压力把喷头顶升到一定高度进行喷洒。喷灌完毕，关上阀门，喷头便自动缩入管中或检查井中。这种喷头便于管理，不妨碍地面活动，不影响景观。高尔夫球场多采用，园林中有条件的地方也可使用。

固定式喷灌系统的设备费用较高，但操作方便，节约劳力，便于实现自动化和遥控操作。适用于需要经常灌溉和灌溉期较长的草坪、大型花坛、花圃、庭院绿地等。

3. 半固定式喷灌系统

其泵站和干管固定，支管和喷头可移动，优缺点介于上述二者之间，适用于大型花圃或苗圃。

此外，喷灌系统还有其他方式的分类，如按供水方式，可分为自压型喷灌系统和加压型喷灌系统；按控制方式，可分为程控型喷灌系统和手控型喷灌系统；按喷头射程距离，可分为近射程喷灌系统和中、远射程喷灌系统。

2.3.3 喷灌系统设计

1. 有关喷灌设计的概念

（1）设计灌水定额：灌水定额是指一次灌水的水层深度（单位为 mm）或一次灌水单位面积的用水量。而设计灌水定额则是指作为设计依据的最大灌水定额，确定这一定额旨在使灌溉区获得合理的灌水量。设计灌水定额可用以下两种方法求取：一是利用土壤田间持水量资料计算，一是利用土壤有效持水量资料计算。

（2）设计灌溉周期：灌溉周期也叫轮灌期，在喷灌系统设计中，需确定植物耗水最旺时期的允许最大灌水间隔时间。

（3）喷洒方式：喷头的喷洒方式有圆形喷洒和扇形喷洒两种。一般在管道式喷灌系统中，除了位于地块边缘的喷头作扇形喷洒，其余均采用圆形喷洒。

（4）喷头组合形式：也叫布置形式，是指各喷头相对位置的安排。

（5）喷灌强度：单位时间内喷洒于田间的水层深度叫做喷灌强度。喷灌强度的选择很重要，强度过小，土地蒸发损失大；反之，强度过大，水来不及被土壤吸收便形成径流或积水，容易造成水土流失，破坏土壤结构。而且，在同样的喷水量下，强度过大，土壤湿润深度反而减少，灌溉效果不好。

灌溉系统工作时的组合喷灌强度，取决于喷头的水力性能、喷洒方式和布置间距等。

（6）喷灌时间：是指为了达到既定的灌水定额，喷头在每个位置上所需的喷洒时间。

2. 喷头的布置

喷灌系统喷头的布置形式有矩形、正方形、正三角形和等腰三角形四种。在实际工作中采用哪种喷头布置形式，主要取决于喷头的性能和拟灌溉地段的情况。表 2-3-1 列出了常用的几种喷头组合形式及其有效控制面积。

喷头组合形式及其有效控制面积   表 2-3-1

序号	喷头组合形式	喷洒方式	喷头间距（L），支管间距（b）与喷头射程（R）的关系	有效控制面积（S）	适用
A	正方形	全圆	$L=b=1.42R$	$S=2R^2$	在风向改变频繁的地方效果较好
B	正三角形	全圆	$L=1.73R$ $b=1.5R$	$S=2.6R^2$	在风向改变频繁的地方效果较好
C	矩形	扇形	$L=R$ $b=1.73R$	$S=1.73R^2$	在无风的情况下喷灌的均匀度最好
D	等腰三角形	扇形	$L=R$ $b=1.87R$	$S=1.865R^2$	较 A、B 节省管道

组合间距是相邻两个喷头之间的距离，通常用喷头射程 R 的倍数表示。由于风会破坏喷洒水形、改变喷头的覆盖区域，故确定喷头的组合间距时必须考虑风速的影响，其参考值见表 2-3-2。

	喷头组合间距		表 2-3-2
设计风速（m/s）	垂直风向	平行风向	无主风向
0.3~1.6	1.1R	1.3R	1.2R
1.6~3.3	1.0R	1.2R	1.1R
3.4~5.4	0.9R	1.1R	1.0R

3. 喷灌系统的计算

喷灌系统设计中，要依据灌水量、灌溉时间、系统用水量和水头大小来确定管道和喷头的布置，因此要进行这几方面的数据计算。

（1）灌水量计算：喷灌一次的灌水量可采用公式来计算。计算时，利用系数可根据水分蒸发量大小而定。气候干燥、蒸发量大的喷灌不容易做到均匀一致，而且水分损失多，因此利用系数应选较小值，具体设计时常取 70%；如果是在湿润环境中，水分蒸发较少，则应取较大的系数值。

（2）灌溉时间计算：灌水量多少和灌溉时间的长短有关系。每次灌溉的时间长短可以按照公式计算确定。

（3）喷灌系统的用水量计算：整个喷灌系统需要的用水量数据，是确定给水管管径及水泵选择所必需的设计依据。在采用水泵供水时，用水量实际上就是水泵的流量。

4. 喷灌管线布置的注意事项

应根据实际地形、水源条件提出几种可能的布置方案，然后进行经济、技术比较，在设计中应考虑以下基本原则：

（1）干管应沿主坡度方向布置，在地形变化不大的地区，支管应与干管垂直，并尽量沿等高线方向布置。

（2）在经常刮风的地区应尽量使支管与主风向垂直。这样在有风时可以加密支管上的喷头，以补偿由于风力造成的喷头横向射程的缩短。

（3）支管不可太长，半固定式系统应便于移动，而且应使支管上首端和末端的压力差不超过工作压力的 20%，以保证喷洒均匀。在地形起伏的地方干管应布置在高处，而支管应自高处向低处布置，这样支管上的压力可以比较均匀。

（4）泵站或主供水点应尽量布置在整个喷灌系统的中心，以减少输水的水头损失。

（5）喷灌系统应根据轮灌的要求设有适当的控制设备，一般每根支管都应装有闸阀。

5. 喷灌的主要技术要求

对喷灌的主要技术要求有三个：一是喷灌强度应该小于土壤的入渗（或称渗吸）速度，以避免地面积水或产生径流，造成土壤板结或冲刷；二是喷灌的水流对作物或土壤的打击强度要小，以免损坏植物；三是喷灌的水量应均匀地分布在喷洒四周以使植物获得均匀的水量。以下对主要技术参数喷灌强度、喷灌均匀度、水滴打击强度作出说明。

（1）喷灌强度

单位时间内喷洒在控制面的水深称为喷灌强度。喷灌强度的单位常用 mm/h。计算喷灌强度应大于平均喷灌强度。这是因为系统喷灌的水不可能没有损失地全部喷洒到地面。喷灌时的蒸发、受风后雨滴的飘移以及作物茎叶的截留都使实际落到地面的水量减少。

土壤允许喷灌强度就是在短时间里不形成地表径流的最大喷灌强度。超过时会造成水资源浪费，同时，土壤的结构也遭到破坏，表 2-3-3 所示为各类土壤的允许喷灌强度。土壤允许喷灌强度与土壤质地和地面坡度有关，表 2-3-4 所示为坡地允许喷灌强度降低值。

各类土壤的允许喷灌强度　　　　　　　　　　　表 2-3-3

土壤质地	允许喷灌强度（mm/h）	土壤质地	允许喷灌强度（mm/h）
砂土	20	壤黏土	10
砂壤土	15	黏土	8
壤土	12		

坡地允许喷灌强度降低值　　　　　　　　　　　表 2-3-4

坡度（%）	允许喷灌强度降低值（%）	坡度（%）	允许喷灌强度降低值（%）
<5	10	13~20	60
5~8	20	>20	75
9~12	40	—	—

（2）喷灌均匀度

喷灌均匀度是指在喷灌面积上水量分布的均匀程度。是衡量喷灌质量好坏的主要指标之一。影响喷灌均匀度的因素有喷头结构、工作压力、喷头组合形式、喷头间距、喷芯旋转均匀性、竖管的倾斜度、地面坡度和风速风向等。在设计风速下，喷灌均匀系数不应低于 75%。

（3）水滴打击强度

水滴打击强度是指单位受水面积内，水滴对植物或土壤的打击动能。它与水滴大小、质量、降落速度和密度（落在单位面积上水滴的数目）有关。为避免破坏土壤团粒结构造成板结或损害植物，水滴打击强度不宜过大。但是，将有压流充分粉碎与雾化需要更多的能耗，会产生经济上的不合理性。同时，细小的水滴更易受风的影响，使喷灌均匀度降低、飘移和蒸发损失加大。一般常采用水滴直径和雾化指标间接地反映水滴打击强度，为规划设计提供依据。

2.3.4　绿地喷灌系统规划设计

根据规划设计各环节的工作性质和程序，绿地喷灌系统规划设计流程如图 2-3-1 所示。

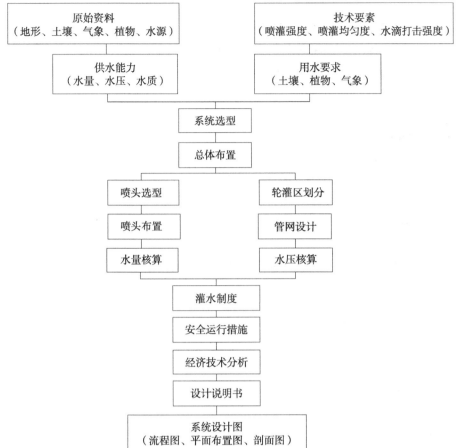

图 2-3-1 喷灌系统规划设计流程

绿地喷灌系统规划设计的内容一般包括：勘测调查、喷灌系统选型和管网规划、水力计算和结构设计等。

1. 基本资料收集

设计中应收集如下资料：喷灌区范围、土壤条件、水文状况、气象资料、地形变化情况、坡度坡向、高程点、可能的射程范围及原有植物，特别是古树名木。其他资料还有：是否有管线（各种管道或线路）、构筑物、用水点、池塘水体等。

2. 喷灌用水分析

植物需水量受植物种类、气象、土壤等多种因素的影响，规划设计时应根据当地或临近地区有关资料或试验观察结果确定。

3. 喷灌系统的选择

规划设计时，应根据喷灌区域的地形地貌、水源条件、可投入资金数量、期望使用年限等具体情况，选择不同类型的喷灌系统。

4. 喷头选型与布置

这是绿地喷灌系统规划设计的一个重要内容。喷头的性能和布置形式不但关系到喷灌系统的技术要素，也直接影响着喷灌系统的工程造价和运行费用。

5. 轮灌区划分

轮灌区是指受单一阀门控制且同步工作的喷头和相应管网构成的局部喷灌系统。轮灌区划分是指根据水源的供水能力将喷灌区域划分为相对独立的工作区域以便轮流灌溉。划分轮灌区还便于分区进行控制性供水以满足不同植物的需水要求，也有助于降低喷灌系统的工程造价和运行费用。

（1）划分原则

首先，最大轮灌区的需水量必须小于或等于水源的设计供水量。其次，轮灌区数量应适中。若过少（即单个轮灌区面积过大）会使管道成本较高，过多则会给喷灌系统的运行管理带来不便。再次，各轮灌区的需水量应该接近，以使供水设备和干管能够在比较稳定的情况下工作。最后，还应当将需水量相同的植物划分在同一个轮灌区里，以便在绿地养护时对需水量相同的植物实施等量灌水。

（2）划分步骤

1）计算出水总量 Q，即喷灌系统中所有喷头出水量的总和。

2）计算轮灌区数量 N：

$$N=\frac{Q}{Q_{供}}+1 \tag{2-3-1}$$

N 取整数即为该喷灌系统的最小轮灌区数。

6. 管网设计

包括管网布置和管径计算两个内容。

（1）管网布置

布置的基本原则同前。

布置形式有两种：丰字形和梳子形。规划设计时根据水源位置选择适宜的形式。

（2）管径选择

轮灌区划分和管网布置工作完成之后，各轮灌区的设计供水量和轮灌区内各级管道的设计流量已经确定。干管中的流量因轮灌区的不同而异，一般选用其中的最大流量作为设计流量，并根据这个流量来确定管道的直径。

喷灌管网选择管径的原则是在满足下一级管道流量和水压的前提下，管道的年费用最小。管道的年费用包括投资成本（常用折旧费表示）和运行费用。

对于一般规模的绿地喷灌系统，如采用塑料管材，可以利用公式（2-3-2）确定管径：

$$D=22.36\sqrt{\frac{Q}{v}} \tag{2-3-2}$$

式中　D ——管道的公称外径（mm）；

Q ——设计流量（m^3/h）；

v ——设计流速（m/s）。

上式的适用条件是：设计流量 $Q=0.5\sim200m^3/h$，设计流速 $v=1.0\sim2.5m/s$。同时，当管径 $D \leqslant 50mm$ 时，管道中的设计流速不要超过表 2-3-5 的数值。

管道的最大流速						表 2-3-5
公称外径（mm）	15	20	25	32	40	50
最大流速（m/s）	0.9	1.0	1.2	1.5	1.8	2.1

另外，从喷灌系统运行安全的角度考虑，无论多大管径的管道，其中的水流速度都不宜超过 2.5m/s。

7. 灌水制度

轮灌区划分和管网设计工作完成之后，必须制定一个合理的灌水制度，以保证植物适时适量地获得需要的水分。灌水制度的内容包括设计灌水定额、轮灌区的启动时间、启动次数和每次启动的喷洒时间。

（1）设计灌水定额

灌水定额指一次灌水的水层深度。而设计灌水定额是指作为设计依据的最大灌水定额。目的是使灌溉区获得合理的灌水量，既能使被灌的植物得到足够的水分，又不造成水的浪费。通常利用田间持水量（即在排水良好的土壤中，排水后不受重力影响而保持在土壤中的水分含量，参见表 2-3-6）计算设计灌水定额。

几种常见土壤的密度和田间持水量					表 2-3-6
土壤质地	密度（g/cm³）	田间持水量（%）	土壤质地	密度（g/cm³）	田间持水量（%）
紧砂土	1.45~1.60	16~22	重壤土	1.38~1.54	22~28
砂壤土	1.36~1.54	22~30	轻黏土	1.35~1.44	28~32
轻壤土	1.40~1.52	22~28	中黏土	1.30~1.45	25~35
中壤土	1.40~1.55	22~28	重黏土	1.32~1.40	30~35

（2）启动时间

根据种植类型和天气情况等，选择喷灌系统的启动时间，既要及时补充植物所需水分，又要避免过量供水。

（3）启动次数

喷灌系统在一年中的启动次数可按式（2-3-3）确定：

$$n = \frac{M}{m} \tag{2-3-3}$$

式中　n ——一年中喷灌系统的启动次数；

　　　M ——设计灌溉定额（即单位绿地面积在一年中的需水总量）；

　　　m ——设计灌水定额（mm）。

（4）喷洒历时

指每个轮灌区的喷洒历时，可依据设计灌水定额、喷头的出水量和喷头的组合间距大小来计算，具体见式（2-3-4）。

$$t = \frac{ms}{1000Q_P} \tag{2-3-4}$$

式中　　t ——喷洒历时（h）；

　　　　m ——设计灌水定额（mm）；

　　　　s ——喷洒面积（m²）；

　　　　Q_P ——喷水量（m³/h）。

8. 安全措施

绿地喷灌系统的安全措施包括防止回流、水锤防护和管网的冬季防冻等。

（1）防止回流

对于以饮用水（如市政管网）作为喷灌水源的自压型喷灌系统，必须采取有效的措施防止喷灌系统中的非洁净水倒流，污染饮用水源。导致喷灌水回流的原因是供水管网产生真空。附近管网检修、消防车充水、局部管网停水等都可能使管网中出现真空，造成喷灌管网中所有的水都可能被吸回供水管网。

防止回流的方法是在干管上或支管始端安装各类止回阀。

（2）水锤防护

在有压管道中，由于某种外界因素，流量发生急剧变化，引起流速急剧增减，导致水压产生迅速交替的变化，这种水力现象称为水锤。引起水锤的外界因素有闸阀的突然启闭和水泵的启动与停机，其中以事故停泵产生的水锤危害最大。

防止水锤危害产生的方法主要有：选择较小的流速、在管道上安装减压阀、适当延长闸阀的启闭历时。

（3）冬季防冻

入冬前或冬灌后将喷灌系统管道内的水泄出，是防冻的有效办法。常用的泄水方法有自动泄水、手动泄水和空压机泄水。

2.4　园林污水处理与利用

园林中的污水是城市污水的一部分，但和一般城市污水比较，它所产生的污水的性质较简单，污水量也较少。这些污水基本上由两部分组成：一是餐厅、茶室、小卖部等饮食部门的污水；二是由厕所等卫生设备产生的污水，在动物园或带有动物展览区的公园里还有部分动物粪便及清扫禽兽笼舍的脏水。

由于园林环境的特殊性，在有条件的城市公园中污水应经过适当处理之后，方可排入城市排水管网；在偏远的城郊或山岳风景区、滨海游览区以及其他对环境污染特别敏感的地区，污水需要进行有效处理并达到无害化后方可排入园内或其他水体中，不能因排放造成环境污染和其他不利影响。

2.4.1　污水处理的基本方法

污水处理的基本方法就是采用各种技术和手段，将污水中所含的污染物质分离去除、回收利用，或将其转化为无害物质，使水得到净化。

现代污水处理技术按原理可分为物理处理法、化学处理法和生物化学处理法三类。

物理处理法：利用物理作用分离污水中呈悬浮状态的固体污染物质。方法有：筛滤法、沉淀法、上浮法、气浮法、过滤法和反渗透法等。

化学处理法：利用化学反应的作用，分离回收污水中处于各种形态的污染物质（包括悬浮的、溶解的、胶体的等）。主要方法有中和、混凝、电解、氧化还原、汽提、萃取、吸附、离子交换和电渗析等。化学处理法多用于工业废水的处理和污水的深度处理。

生物化学处理法：是利用微生物的代谢作用，使污水中呈溶解、胶体状态的有机污染物转化为稳定的无害物质。主要方法可分为两大类，即利用好氧微生物作用的好氧法（好氧氧化法）和利用厌氧微生物作用的厌氧法（厌氧还原法）。前者广泛用于处理城市污水及有机性生产污水，其中有活性污泥法和生物膜法；后者多用于处理高浓度有机污水与污水处理过程中产生的污泥，现在也开始用于处理城市污水与低浓度有机污水。

由于污水的污染物是多种多样的，往往需要采用几种方法的组合，才能去除不同性质的污染物与污泥，达到净化的目的与排放标准。

2.4.2　污水处理工艺系统的组成

现代污水处理技术，按处理程度划分，可分为一级、二级和深度处理。

1. 污水一级处理系统

污水一级处理的作用是去除污水中的固体污染物质，从大块垃圾到粒径为数毫米的悬浮物。系统主要由格栅、沉砂池和沉淀池组成，有时也用筛网、微滤机和预曝气池。经过一级处理后的污水，一般达不到排放标准，只能作为二级处理的预处理。

2. 污水二级处理系统

二级处理系统是城市污水厂的核心，它的主要作用是去除污水中呈胶体和溶解态的有机污染物。通过二级处理，处理水一般可达到排放水体和灌溉农田的要求。

3. 污水的深度处理系统

为了进一步减少向天然水体排放的污染物量，特别是为了污水再生回用，有时需对二级处理出水作再进一步的深度处理。深度处理的目的是进一步去除难降解的有机物、磷和氮等能够导致水体富营养化的可溶性无机物。主要方法有生物脱氮除磷法、混凝沉淀法、砂滤法、活性炭吸附法、离子交换法和电渗析法等。

2.4.3　园林污水常用的处理方法

净化园林污水应根据其不同性质，分别处理。如饮食部门的污水，主要是残羹剩饭及洗涤废水，污水中含有较多的油脂。这类污水，可设带有沉淀室的隔油井，经沉渣、隔油处理后直接排入就近水体。这些肥水可以养鱼，也可以给水生植物施肥。水体广种藻类、荷花、水浮莲等水生植物，这些水生植物通过光合作用产生大量的氧，溶解于水中，为污水的净化创造了良好的条件。处理得当，效果会很好。

如果有温泉或其他使用温水的设施，排出的污、废水温度高于40℃，应设降温池进行降温处理。降温池一般应设在室外。对于温度较高的废水，可考虑将其所含热量回收利用。降温可以利用喷泉、跌水等形式，也可利用低温水进行冷却。

粪便污水处理则应采用化粪池。化粪池就是流经池子的污水与沉淀污泥直接接触，有机固体在厌氧细菌的作用下分解的一种沉淀池。污水在化粪池中经沉淀、发酵、沉渣，液体再发酵澄清后，大部分的有机废物被去除，可以排入城市排水系统。在没有城市污水管的郊区公园或风景区，如污水量不大，可设小型污水处理器或氧化塘对污水作进一步处理，达到国家规定的排放标准后再排入园内或园外的水体。

污水的生态处理主要包括稳定塘系统和土地处理系统。稳定塘也称污水塘或氧化塘，是人工适当修整或人工修建的设有围堤和防渗层的污水池塘，主要依靠自然生物净化功能。污水进入稳定塘内，在风力和水流作用下被稀释，在塘内滞留的过程中，悬浮物沉淀，水中有机物通过好氧或厌氧微生物的代谢活动被氧化而达到稳定化的目的。好氧微生物所需要的溶解氧由塘表面的大气复氧作用和塘内生长的藻类为主的水生浮游植物的光合作用提供，也可通过人工曝气供氧。

污水土地处理系统是将污水有节制地投配到土地上，通过土壤—植物系统的物理的、化学的、生物的吸附、过滤与净化作用和自我调控功能，使污水中可生物降解的污染物得以降解、净化，氮、磷等营养物质和水分得以再利用，促进绿色植物生长并获得增产。污水土地处理可分为慢速渗滤、快速渗滤、地表漫流、湿地处理和地下渗滤系统等五种工艺，在园林工程中可以构建的生态单元主要是湿地处理系统。湿地处理系统是将污水投放到土壤经常处于水饱和状态而且生长有芦苇、香蒲等耐水植物的沼泽地上，污水沿一定的方向流动，在耐水植物和土壤的联合作用下，污水得到净化的一种土地处理工艺。湿地处理系统对污水净化的作用机理是多方面的，有物理的沉降作用，植物根系内的阻截作用，某些物质的化学沉淀作用，土壤及植物表面的吸附与吸收作用，微生物的代谢作用等。

2.5 园林中水工程

2.5.1 概述

污水经一级、二级处理和深度处理后供回用的水，称为"再生水"。当一级处理或二级处理的出水满足特定回用要求并已回用时，也可称为再生水。以回用为目的的污水处理厂称为再生水厂，其处理技术和工艺可称为再生处理技术与再生处理工艺。再生水可供给工农业生产、城市生活、河道景观等作为低质用水。其中，办公楼、宾馆、饭店和生活小区等集中排放的污水就地处理后回用于冲洗厕所、洗车、消防、绿地等生活杂用的，称为"中水"。

城市污水水量大，水质相对稳定，就近可得，易于收集，处理技术成熟，基建投资比远距离引水经济，处理成本比海水淡化低廉。因此，当今世界各国解决缺水问题时，城市污水首先被选为可靠的供水水源进行再生处理与回用。

污水回用所提供的新水源可以通过"资源代替"，即用再生水替代可饮用水用于非饮用目标，节约宝贵的新鲜水，缓和用水矛盾，实现"优质水优用，差质水差用"的原则，在很大程度上减轻或避免了远距离引水输水和购买价格昂贵的水源，有利于及时控制由于过量开采地下水引起的地面沉降和水质下降等环境地质问题；同时，减少污水排放，保护水环境，促进生态的良性循环。随着污水再生技术的不断发展，应用经验的日益丰富，管理水平的不断提高，成本不断下降，污水回用逐渐成为缓解水资源短缺的重要措施之一，应用范围也日益广泛。

2.5.2　中水回用的方式及途径

1. 中水回用的方式

中水回用有直接回用和间接回用两种方式。直接回用是指由再生水厂通过再生输水管道直接将再生水送给用户使用；间接回用就是将再生水排入天然水体或回灌至地下含水层，在进入水体到被取出利用的时间内，在自然系统中经过稀释、过滤、挥发、氧化等过程获得进一步净化，然后再取出供不同地区的用户在不同时期使用。

园林中水工程多采用直接回用，即敷设中水供水管路，与城市供水管网形成双供水系统，供给绿化和景观水体使用。

间接回用可在园林中构建适宜的氧化塘或湿地处理系统，既美化了环境，又净化了部分污水，减轻了环境污染。

2. 中水回用的途径

中水回用于风景园林的途径是多样的，主要包括以下几个方面：

（1）大型风景区、公园、苗圃、城市森林公园的浇灌用水，包括绿化用水和浇洒道路用水，浇灌用水是园林中水回用最主要的方式；

（2）大型风景区、公园、苗圃、城市森林公园的生活杂用水，包括公用建筑和宾馆饭店的冲厕、洗车用水；

（3）大型风景区、公园、苗圃、城市森林公园的消防用水；

（4）园区内的景观娱乐用水及补水，如喷泉、供游泳和滑水的娱乐河湖、供钓鱼和划船的娱乐河湖等；

（5）园区内的生态用水，如野生动物栖息地和湿地等。

2.5.3　中水回用的水质标准

1. 中水回用要求

中水回用应满足以下要求：

（1）对人体健康不应产生不良影响；

（2）对环境质量和生态循环不应产生不良影响；

（3）中水应为使用者及公众所接受；

（4）中水的水质应符合各类用途规定的水质标准。

对于一项中水回用工程，最重要的是必须向回用对象提供能满足其安全使用的再生水。

2. 中水回用的水质标准

根据使用用途的不同，中水应符合相应的水质标准。当中水用于多种用途时，其水质标准应按最高要求确定。

（1）中水用于灌溉，应保证不危害作物生长、不破坏土壤结构与性能、不污染地下水。当中水用于灌溉时，水质应符合《城市污水再生利用　农田灌溉用水水质》（GB 20922—2007）的规定。

（2）中水用于厕所便器冲洗、城市绿化、洗车、扫除等生活杂用时，其水质应符合现行《城市污水再生利用　城市杂用水水质》（GB/T 18920—2002）的规定。

（3）用作景观、娱乐水体用水时，水质必须清澈透明，不含有对人健康有害的物质，无传染病菌，无令人不愉快的感觉和气味。为了防止水体富营养化，还应限制氮、磷等主要营养物质的含量，以控制藻类的过量生长。

当中水作为景观环境用水时，其水质应符合《城市污水再生利用　景观环境用水水质》（GB/T 18921—2002）的规定，详见表2-5-1。对于以大城市污水为水源的再生水，除应满足表2-5-1的各项指标外，其化学毒理学指标还要符合《城市污水再生利用　景观环境用水水质》（GB/T 18921—2002）中规定的选择控制项目的最高允许排放浓度。

景观环境用水的再生水水质标准　　　　　　　　　　表2-5-1

序号	项目		观赏性景观环境用水			娱乐性景观环境用水		
			河道类	湖泊类	水景类	河道类	湖泊类	水景类
1	基本要求		无漂浮物，无令人不愉快的嗅和味					
2	pH值		6~9					
3	五日生化需氧量（BOD$_5$）	≤	10	6		6		
4	悬浮物（SS）	≤	20	10		—		
5	浊度（NTU）	≤	—			5.0		
6	溶解氧	≥	1.5			2.0		
7	总磷（以P计）	≤	1.0	0.5		1.0	0.5	
8	总氮	≤	15					
9	氨氮（以N计）	≤	5					
10	粪大肠菌群（个/L）	≤	10000	2000		500		不得检出
11	余氯	≥	0.05					
12	色度（度）	≤	30					
13	石油类	≤	1.0					
14	阴离子表面活性剂	≤	0.5					

（4）再生水用于湿地等生态环境时，必须保持水生生物安全生长，动物植物种群不遭受危害。目前，我国尚无保护水生生物的水质标准。

2.6 园林管线工程

管线综合的目的是为了合理安排各种管线，综合解决各种管线在平面和竖向上的相互关系。如果这方面缺乏考虑或欠周，则各种管线在埋设时将会发生矛盾，从而造成人力、物力及时间上的浪费，所以这项工作是很有必要的。

管线综合的表现方法很多，园林中由于管线较城区少，所以一般采用综合平面图来表示。见图2-6-1。

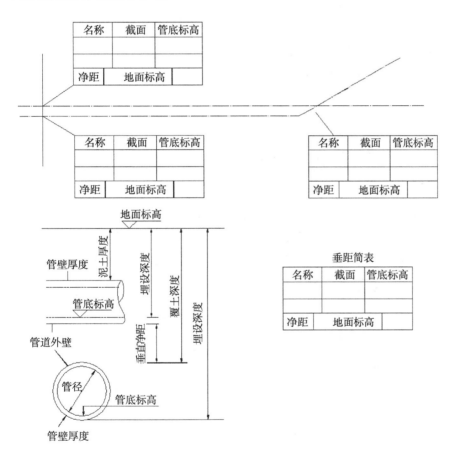

图 2-6-1 管线综合平面图

2.6.1 一般原则

（1）地下管线的布置，一般是按管线的埋深、由浅至深（由建筑物向道路）布置，常用的顺序依次如下：建筑物基础、电信电缆、电力电缆、热力管道、煤气管、给水管道、雨水管道、污水管道、路缘。

（2）管线的竖向综合应遵从小管让大管、有压管让自流管、临时管让永久管、新建管让已建管的规则。

（3）管线平面布置应做到管线短、转弯小、减少与道路及其他管线的交叉，并同主要建筑物道路中心线平行或垂直敷设。

（4）干管应靠近主要使用单位和连接支管较多的一侧敷设。

（5）地下管线一般布置在道路以外，但检修较少的管线（如污水管、雨水管、给水管）也可布置在道路下面。

（6）雨水管应尽量布置在路边，带消火栓的给水管也应沿路敷设。

2.6.2 管线综合平面图的表示方法

园林中管线种类较少且密度也小，因此其交叉的概率也较少。一般可在 1 : 1000 或 1 : 2000 的规划图纸上确定其平面位置，遇到管线交叉处可用垂距简表来表示，如图 2-6-1 所示。

为了保证安全，避免各种管线、建筑物和树木之间相互影响，便于施工和维护，各种管线间的水平距离应满足最小水平净距的规定，见表 2-6-1。地下管线交叉时的最小垂直净距和地下管线的最小覆土深度见表 2-6-2 和表 2-6-3。

各种管线的最小水平净距表（m）　　　　　　表 2-6-1

顺序	管线名称	1 建筑物	2 给水管	3 排水管	4 热力管	5 电力电缆	6 电信电缆（直埋式）	7 电信管道	8 乔木（中心）	9 灌木	10 地上柱杆（中心）	11 道路侧石边缘
1	建筑物	—	3.0	3.0	3.0	0.6	0.6	1.5	3.0	1.5	3.0	—
2	给水管	3.0	—	1.5	1.5	0.5	1.0	1.0	1.5	—	1.0	1.5
3	排水管	3.0	1.5	1.5	1.5	1.5	1.0	1.0	1.5	—	1.5	1.5
4	热力管	3.0	1.5	1.5	—	2.0	1.0	1.0	2.0	1.0	1.0	1.5
5	电力管	0.6	0.5	0.5	2.0	—	0.5	0.2	0.5	—	0.5	1.0
6	电信电缆（直埋式）	0.6	1.0	1.0	1.0	0.5	—	0.2	2.0	—	0.5	1.0
7	电信管道	1.5	1.0	1.0	1.0	0.2	0.2	—	1.5	—	1.0	1.0
8	乔木（中心）	3.0	1.0	1.5	2.0	0.5	0.5	1.0	2.0	—	—	0.5
9	灌木	1.5	—	—	1.0	—	—	—	—	—	—	0.5
10	地上柱杆（中心）	3.0	1.0	1.5	1.0	0.5	0.5	1.0	2.0	—	—	0.5
11	道路侧石边缘	—	1.5	1.5	1.5	1.0	1.0	1.0	1.0	0.5	0.5	—

注：表中所列数字，除指明者外，均系管线与管线之间净距，即管线与管线外壁之间的距离。

地下管线交叉时的最小垂直净距表（m） 表2-6-2

埋设在下面的管线名称	安设在上面的管线名称									
	给水管	排水管	热力管	煤气管	电信		电力电缆		明底（沟底）	涵洞（基础底）
					铠装电缆	管道	高压	低压		
	净距									
给水管	0.15	0.15	0.15	0.15	0.50	0.15	0.50	0.50	0.50	0.15
排水管	0.15	0.15	0.15	0.15	0.50	0.15	0.50	0.50	0.50	0.15
热力管	0.15	0.15	—	0.15	0.50	0.15	0.50	0.50	0.50	0.15
煤气管	0.15	0.15	0.15	0.15	0.50	0.15	0.50	0.50	0.50	0.15
电信铠装电缆	0.50	0.50	0.50	0.50	0.50	0.25	0.50	0.50	0.50	0.50
电信管道	0.15	0.15	0.15	0.15	0.25	0.15	0.25	0.25	0.50	0.25
电力电缆	0.50	0.50	0.50	0.50	0.50	0.50	0.50	0.50	0.50	0.50

注：1. 电信电缆或电信管道一般在其他管线上面通过。

2. 电力电缆一般在热力管道和电信电缆下面，但在其他管线上面通过。

3. 热力管一般在电缆、给水、排水、煤气管上面通过。

4. 排水管通常在其他管线下面通过。

地下管线的最小覆土深度表 表2-6-3

管线名称	电力电缆（10kV 以下）	电信		给水管	雨水管	污水管 D ≤ 300mm
		铠装电缆	管道			
最小覆土深度（m）	0.7	0.8	混凝土管 0.8，石棉管 0.7	在冰冻线以下（在不冻地区可埋设较浅）	应埋设在冰冻线以下，但不小于 0.7	冰冻线以上 0.3，但不小于 0.7

复习思考题

2-1. 园林用水一般包括哪些部分？请分别举例说明。

2-2. 园林给水的基本特点是什么？简述园林给水方式及系统组成。

2-3. 园林给水管网布置的基本形式是什么？试比较它们的优缺点。

2-4. 简述园林排水的特点。园林排水的方式有哪些？

2-5. 简要写出雨水管道系统的组成。雨水管渠的布置原则是什么？

2-6. 如何采取措施防止地表径流对地面的冲刷？

2-7. 请列出几种常用的园林雨水利用的设施。

2-8. 简述喷灌系统的类型。喷灌系统的设计要点是什么？

2-9. 园林污水常用的处理方法有哪些？

2-10. 什么是"中水"？简要说明中水回用于风景园林的主要途径。

2-11. 园林管线布置的一般原则是什么？

实习实训

对园林绿地进行喷灌设计。要求实测绿地，绘制绿地平面图，分析绿地状况，按照要求步骤进行绿地喷灌设计。

园林工程(第二版)

3

水景工程

■ 本章学习要点

本章包括园林挡土墙景观工程、园林护坡驳岸工程、园林水池工程、园林喷泉工程四部分内容，重点掌握挡土墙排水处理的方式、驳岸的结构组成、驳岸的施工工序、刚性结构水池的做法、喷泉的供水形式、喷泉的施工工序。

3.1 园林挡土墙景观工程

挡土墙被广泛应用于园林环境中，挡土墙指的是为防止路基填土或山坡岩土坍塌而修筑的、能够承受土体侧压力的墙式构造物。它在园林建筑工程中被广泛地用于房屋地基、堤岸、码头、河池岸壁、路堑边坡、桥梁台座、水榭、假山、地道、地下室等处。在山区、丘陵地区的园林中，挡土墙常常是非常重要的地上构筑物，起着十分重要的作用。在地势平坦的园林中，为分割空间、遮挡视线、丰富景观层次，有时会人工砌筑墙体，成为造景功能上的景墙。

3.1.1 园林挡土墙的功能

1. 固土护坡，阻挡土层坍落

当由厚土构成的斜坡坡度超过所允许的极限坡度时，土体的平衡即遭到破坏，发生滑坡与坍塌。挡土墙的主要功能是在较高地面与较低地面之间充当阻挡物，以防止陡坡坍塌。

2. 节省占地，扩大用地面积

在一些面积较小的园林局部，当自然地形为斜坡地时，要将其改造成平坦地，以便能在其上修筑房屋。为了获得最大面积的平地，可以将地形设计为两层或几层台地，这时，上下台地之间若以斜坡相连接，则斜坡本身需要占用较多的面积，坡度越缓，所占面积越大。

3. 削弱台地高差

当上下台地地块之间高差过大，下层台地空间受到强烈压抑时，地块之间挡土墙的设计可以化整为零，分作几层台阶形的挡土墙，以缓和台地之间高度变化太强烈的矛盾。

4. 制约空间和空间边界

当挡土墙采用两方甚至三方围合的状态布置时，就可以在所围合之处形成一个半封闭的独立空间。有时，这种半闭合的空间很有用处，能够为园林造景提供具有一定环绕性的良好的外在环境。如西方文艺复兴后期出现的巴洛克式园林的"水剧场"景观，就是在采用幻想式洞窟造型的半环绕式的台地挡土墙前创造出的半闭合喷泉水景空间。

5. 造景作用

由于挡土墙是园林空间的一种竖向界面，在这种界面上进行一些造型造景和艺术装饰，就可以使园林的立面景观更加丰富多彩，进一步增强园林空间的艺术效果。

挡土墙的作用是多方面的，除了上述几种主要功能外，它还可作为园林绿化的一种载体，增加园林绿色空间或作为休息之用。

3.1.2 挡土墙的处理手法

1. 化高为低

对于土质较好，高差不大的台地尽可能不设挡土墙而按斜坡台地处理，以绿化作为过渡；即使高差较大，放坡有困难的地方，也可以在其下部设置台阶式挡土墙，或于坡地上加做石砌连拱式法券，既保证了土坡稳定，空隙地也便于绿化，以保持生态平衡，同时也降低了挡土墙高度，节省工程造价。

2. 化整为零

高差较大的台地（通常在 2m 以上），挡土墙不宜一次砌成，以免造成过于庞大的挡土墙，会产生压抑感，因而宜化整为零，分成多阶的挡土墙修筑，中间跌落处设平台绿化，这样多层次设置的小挡土墙与原先设置的大挡土墙相比，不仅解除了视觉上的庞大笨重、生硬呆板感，而且挡土墙的断面也大大减小，绿化有效地软化了墙面的硬质景观效果。

3. 化大为小

在一些景观上有特殊要求的路段或工程中，高差较大时，可将挡土墙化大为小，使其外观由大变小，具体做法是将挡土墙立面一分为二，下部宽度大，挡土墙更稳定，两者之间的联系部分作为绿化挡土墙的种植槽或种植穴。

4. 化陡为缓

由于人的视角所限，同样高度的挡土墙，对人产生的压抑感大小常常由于挡土墙界面到人眼的距离远近的不同而不同，倾斜式挡土墙可以使空间在视觉上变得开敞。把直立式挡土墙设计成斜面式，同样高度的挡土墙由于挡土墙界面到人眼的距离变远了，原来看不见的内容现在能看到，视野空间变得开敞了。

5. 化直为曲

曲线比直线更能吸引人的视线，给人以舒美的感觉，在园林中的一些特殊场合，如服务休息区、停车场、立交桥、桥台等处，为解决地坪高差，可结合功能所需，将挡土墙设计为曲线或折线，以增强动感，创造景观，形成空间视觉中心。

6. 化硬为软

砖、石、混凝土等砌块或饰面挡土墙，在视觉及心理上给人呆板、生硬、沉重、压抑之感，若在其立面上进行绿化处理，引入生物工程学方法或采用不同材质质感对比、浮雕图案设计等手法，则可改善其原有景观效果，化硬为软，化单调为丰富（图 3-1-1）。

图 3-1-1　挡土墙的处理手法

（a）化高为低；（b）化整为零；（c）化大为小；（d）化陡为缓；（e）化直为曲；（f）化硬为软

3.1.3　挡土墙的断面结构

挡土墙按照断面结构形式可分为：重力式挡土墙、悬臂式挡土墙、扶垛式挡土墙、桩板式挡土墙、砌块式挡土墙（图 3-1-2、图 3-1-3）。

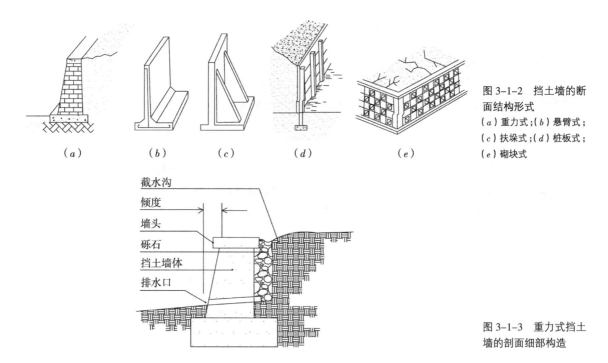

图 3-1-2　挡土墙的断面结构形式

（a）重力式；（b）悬臂式；
（c）扶垛式；（d）桩板式；
（e）砌块式

截水沟
倾度
墙头
砾石
挡土墙体
排水口

图 3-1-3　重力式挡土墙的剖面细部构造

3.1.4 挡土墙的排水处理

挡土墙后土坡的排水处理对于维持挡土墙的安全意义重大，因此应给予充分重视。常用的排水处理方式有：

（1）地面封闭处理。在土壤渗透性较大而又无特殊使用要求时，可做20~30cm厚的夯实黏土层或种植草皮封闭。还可采用胶泥、混凝土或浆砌毛石封闭。

（2）设地面截水明沟。在地面设置一道或数道平行于挡土墙的明沟，利用明沟纵坡将降水和上坡地面径流排除，减少墙后的地面渗水。必要时还要设纵、横向盲沟，力求尽快排除地面水和地下水（图3-1-4）。

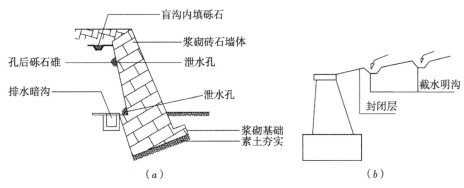

图3-1-4 挡土墙排水处理
（a）暗沟排水；（b）明沟排水

（3）泄水孔。泄水孔是在砌筑挡土墙时在墙身上间隔一定距离留置的小孔，它的作用是自然泄出挡土墙后面土层渗透出来的水，保障土方的稳定性，避免土方被水长时间浸泡倒塌，保证挡土墙的安全。

（4）盲沟。在墙体之后的填土之中，用乱毛石做排水盲沟，盲沟宽不小于50cm。经盲沟截下的地下水，再经墙身的泄水孔排出墙外。

3.1.5 挡土墙的材料设计

在古代有用麻袋、竹筐取土，或者用铁丝笼装卵石成"石龙"，堆叠成陡坡以取代挡土墙的，也有用连排木桩插板做挡土墙的，这些土、铁丝、竹木材料都用不太久，所以现在的挡土墙常用石块、砖、混凝土、钢筋混凝土等硬质材料构成。

（1）石块。石块一般有两种形式：①毛石（或天然石块）；②加工石。

无论是毛石还是加工石用来建造挡土墙都可使用下列两种方法：①浆砌法；②干砌法。浆砌法，就是将各石块用粘结材料粘合在一起。干砌法是不用任何粘结材料来修筑挡土墙，此种方法是将各个石块巧妙地镶嵌成一道稳定的砌体，由于重力作用，每块石头相互咬合，十分牢固，增加了墙体的稳定性。

（2）砖。砖也是挡土墙的建造材料，它比起石块，能形成平滑、光亮的表面。砖砌挡土墙需用浆砌法。

（3）混凝土和钢筋混凝土。挡土墙的建造材料还有混凝土，既可现场浇筑，又可预制。现场浇筑具有灵活性和可塑性；预制水泥件则有不同大小、形状、色彩和结构标准。从形状或平面布局而言，预制水泥件没有现浇的那种灵活和可塑之特性。

（4）木材。粗壮木材也可以做挡土墙，但须进行加压和防腐处理。用木材做挡土墙，其目的是使墙的立面不要有耀眼和突出的效果，特别能与木建筑产生统一感。其缺点是没有其他材料经久耐用，而且还需要定期维护，以防止其受风化和潮湿的侵蚀。木质墙面最易受损害的部位是与土地接触的部分，因此，这一部分应安置在排水良好、干燥的地方，尽量保持干燥。实际工程中应用较少。

3.1.6 挡土墙的施工

用干砌法建造一个 6m 长、1m 高的块石挡土墙的施工步骤：

（1）挡土墙地基必须水平、压实。从挡土墙的开始处，挖大约 0.6m 宽、6m 长的沟。

（2）把挖出的土壤堆在一边。如果是渗水良好的黏土，可以在挡土墙做好后重新填充于挡土墙后。否则，就得另外放入土壤或砂子。

（3）开始放置底层块石之前，用酒精水平仪来检查地面是否平坦。如果地面有坡度，就把沟做成台阶状，并在低的一面另放一层块石。

（4）开始放置块石。在土坡与块石墙体之间留出大约 0.2m 宽的缝；放完一层块石后，用肥沃的土壤填满它们之间的孔隙及后边的空间。如果有水渗流或黏土层的问题，最好在土壤下面砌一个碎石和河砂的排水层。

（5）继续放置块石，直至需要的高度。块石的放置要注意摆放角度，石块之间互相咬合，墙体要坚固、平稳。一旦全部块石放好后，就往填土的块石上浇水，并压实，然后所有的缝隙均可再加土填满。

3.2 园林驳岸、护坡工程

园林水体要求有稳定、美观的水岸来维持陆地和水面有一定的面积比例，防止陆地被淹没或水岸坍塌而扩大水面，因此在水体边缘必须建造驳岸与护坡。

3.2.1 护坡与驳岸的区别（表 3-2-1）

驳岸与护坡的区别列表   表 3-2-1

性质	驳岸	护坡
定义	一面临水的挡土墙，是支持陆地和防止岸壁坍塌的水工构筑物，多用岸壁直墙，有明显的墙身，岸壁大于 45°	保护坡面、防止雨水径流冲刷及风浪拍击对护坡的破坏的一种水工措施，在土壤斜坡 45° 内可用护坡
作用	用来维系陆地与水面的界限，使其保持一定的比例关系；保证水体岸坡不受冲刷；还可强化岸线的景观层次	防止滑坡，减少地表水和风浪的冲刷；保证岸坡稳定自然，缓坡能产生自然亲水的效果

性质	驳岸	护坡
形式	规则式驳岸：指用块石、砖、混凝土砌筑的几何形式的岸壁，简洁规整，但缺少变化。多属永久性的，要求较好的砌筑材料和较高的施工技术。 自然式驳岸：外观较自然，无固定形状或规格的岸坡处理，如常用的假山石驳岸、卵石驳岸，自然堆砌，景观效果好。 混合式驳岸：是规则式与自然式驳岸相结合的驳岸造型。一般为毛石岸墙，自然山石岸顶。易于施工，具有一定的装饰性，适用于地形许可且有一定装饰要求的湖岸	铺石护坡：当坡岸较陡、风浪较大或因造景需要时，可采用铺石护坡。铺石护坡由于施工容易，抗冲刷力强，经久耐用，护岸效果好，还能因地造景，灵活随意，是园林中常见的护坡形式。 灌木护坡：较适于大水面平缓的坡岸。由于灌木有韧性，根系盘结，不怕水淹，能削弱风浪冲击力，减少地表冲刷，因而护坡效果较好。 草皮护坡：适于坡度在（1：5）~（1：20）之间的湖岸缓坡

3.2.2　驳岸的结构组成

驳岸的主体构造，由基础、墙身和压顶三部分组成（图3-2-1），附属构造包括沉降缝、伸缩缝及泄水设施等（图3-2-2）。

（1）基础：基础是驳岸的承重部分，通过它将上部重量传给地基。因此，驳岸基础要求坚固，埋入湖底深度不得小于 50cm，基础宽度 B 则视土壤情况而定，砂砾土为（0.35~0.4）h，砂壤土为 0.45h，湿砂土为（0.5~0.6）h，饱和土壤为 0.75h。

（2）墙身：墙身处于基础与压顶之间，承受压力最大，包括垂直压力、水的水平压力及墙后土壤侧压力。因此，墙身应具有一定的厚度，墙体高度要以最高水位和水面浪高来确定。

（3）岸顶：岸顶应以贴近水面为好，便于游人亲近水面，并显得蓄水丰盈饱满。压顶为驳岸的最上部分，宽度 30~50cm，用混凝土或大块石做成。其作用是增强驳岸稳定，美化水岸线，阻止墙后土壤流失。

如果水体水位变化较大，即雨季水位很高，平时水位很低，为了岸线景观起见，则可将岸壁迎水面做成台阶状，以适应水位的升降。

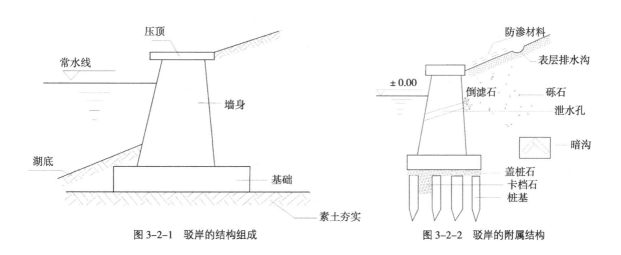

图 3-2-1　驳岸的结构组成　　　　　图 3-2-2　驳岸的附属结构

（4）沉降缝：是由于墙身不等高，墙后土压力、地基沉降不均匀等变化差异时所必须考虑设置的断裂缝。

（5）伸缩缝：避免因凝缩结硬和湿度、温度的变化所引起的破裂而设置的缝道。一般 10~25m 设置一道，宽度约 20mm，有时也兼作沉降缝用。

（6）泄水设施：包括泄水孔、明沟及盲沟等。为排除地面渗入水或地下水在墙后的滞留，应考虑设置泄水孔，可作等距离布置，每 3~5m 一处，驳岸墙后孔处需设倒滤层以防止阻塞。

3.2.3　驳岸的施工

1. 放线

布点放线应依据设计图上的常水位线，确定驳岸的平面位置，并在基础两侧各加宽 20cm 放线。

2. 挖槽

一般由人工开挖，工程量较大时采用机械开挖。为了保证施工安全，对需要放坡的地段，应根据规定进行放坡。

3. 夯实地基

开槽后应将地基夯实。遇软弱土层时需进行加固处理。

4. 浇筑基础

一般为块石混凝土，浇筑时应将块石分隔，不得互相靠紧，也不得置于边缘。

5. 砌筑岸墙

浆砌块石岸墙的墙面应平整、美观；砌筑砂浆饱满，勾缝严密。每隔 25~30m 做伸缩缝，缝宽 3cm，可用板条、沥青、石棉绳、橡胶、止水带或塑料等防水材料填充。填充时应略低于砌石墙面，缝用水泥砂浆勾满。如果驳岸有高差变化，则应做沉降缝，确保驳岸稳固。驳岸墙体应于水平方向 2~4m、竖直方向 1~2m 处预留泄水孔，口径为 120mm×120mm，便于排除墙后积水，保护墙体。也可于墙后设置暗沟，填置砂石排除积水。

6. 砌筑压顶

可采用预制混凝土板块压顶，也可采用大块方整石压顶。顶石应向水中至少挑出 5~6cm，并使顶面高出最高水位 50cm 为宜。

7. 驳岸施工前，一般应放空湖水，以便于施工

新挖湖池应在蓄水之前进行驳岸施工。属于城市排洪河道、蓄洪湖泊的水体，可分段围堵截流，排空作业现场围堰以内的水。选择枯水期施工，如枯水位距施工现场较远，当然也就不必放空湖水再施工。驳岸采用灰土基础时，以干旱季节施工为宜，否则会影响灰土的凝结。浆砌块石施工中，砌筑要密实，要尽量减少缝穴，缝中灌浆务必饱满。浆砌块石缝一定应控制在 2~3cm，勾缝可稍高于石面。

8. 为防止冻凝，驳岸应设伸缩缝并兼作沉降缝

伸缩缝要做好防水处理，同时也可采用结合景观的设计使驳岸曲折有度，

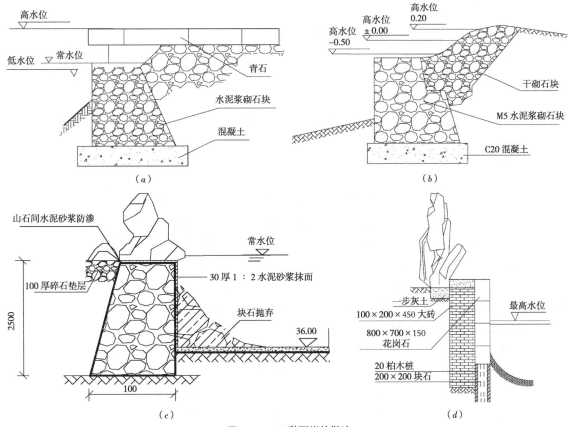

图 3-2-3 四种驳岸的做法
（a）青石驳岸；（b）缓坡驳岸；（c）自然山石驳岸；（d）混合式驳岸

这样既丰富驳岸的变化，又减少伸缩缝的设置，使驳岸的整体性更强。

9. 为排除地面渗水或地面水在岸墙后的滞留，应考虑设置泄水孔

泄水孔可等距离分布，平均 3~5m 处可设置一个处。在孔后可设倒滤层，以防阻塞（图 3-2-3）。

3.2.4 护坡的结构与施工

护坡在园林工程中得到广泛应用，原因在于水体的自然缓坡能产生自然、亲水的效果。护坡的设计选择应依据坡岸、透视效果、水岸地质状况和水流冲刷程度而定。目前，常见的方法有铺石护坡、灌木护坡和草皮护坡。

1. 铺石护坡

当坡岸较陡，风浪较大或因造景需要时，可采用铺石护坡，如图 3-2-4 所示。铺石护坡由于施工容易，抗冲刷力强，经久耐用，护岸效果好，还能因地造景，灵活随意，是园林中常见的护坡形式。

护坡石料要求吸水率低（不超过 1%）、密度大（大于 2000kg/m³）和较强的抗冻性，如石灰岩、砂岩、花岗岩等岩石，以块径 18~25cm、长宽比 1∶2 的长方形石料最佳。

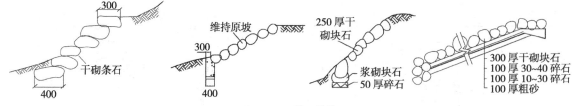

图 3-2-4 铺石护坡

铺石护坡的坡面应根据水位和土壤状况确定，一般常水位以下部分坡面的坡度小于 1 ∶ 4，常水位以上部分采用 1 ∶ 1.5。

施工方法如下：首先把坡岸平整好，并在最下部挖一条梯形沟槽，槽沟宽约 40~50cm，深约 50~60cm。铺石以前先将垫层铺好，垫层的卵石或碎石要求大小一致，厚度均匀，铺石时由下至上铺设。下部要选用大块的石料，以增加护坡的稳定性。铺时石块摆成丁字形，与岸坡平行，一行一行往上铺，石块与石块之间要紧密相贴，如有突出的棱角，应用铁锤将其敲掉。稍后检查一下质量，即当人在铺石上行走时铺石是否移动，如果不移动，则施工质量合乎要求。下一步就是用碎石嵌补铺石缝隙，再将铺石填实即成。

2. 灌木护坡

灌木护坡较适于大水面平缓的坡岸。由于灌木有韧性，根系盘结，不怕水淹，能削弱风浪冲击力，减少地表冲刷，因而护岸效果较好。护坡灌木要具备速生、根系发达、耐水湿、株矮常绿等特点，可选择沼生植物护坡。施工时可直播，也可植苗，但要求较大的种植密度。若因景观需要，强化天际线变化，可适量植草和乔木。

3. 草皮护坡

草皮护坡适于坡度在（1 ∶ 5）~（1 ∶ 20）之间的湖岸缓坡。护坡草种要求耐水湿，根系发达，生长快，生存力强，如假俭草、狗牙根等。护坡做法按坡面具体条件而定，如果原坡面有杂草生长，可直接利用杂草护坡，但要求美观。也有直接在坡面上播草种，加盖塑料薄膜的，或如图 3-2-5 所示，先在正方砖、六角砖上种草，然后用竹签四角固定作护坡。最为常见的是块

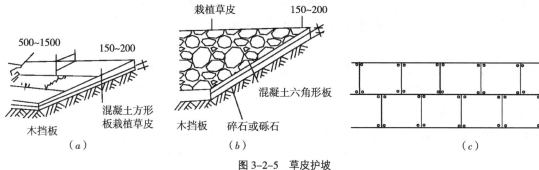

图 3-2-5 草皮护坡
（a）方形板；（b）六角形板；（c）用竹签固定草砖

状或带状种草护坡，铺草时沿坡面自下而上成网状铺草，用木方条分隔固定，稍加压踩。若要增加景观层次，丰富地貌，加强透视感，可在草地散登山石，配以花灌木。

3.3　园林水池工程

人工池与人工湖有较大的不同。人工池形式多样，可由设计者任意发挥。一般而言，池的面积较小，岸线变化丰富且具有装饰性。水较浅，不能开展水上活动，以观赏为主，常配以雕塑、喷水、花坛等。池可分为自然式水池、规则式水池和混合式水池三种，现代园林中的流线型抽象式水池更为活泼、生动、富于想象。

3.3.1　水池设计

水池设计包括平面设计、立面设计、剖面结构设计、管线安装等项。

1. 平面设计

水池的平面设计要求表现的内容一般包括以下几方面：平面位置和放线尺寸；水池与周围环境、建筑物、地上地下管线的距离；周围地形标高与池岸标高；池岸岸顶标高、岸底标高；池底转折点、池底中心以及池底的标高、排水方向；进水口、排水口、溢水口的位置、标高；泵房、泵坑的位置、标高；喷头、种植池的平面位置和所取剖面的位置。

2. 立面设计

水池的立面处理要反映立面的高度和变化，水池池壁顶面与附近地面高差不宜太大。让人可坐在池边，要考虑人蹲坐的尺度要求。池壁顶有平顶的，有中间折拱或曲拱的，也有向水池里一面倾斜的。水池与池面相接部分可以作凹进和线条变化，立面上还反映喷水的立面观。

3. 剖面设计

水池的剖面结构应从地基至池壁顶注明各层的材料和施工要求。剖面应有足够的代表性。如一个剖面不足以反映时，可增加剖面。剖面图要求表现的内容一般包括：池岸、池底以及进水口高程；池岸池底结构、表层（防护层）、防水层、基础做法；池岸与山石、绿地、树木结合部的做法；池底种植水生物的做法。

4. 管线设计

水池中的基本管线包括给水管、补水管、泄水管、溢水管等。有时给水管与补水管使用同一根管子；给水管、补水管、泄水管为可控制的管道，以便更有效地控制水的进出；溢水管维持一定的水位和进行表面排污，不加阀闸等控制设备以保证其畅通；对于循环用水的喷泉、溪流、瀑布等还包括循环水的管道，对配有喷泉、水下灯光的水池需要电路设计。一般水景工程的管线可直接敷设在水池内或直接埋在土中。

5. 其他配套设计

在水池中可以设计汀步、置石、小桥、雕塑等景观设施，共同组成景观。也可进行池底装饰。

3.3.2 水池的给水排水设计

1. 给水系统

水池的给水排水系统主要有直流给水系统、陆上水泵循环给水系统、潜水泵循环给水系统和盘式水景循环给水系统等四种形式。详见喷泉给水形式。

2. 排水系统

为维持水池水位和进行表面排污，保持水面清洁，水池应有溢流口。常用的溢流形式有堰口式、漏斗式、管口式和连通管式等（图3-3-1）。大型水池宜设多个溢流口，均匀布置在水池中间或周边。溢流口的设置不能影响美观，并要便于清除积污和疏通管道，为防止漂浮物堵塞管道，溢流口要设置格栅，格栅间隙应不大于管径的1/4。

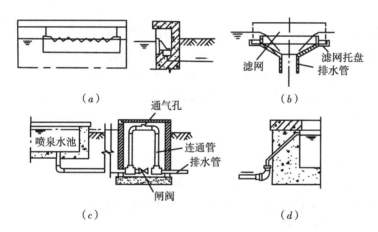

图 3-3-1 水池的各种溢流口
(a) 堰口式；(b) 漏斗式；
(c) 连通管式；(d) 管口式

为便于清洗、检修和防止水池停用时水质腐败或池水结冰，影响水池结构，池底应有 0.01 的坡度，坡向泄水口。若采用重力泄水有困难时，在设置循环水泵的系统中，也可利用循环水泵泄水，并在水泵吸水口上设置格栅，以防水泵装置和吸水管堵塞，一般栅条间隙不大于管道直径的 1/4。

3.3.3 刚性水池施工

目前，园林景观人工水池从结构上可分为刚性结构水池、柔性结构水池和临时简易水池三种。刚性结构水池也称钢筋混凝土水池（图3-3-2）。特点是池底、池壁均配钢筋，因此寿命长、防漏性好，适用于大部分水池。

1. 施工准备

混凝土配料。基础与池底：水泥 1 份，细砂 2 份，粒料 4 份，所配的混凝土型号为 C20。池底与池壁：水泥 1 份，细砂 2 份，0.6~2.5cm 粒径的粒料 3 份，所配的混凝土型号为 C15。防水层：防水剂 3 份，或其他防水卷材。

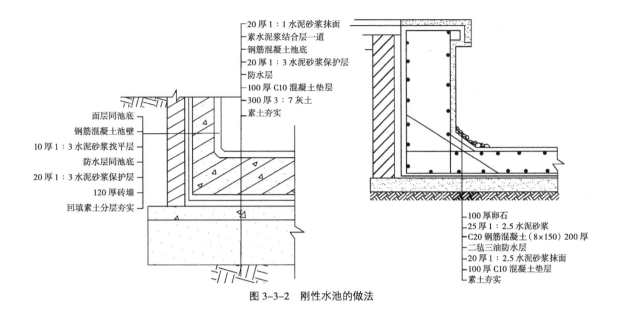

图 3-3-2　刚性水池的做法

添加剂。混凝土中有时需要加入适量添加剂，常见的有：U 形混凝土膨胀剂、加气剂、氯化钙促凝剂、缓凝剂、着色剂等。

池底、池壁必须采用强度等级 42.5 级以上的普通硅酸盐水泥，水灰比不大于 0.55；粒料直径不得大于 40mm，吸水率不大于 1.5%；混凝土抹灰和砌砖抹灰用 32.5 级水泥或 42.5 级水泥。

场地放线。根据设计图纸定点放线，放线时，水池的外轮廓应包括池壁厚度。为使施工方便，池外沿各边加宽 50cm，用石灰或黄砂放出起挖线，每隔 5~10m（视水池大小）打一小木桩，并标记清楚。方形（含长方形）水池，直角处要校正，并至少打三个桩；圆形水池，应先定出水池的中心点，再用线绳（足够长）以该点为圆心，水池宽的一半为半径（注意池壁厚度）画圆，石灰标明，即可放出圆形轮廓。

2. 池基开挖

根据现场施工条件确定挖方方法，可用人工挖方，也可人工结合机械挖方。开挖时一定要考虑池底和池壁的厚度。如为下沉式水池，应做好池壁的保护。挖至设计标高后，池底应整平并夯实，再铺上一层碎石、碎砖作为底座。如果池底设置有沉泥池，应结合池底开挖同时施工。

池基挖方会遇到排水问题，工程中常用基坑排水，这是既经济又简易的排水方法。此法是沿池基边挖成临时性排水沟，并每隔一定距离在池基外侧设置集水井，再通过人工或机械抽水排走，以确保施工顺利进行。

3. 池底施工

池底现浇混凝土要在一天内完成，必须一次浇筑完毕。先在底基上浇铺一层 5~15cm 厚的混凝土浆作为垫层，用平板振荡器夯实，保养 1~2d 后，在垫层面测定池底中心，再根据设计尺寸放线定出柱基及池底边线，画出钢筋布线，依线绑扎钢筋，紧接着安装柱基和池底外围的模板。钢筋的绑扎要符合配筋设计要求，上下层钢筋要用铁撑加以固定，使之在浇捣过程中不产生变位。

混凝土的厚度根据气候条件而定：一般温暖地区 10~15cm 厚，北方寒冷地区以 30~38cm 为好。池底浇筑不能留施工缝，施工间歇时间也不得超过混凝土的初凝时间，池底表面在混凝土初凝前要压实抹光。如混凝土在浇灌前产生初凝或离析现象，应在现场拌板上进行二次搅拌，方可入模浇捣。混凝土厚在 20cm 以下的可用平板振动器，厚度较厚的一般用插入式振动器捣实。

为使池底与池壁紧密连接，池底与池壁连接处的施工缝可设置在基础上口 20cm 处（图 3-3-3）。施工缝可留成台阶形，也可加金属止水片或遇水膨胀胶带。

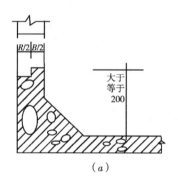 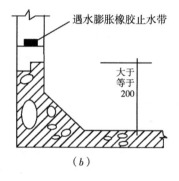

（a） （b）

图 3-3-3　池底与池壁连接处施工缝做法图
（a）企口缝连接；（b）平缝结合止水带连接

4. 浇筑混凝土池壁

浇筑混凝土池壁须用木模板定型，木模板要用横条固定，并要有稳定的承重强度。浇筑时，要趁池底混凝土未干时，用硬刷将边缘拉毛，使池底与池壁结合得更好。池底边缘处的钢筋要向上弯起凸入与池壁结合部，弯入的长度应大于 30cm，这种钢筋能最大限度地增强池底与池壁结合部的强度。

钢筋绑扎时，要预先准备好钢筋绑扎的工具，如钢丝钩、小扳手、撬杠、绑扎架、折尺、色笔及 20~22 号镀锌钢丝等，并认真校对施工图，再根据施工图划出钢筋安装位置线。如钢筋品种较多，要在安装好的模板上标明各种型号的钢筋规格、形状和数量。

绑扎池壁钢筋时，要让箍筋的接头交叉错排，垂直放置，箍头转角与竖向钢筋交叉点必须扎牢。绑扎箍筋时，铁线扣要相互成八字形绑扎，竖向钢筋的弯钩应朝向混凝土内。使用双层钢筋网时，要在两层钢筋之间设置撑铁（钩）来固定钢筋的间距。绑扎钢筋网时，四周两行钢筋交叉点要扎牢，中间部分每隔一根相互成梅花式绑扎。

固定模板用的镀锌钢丝和螺栓不宜直接穿过壁池。当螺栓或套管必须穿过壁池时，应采取止水防漏措施，可焊接止水环。长度在 25m 以上的水池应设变形缝和伸缩缝。

浇筑混凝土池壁要连续施工。浇筑时，要用木槌将混凝土浆捣实，不留施工缝。混凝土凝结后，应立即进行养护，并充分保持湿润，养护时间不得少于两周。拆模时池壁表面温度与周围气温不得超过 15℃。

5. 防水层

刚性结构水池防水层做法可根据水池结构形式和现场条件来确定。工程中为确保水池不渗漏，常采用防水混凝土与防水砂浆结合的施工方法。防水混凝土用 42.5 级硅酸盐水泥、中砂、卵石（粒径小于 40mm，吸水率小于 1.5%）、U.E.A 膨胀剂和水经搅拌而成的混凝土。防水砂浆则用 32.5 级普通硅酸盐水泥、砂（粒径小于 3mm，含泥量小于 3%）、外加剂（如素磺酸钙减水剂、有机硅防水剂、水玻璃矾类促凝剂等）按一定比例（水泥：砂为 1 ：（1~3））混合而成。

水池内还必须安装各种管道，这些管道需通过池壁（见喷水池结构），因此务必采取有效措施防漏。管道的安装要结合池壁施工同时进行。在穿过池壁之处要预埋套管，套管上加焊止水环，止水环应与套管满焊严密。安装时先将管道穿过预埋套管，然后一端用封口钢板将套管和管道焊牢，再从另一端将套管与管道之间的缝隙用防水油膏等材料填充后，用封口钢板封堵严密。

6. 压顶

做成有沿口的压顶，可以减少水花向上溅溢，并能使波动的水面快速平衡下来，形成镜面倒影。如做成无沿口的压顶，则会形成浪花四溅，有强烈的动感。其他做法均可根据需要选择（图 3-3-4）。

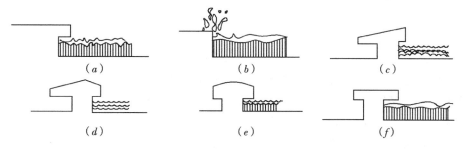

图 3-3-4 水池壁压顶形式与做法
(a) 有沿口；(b) 无沿口；
(c) 单坡；(d) 双坡；
(e) 圆弧；(f) 平顶

对于溢水口、泄水口的处理，其目的是维持一定的水位和进行表面排污，保持水面清洁。常用溢水口形式有堰口式、漏斗式、管口式、连通式等，可视实际情况选择。水口应设格栅。泄水口应设于水池池底最低处，并保持池底有不小于 1% 的坡度。

保养 1~2d 后，就可根据设计要求进行水池整个管网的安装，可与抹灰工序进行平行作业。

7. 混凝土抹灰

混凝土抹灰在混凝土结构水池施工中是一道十分重要的工序，它能使池面平滑，易于养护。抹灰前应先将池内壁表面凿毛，不平处要铲平，并用水清洗干净。

抹灰的灰浆要用 32.5 级（或 42.5 级）的普通水泥配制砂浆，配合比 1 ：2。灰浆中可加入防水剂或防水粉，也可加些黑色颜料，使水池更趋自然。抹灰一般在混凝土干后 1~2d 内进行。抹灰时，可在混凝土墙面上刷上一层薄水泥纯浆，以增加粘结力。通常先抹一层底层砂浆，厚度 5~10mm；再抹第二层找平，厚度 5~12mm；最后抹第三层压光，厚度 2~3mm。池壁与池底结合处可适当加厚抹灰量，防止渗漏。如用水泥防水砂浆抹灰，可采用刚性多层防水层做法，此法要求在水池迎水面用五层交叉抹面做法（即每次抹灰方向相反），背水面用四层交叉抹面法。

8. 试水

水池施工的所有工序全部完成后，可以进行试水，试水的目的是检验水池结构的安全性及水池的施工质量。试水时应先封闭排水孔。由池顶放水，一般要分几次进水，每次加水深度视具体情况而定。每次进水都应从水池四周观察记录，无特殊情况可继续灌水，直至达到设计水位标高。达到设计水位标高后，要连续观察 7d，做好水面升降记录，外表面无渗漏现象及水位无明显降落说明水池施工合格。

9. 水池装饰

池底装饰。可根据水池的功能及观赏要求进行池底装饰，可直接利用原有土石或混凝土池底，再在其上选用深蓝色池底镶嵌材料，以加强水深效果。还可通过特意构图，镶嵌白色浮雕，以渲染水景气氛。

池面饰品。水池中可以布设小雕塑、卵石、汀步、跳水石、跌水台阶、石灯、石塔、小亭等，共同组景，使水池更趋生活情趣，也点缀了园景。

3.3.4 柔性水池施工

近几年，随着新型建筑材料的出现，特别是各式各样的柔性衬垫薄膜材料的应用，水池的结构出现了柔性结构，使水池的建造产生了新的飞跃。实际上，水池光靠加厚混凝土和加粗加密钢筋网是不可取的，尤其对于北方地区水池的渗漏冻害，不如用柔性不渗水的材料做水池防水层为好。目前，在水池工程中使用的有玻璃布沥青席水池、三元乙丙橡胶（EPDM）薄膜水池、聚氯乙烯（PVC）衬垫薄膜水池、再生橡胶薄膜水池等。

1. 玻璃布沥青席水池

这种水池施工前得先准备好沥青席。方法是以沥青 0 号：3 号 =2：1 调配好，按调配好的沥青 30%，石灰石矿粉 70% 的配比，且分别加热至 100℃，再将矿粉加入沥青锅拌匀，把准备好的玻璃纤维布（孔目 8mm×8mm 或者 10mm×10mm）放入锅内蘸匀后慢慢拉出，确保粘结在布上的沥青层厚度在 2~3mm，拉出后立即撒滑石粉，并用机械碾压密实，每块席长 40m 左右。

施工时，先将水池土基夯实，铺 300mm 厚的 3：7 灰土保护层，再将沥青席铺在灰土层上，搭接长 50~100mm，同时用火焰喷灯焊牢，端部用大块石压紧，随即铺小碎石一层。最后在表层散铺 150~200mm 厚的卵石一层即可（图 3-3-5）。

2. 三元乙丙橡胶（EPDM）薄膜水池

三元乙丙橡胶薄膜类似于丁基橡胶，是一种黑色柔性橡胶膜，厚度为

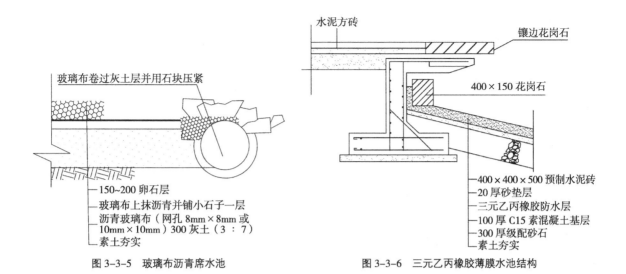

图 3-3-5　玻璃布沥青席水池

图 3-3-6　三元乙丙橡胶薄膜水池结构

3~5mm，能经受温度 –40~80℃，扯断强度大于 7.35N/mm²，使用寿命可达 50 年，施工方便，自重轻，不漏水，特别适用于大型展览用临时水池和屋顶花园用水池。

　　建造三元乙丙橡胶薄膜水池，要注意衬垫薄膜与池底之间必须铺设一层保护垫层，材料可以是细砂（厚度 ≥ 5cm）、废报纸、旧地毯或合成纤维。薄膜的需要量可视水池面积而定，不过要注意薄膜的宽度必须包括池沿，并保持在 30cm 以上。铺设时，先在池底混凝土基层上均匀铺一层 5cm 厚的砂子，并洒水使砂子湿润，然后在整个池中铺上保护材料，之后就可铺三元乙丙橡胶衬垫薄膜了，注意薄膜四周至少多出池边 15cm。如是屋顶花园水池或临时性水池，可直接在池底铺砂子和保护层，再铺三元乙丙橡胶即可（图 3-3-6）。油毛毡防水层（二毡三油）水池的结构和做法见图 3-3-7。

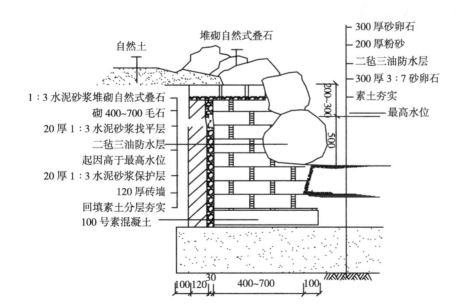

图 3-3-7　油毛毡防水层水池结构

3.3.5 临时水池施工

在日常生活中有时会遇到一些临时水池施工，尤其是在节日、庆典期间。有时一些小型宾馆、饭店、影剧院等场所因某种需要也要用到临时水池。此类水池要求结构简单，安装方便，使用完毕后能随时拆除，最好还能重复利用。

临时水池的结构形式不一。如果水池铺设在硬质地面上，一般可以用角钢焊接水池池壁，也可采用红砖砌成池壁，还可用泡沫塑料制作池壁，其高度一般比设计水池的水深高 8~20cm。池底可先用深蓝色吹塑纸铺一层，再用塑料布将池底和池壁铺垫，并将塑料布反卷包住池壁外侧，用素土或其他重物固定。如水池较大，为确保不漏水，

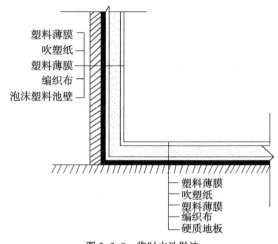

图 3-3-8　临时水池做法

可采用几层塑料布铺设。为了防止地面的硬物刺穿塑料布，可在最底层铺上厚 20mm 的聚苯板，或大幅牛皮纸保护层。水池的内侧池壁可以用树桩做成驳岸，也可用盆花遮挡，池底可视需要铺设 15~25mm 的砂石或点缀少量卵石，必要时，为营造气氛，可在水池中安装小型喷泉与灯光系统。图 3-3-8 所示为一临时（泡沫塑料池壁）水池的平面、管线安装及施工结构图，以供参考。

还有一种临时水池，可用挖水池基坑的方法建造。方法是先根据设计的水池轮廓在地面上用粉笔或绳子勾画出水池边缘线。然后依据水池深度开挖土方，注意池壁必须压实，池顶要挖出埋设压顶的厚度。如果池底中要预留土墩来摆放盆花的，要留好土墩并拍实整平。基坑挖好后，便可铺装塑料布了，塑料布应至少有 15cm 留在池缘，并用花岗石块或预制混凝土块将塑料布压紧，形成一个完整的压顶。如果水池内要安装喷泉、小瀑布及灯光系统，应将这些设备全部安装完毕后才可放水。最后摆上盆花，池周按设计要求种上草坪或铺上苔藓，一个临时水池就完成了。

3.4 园林喷泉工程

喷泉也称喷水，是由压力水喷出后形成的各种喷水姿态，用于观赏的动态水景，起装饰点缀园景的作用，深得人们的喜爱。随着时代的发展，喷泉在现代公园、宾馆、商贸中心、影剧院、广场、写字楼等处，配合雕塑小品，与水下彩灯、音乐一起共同构成朝气蓬勃、欢乐振奋的园林水景。喷泉还能增加空气中的负离子，具有卫生保健之功效，备受青睐。

3.4.1 喷泉对环境的要求

喷泉设计必须与环境取得一致。设计时，要特别注意喷泉的主题、形式和

喷水景观。做到主题、形式和环境相协调，起到装饰和渲染环境的作用。主题式喷泉要求环境能提供足够的喷水空间与联想空间；装饰性喷泉要求浓绿的常青树群为背景，使之形成一个静谧悠闲的园林空间；而与雕塑组合的喷泉，需要开阔的草坪与精巧简洁的铺装衬托；庭院、室内空间和屋顶花园的喷泉小景，最宜衬以山石、草灌花木；节日用的临时性喷泉，最好用艳丽的花卉或醒目的装饰物为背景，使人备感节日的欢乐气氛。

为了欣赏方便，喷泉周围一般应有足够的铺装空间。据经验，大型喷泉其欣赏视距为中央喷水高度的 3 倍；中型喷泉其欣赏视距为中央喷水高度的 2 倍；小型喷泉其欣赏视距为中央喷水高度的 1~1.5 倍。

3.4.2 常见喷头类型

喷头是喷泉的主要组成部分，当水受动力驱压后流经喷头，通过喷嘴的造型喷出理想的水流形态。喷头的形式、结构、材料及加工质量会对喷水景观产生很大的影响。喷头外观要求美观、耗能小。用来制造喷头的材料应具有耐磨、防锈、不易变形等特点。目前，生产厂家常用铜或不锈钢制作，此类喷头质量好，寿命长，应用广泛。近年来，也有用铸造尼龙制作喷头的，这种喷头具有耐磨、润滑性好、加工容易、轻便、成本低等优点，但易老化，寿命短，适用于低压喷水。

1. 单射流喷头

这是目前应用最广的一种喷头，属喷水的基本形式。一般垂直射程在 15m 以下，喷水线条清晰，可单独使用，也可组合造型。单射流喷头可以有万向型或可调万向型之分，当承托底部装有球状接头时，可作一定角度方向的调整。喷头形式和喷水姿态见图 3-4-1。

2. 喷雾喷头

这种喷头内部安装有螺旋状导水板，水流经喷头并在喷头内旋转，当水由喷头小孔喷出时，快速散开弥漫成雾状水滴，朦胧典雅。当阳光入射角在 40°15′ ~ 42°36′ 之间时，很容易形成彩虹景观（图 3-4-2）。

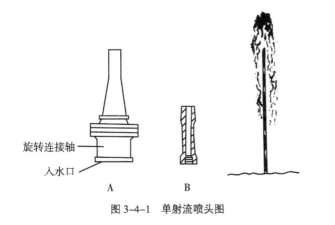

旋转连接轴
入水口
A   B

图 3-4-1　单射流喷头图

图 3-4-2　喷雾喷头

3. 环形喷头

环形喷头（图3-4-3）出水口成环状断面，水沿孔壁喷出形成外实内空的环形水柱，气势粗犷、雄伟，令人奋发向上。

4. 多孔喷头

这是应用较广的一种喷头，它由多个单射流喷嘴组成，也可在平面、曲面或半球形壳体上做成多个小孔眼作为喷头。该喷头喷水层次丰富，水姿变化多样，视感好（图3-4-4）。

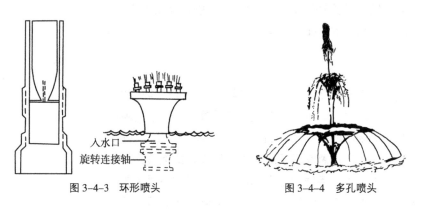

图 3-4-3 环形喷头　　　　　图 3-4-4 多孔喷头

5. 变形喷头

这种喷头种类很多，它们的共同特点是在出水口的前面有一个可以调节的形状各异的反射器，当水流经过反射器时，迫使水流按预定角度喷出，起到造型作用，如半球形、牵牛花形、扶桑花形等（图3-4-5）。

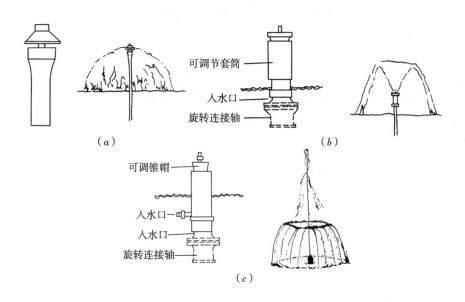

（a）

（b）

（c）

图 3-4-5 变形喷头
（a）半球形喷头；（b）牵牛花形喷头；（c）扶桑花形喷头

6. 吸力喷头

这种喷头的共同点是利用喷嘴附近的水压差将空气和水吸入，待喷水与空气混合喷出时，水柱膨大且含有大量小气泡，形成不同的白色带泡沫的不透明

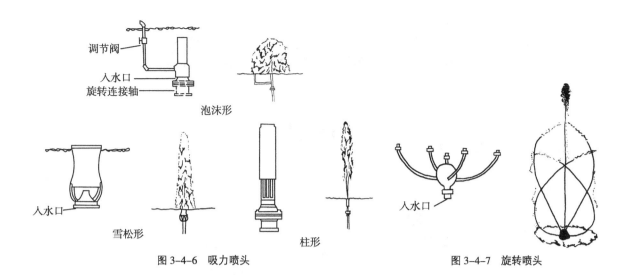

图 3-4-6 吸力喷头

图 3-4-7 旋转喷头

水柱（图 3-4-6）。如夜间经彩灯照射，更加光彩夺目。

7. 旋转喷头

此种喷头是利用压力将水送至喷头后，借助驱动孔的喷水，靠水的反推力带动回转器转动，使喷头不断地转动而形成欢乐愉快的水姿，并形成各种扭曲线型，飘逸荡漾，婀娜多姿（图 3-4-7）。

8. 扇形喷头

该种喷头（图 3-4-8），能喷出扇形水膜，且常成孔雀状造型。

平头形　　　　　　　　　扇形　　　　　　　　图 3-4-8 扇形喷头

9. 蒲公英喷头

此种喷头是通过一个圆球形外壳安装多个同心放射状短喷管，并在每个管端安置半球形喷头，喷水时，能形成球状水花，如同蒲公英一样，美丽动人。此种喷头可单独、对称或高低错落组合使用，在自控或大型喷泉中应用，效果较好（图 3-4-9）。缺点是耗材量大，不喷水时喷头外露效果较差。维护成本高，因此近年来该种喷头的运用较少。

10. 组合喷头

组合喷头也称复合型喷头，是由两种或两种以上喷水型各异的喷嘴，按造型需要组合成一个大喷头。它能形成较为复杂、富于变化的花形（图 3-4-10）。各种喷头经过艺术组合、有机搭配，能形成多种多样的组合变化。

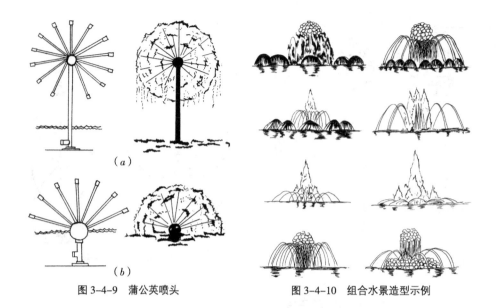

（a）

（b）

图 3-4-9　蒲公英喷头　　　　图 3-4-10　组合水景造型示例

3.4.3　喷泉设计

1. 选择喷头类型

喷头类型的选择要综合考虑喷泉造型要求、组合形式、控制方式、环境条件、水质状况及经济现状等因素。喷头直径必须与连接管的内径相配套，喷嘴前应有不少于 20 倍喷嘴口径的直管。管道连接不能有急剧的变化，以确保喷水的设计水姿。

2. 确定喷泉供水形式

直流给水系统（图 3-4-11），也称自来水供水系统，将喷头直接与自来水给水管网连接，喷头喷射一次后即将水排至下水道。这种系统构造简单、维护简单且造价低，但耗水量较大。直流给水系统常与假山、盆景配合，作小型喷泉、瀑布、孔流等，适合在小型庭院、大厅内设置。

陆上水泵循环给水系统（图 3-4-12），也称离心泵循环供水系统，该系统设有贮水池、循环水泵房和循环管道，喷头喷射后的水多次循环使用，具有耗水量少、运行费用低的优点。但系统较复杂，占地较多，管材用量较大，投资费用高，维护管理麻烦。此种系统适合各种规模和形式的水景，一般用于较开阔的场所。

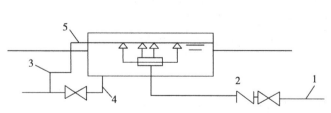

图 3-4-11　直流给水系统
1—给水管；2—止回隔断阀；3—排水管；4—泄水管；5—溢流管

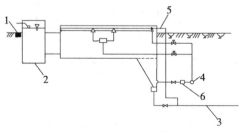

图 3-4-12　陆上水泵循环给水系统
1—给水管；2—补给水井；3—排水管；4—循环水泵；
5—溢流管；6—过滤器

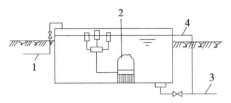

图 3-4-13　潜水泵循环给水系统
1—给水管；2—潜水泵；3—排水管；4—溢流管

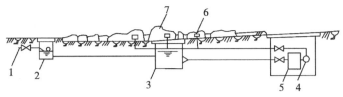

图 3-4-14　盘式水景循环给水系统
1—给水管；2—补给水井；3—集水井；4—循环泵；5—过滤器；6—喷头；7—踏石

潜水泵循环给水系统（图 3-4-13）。该系统设有贮水池，将成组喷头和潜水泵直接放在水池内作循环使用。这种系统具有占地少、投资低、维护管理简单、耗水量少的优点，但是水姿花形控制调节较困难。潜水泵循环给水系统适用于各种形式的中型或小型喷泉、水塔、涌泉、水膜等。

盘式水景循环给水系统（图 3-4-14）。该系统设有集水盘、集水井和水泵房。盘内铺砌踏石构成辅路。喷头设在石隙间，适当隐蔽。人们可在喷泉间穿行，满足人们的亲水感，增添欢乐气氛。该系统不设贮水池，给水均循环利用，耗水量少，运行费用低，但存在循环水易被污染、维护管理较麻烦的缺点。

3. 确定喷泉控制方式

目前，喷泉运行控制方式常采用手动控制、程序控制、音响控制几种。

手动控制是最常见和最简单的控制方式，只要在喷泉的供水管上安装手动控制阀即可，其特点是各管段的水压和流量、喷水姿态比较固定。

程序控制就是由定时器和彩灯闪烁控制器按预先设定的程序定时控制水泵、电磁阀、彩灯等的启闭，从而实现自动变化喷水姿。

音响控制的原理是将声音信号转变为电信号，经放大和其他一些处理，推动继电器或电子开关，再去控制设在管道上的电磁阀启闭，从而达到控制喷水的目的。声控还可根据音源的差异分为喊泉控制、录音控制及直接音响控制等多种方式。

4. 喷泉管道设计

喷泉设计中，当喷水形式、喷头位置及泵型确定后，就要考虑管网的布置。如图 3-4-15 和图 3-4-16 所示，喷泉管网主要由吸水管、供水管、补给水管、溢水管、泄水管及供电线路等组成。以下是管网布置时应注意的几个问题：

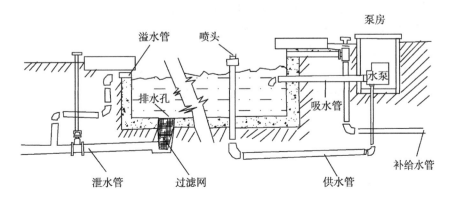

图 3-4-15　喷水池管线系统示意图

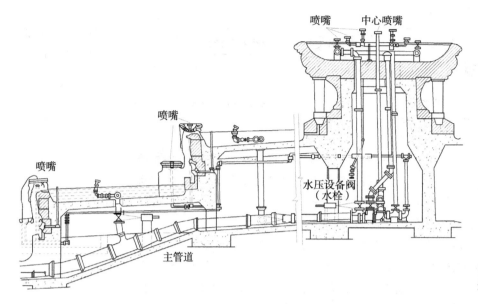

喷嘴　中心喷嘴

喷嘴

喷嘴

水压设备阀
（水栓）

主管道

图 3-4-16　喷水池管
道安装图

第一，喷泉管道要根据实际情况布置。装饰性小型喷泉，其管道可直接埋入土中，或用山石、矮灌木遮住。大型喷泉，分主管和次管，主管要敷设于可人行的地沟中，为了便于维修应设置检查井；次管直接置于水池内。管网布置应排列有序，整齐美观。

第二，环形管道最好采用十字形供水，组合式配水管宜用分水箱供水。喷头直径必须与连接管的内径相配套，喷嘴前应有不少于 20 倍喷嘴口径的直管。管道连接不能有急剧的变化，以确保喷水的设计水姿。

第三，溢水口。为了保持水池的正常水位，水池要设溢水口。溢水口断面面积是进水口断面面积的 2 倍，在其外侧设置拦污栅，但不得安装阀门。溢水管要有 3% 的顺坡，直接与泄水管相连。

第四，补给水管。补给水管的作用是启动前注水及弥补池水蒸发和喷射飘溢的损耗，以保证水池的正常水位。补给水管与城市供水管道相连，并安装阀门控制。

第五，泄水口。泄水口要设于水池最低处，用于检修和定期换水时的排水。管径 100mm 或 150mm，安装止回阀，与公园水体或城市排水管网连接。

第六，坡度。喷泉所有的管线都要有不小于 2% 的坡度，便于停止运行时将水排完；所有管道均要进行防腐处理；管道连接要严密，安装必须牢固。

第七，水压试验。管道安装完毕后，应认真检查并进行水压试验，保证管道安全，一切正常后再安装喷头。为了便于水型的调整，最好每个喷头均安装阀门控制。

3.4.4　喷泉施工

喷泉施工包括喷水池施工、管线施工、泵房和阀门井施工。

1. 喷水池

喷水池是喷泉的重要组成部分。其本身不仅能独立成景，起点缀、装饰、渲染环境的作用，而且能维持正常的水位以保证喷水，因此可以说喷水池是集审美功能与实用功能于一体的人工水景。

喷水池的形状、大小应根据周围环境和设计需要而定。形状可以灵活设计，但要求富有时代感；水池大小要考虑喷高，喷水越高，水池越大，一般水池半径为最大喷高的1~1.3倍，平均池宽可为喷高的3倍。实践中，如用潜水泵供水，吸水池的有效容积不得小于最大一台水泵3min的出水量。水池水深应根据潜水泵、喷头、水下灯具等的安装要求确定，其深度不能超过0.7m，否则，必须设置保护措施。

喷水池常见的结构与构造：喷水池由基础、防水层、池底、压顶等部分组成。

（1）基础。基础是水池的承重部分，由灰土和混凝土层组成。施工时先将基础底部素土夯实，密实度不得低于85%。灰土层厚30cm（3：7灰土）。C10混凝土厚10~15cm。

（2）防水层。水池工程中，防水工程质量的好坏对水池安全使用及其寿命有直接影响，因此，正确选择和合理使用防水材料是保证水池质量的关键。

目前，水池防水材料种类较多。按材料分，主要有沥青类、塑料类、橡胶类、金属类、砂浆、混凝土及有机复合材料等。按施工方法分，有防水卷材、防水涂料、防水嵌缝油膏和防水薄膜等。

水池防水材料的选用，可根据具体要求确定，一般水池用普通防水材料即可。钢筋混凝土水池还可采用抹5层防水砂浆（水泥中加入防水粉）的做法。临时性水池则可将吹塑纸、塑料布、聚苯板组合使用，均有很好的防水效果。

（3）池底。池底直接承受水的竖向压力，要求坚固耐久。多用现浇钢筋混凝土池底，厚度应大于20cm，如果水池容积大，要配双层钢筋网。施工时，每隔20cm选择最小断面处设变形缝，变形缝用止水带或沥青麻丝填充；每次施工必须从变形缝开始，不得在中间留施工缝，以防漏水。

（4）池壁。池壁是水池竖向的部分，承受池水的水平压力。池壁一般有砖砌池壁、块石池壁和钢筋混凝土池壁三种。池壁厚视水池大小而定，砖砌池壁采用标准砖，M7.5水泥砂浆筑，壁厚≥240mm。砖砌池壁虽然具有施工方便的优点，但红砖多孔，砌体接缝多，易渗漏，使用寿命短。块石池壁自然朴素，要求垒石严密。钢筋混凝土池壁厚度一般不超过300mm，宜配直径8、12mm的钢筋，中心距200mm，C20混凝土现浇。

（5）压顶。压顶是池壁的最上部分，它的作用是保护池壁，防止污水、泥砂流入池内。下沉式水池压顶至少要高于地面5~10cm。池壁高出地面时，压顶的做法要与景观相协调，可做成平顶、拱顶、挑伸、倾斜等多种形式。压顶材料常用混凝土及块石。

2. 管线

喷水池中还必须配套有供水管、补给水管、泄水管和溢水管等管网。这些管有时要穿过池底或池壁，这时，必须安装止水环，以防漏水。供水管、补给水管要安装调节阀；泄水管需配单向阀门，防止反向流水污染水池；溢水管不要安装阀门，直接在泄水管单向阀门后与排水管连接。为了利于清淤，在水池的最低处设置沉泥池，也可做成集水坑。

3. 泵房

泵房是指安装水泵等提水设备的常用构筑物。在喷泉工程中，凡采用清水离心泵循环供水的都要设置泵房。泵房的形式按照泵房与地面的关系分为地上式泵房、地下式泵房和半地下式泵房三种。地上式泵房的特点是泵房建于地面上，多采用砖混结构，其结构简单，造价低，管理方便，但有时会影响喷泉环境景观，实际

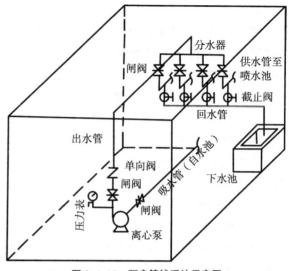

图 3-4-17　泵房管线系统示意图

中最好和管理用房配合使用，适用于中小型喷泉。地下式泵房建于地面之下，园林用得较多，一般采用砖混结构或钢筋混凝土结构，特点是需作特殊的防水处理，有时排水困难，会因此提高造价，但不影响喷泉景观。

泵房内安装有电动机、离心泵、供电、电气控制设备及管线系统等。图3-4-17是一般泵房管线系统示意图。从图中可见与水泵相连的管道有吸水管和出水管。出水管即喷水池与水泵间的管道，其作用是连接水泵至分水器之间的管道，设置闸阀。为了防止喷水池中的水倒流，需在出水管安装单向阀。分水器的作用是将出水管的压力水合成多个支路再由供水管送到喷水池中供喷水用。为了调节供水的水量和水压，应在每条供水管上安装闸阀。北方地区，为了防止管道被冻坏，当喷泉停止运行时，必须将供水管内存的水排空。方法是在泵房内供水管最低处设置回水管，接入房内下水池中排除，以截止阀控制。

泵房要特别注意防止房内地面积水，应设置地漏排除积水。泵房用电要注意安全。开关箱和控制板的安装要符合规定。泵房内应配备灭火器等灭火设备。

4. 阀门井

有时在给水管道上要设置给水阀门井，根据给水需要可随时开启和关闭，便于操作。给水阀门井内安装截止阀控制。

（1）给水阀门井。一般为砖砌圆形结构，由井底、井身和井盖组成。井底一般采用C10混凝土垫层，井底内径不小于1.2m，井身采用MV10红砖M5水泥砂浆砌筑，井深不小于1.8m，井壁应逐渐向上收拢，且一侧应为直壁，便于设置铁爬梯。井口圆形，直径600mm或700mm。井盖采用成品铸铁井盖（图3-4-18）。

（2）排水阀门井。专门用于泄水管和溢水管的交接，并通过排水阀门井排进下水管网。泄水管道要安装闸阀，溢水管接于阀后，确保溢水管排水畅通。

排水阀门井的构造同给水阀门井。

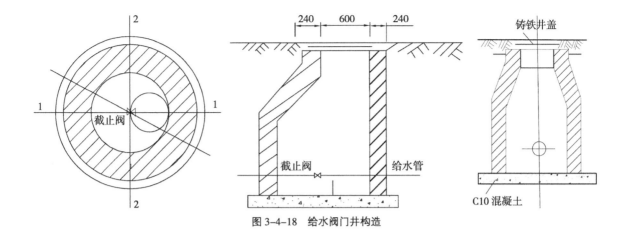

图 3-4-18 给水阀门井构造

复习思考题

3-1. 什么是挡土墙, 其功能作用是什么, 断面结构有哪几种?

3-2. 驳岸与护坡的区别在哪里?

3-3. 驳岸主体构造包括哪几部分?

3-4. 驳岸施工工序包括哪些?

3-5. 刚性结构水池的施工工序有哪些?

3-6. 常见喷头有哪些类型?

3-7. 喷泉的供水形式有哪些? 优缺点分别是什么?

3-8. 喷泉管线包括哪几种? 作用分别是什么?

实习实训

某学校办公楼前有 45m×70m 的平整场地, 拟建以喷泉水景为核心的园林景观, 其中水池面积不小于 1000m², 喷头数量不少于 40 个。根据自己设计的水景进行管线设计, 并在 A3 图纸中完成以下设计:

1. 园林设计总平面图, 包括水池设计、喷泉设计以及环境设计, 1:200;

2. 水池喷泉管线设计平面图, 确定喷泉供水形式并完成管线设计, 1:200;

3. 水景及管线剖面图, 表达喷水景观形式以及管线的连接方式, 1:100。

4

园路工程

■ 本章学习要点

通过对本章的学习，了解园路工程相关的基本知识，理解和掌握园路的基本设计原则，掌握园路的施工工艺及其方法，使学生能够进行一般园路的规划设计，具有理解和识别园路施工图的能力，并能够按照相关规范进行有效的施工组织。

园林中的道路，即为园路。它是构成园林的基本组成要素之一，包括道路、广场、游憩场地等一切硬质铺装。园路除了具有交通、导游、组织空间、划分景区等功能以外，还有造景作用，也是园林工程设计与施工的主要内容之一。

4.1 园路工程概述

4.1.1 园路的发展史

"世上本无路，走的人多了，也就成了路"。这句名言很形象地说明了道路的形成。道路是随着人类的活动而产生的，同时又促进了人类社会的进步和发展，是人类历史文明的象征、科学进步的标志。

"衣食住行"是人类活动最基本的内容。最初"行"是为了满足人们的觅食活动，道路是人类活动的过程中，用双脚踩出来的。随着人类社会的发展，对"行"也提出了更高的要求，也就要求道路更加舒适，更加安全，这样就出现了道路的铺装。

公元前 1900 年前，亚述帝国为了达到对外扩张的目的，建设驿道。在亚述，驿道纵横交错，十分发达。特别应该注意的是，在亚述有用石块和砖铺砌的宽阔道路，若干路段甚至还铺上了沥青，这在世界上还是首创。今天在巴格达和伊斯法罕之间，仍留有遗迹。传说非洲古国迦太基（公元前 600~前 146 年）曾首先修筑有路面的道路，后来为罗马所沿用。

而古罗马的道路是世界古代最著名的道路之一。随着罗马帝国的兴盛，罗马的道路到了公元 200 年，总里程已达到 12000km。以罗马为中心向四周放射，形成了拥有 29 条干线的四通八达的网状道路格局，也就有了"条条大道通罗马"的说法。当时的道路铺装材料主要为天然的石材。由于天然石材铺设的道路耐磨性、耐久性好，使用寿命长，而石料之间的缝隙又是自然的排水沟，所以至今为人们所喜爱。现如今无论到欧洲任何一个城市，包括被誉为"时尚之都"的巴黎，都会发现，无论是车行道、人行道还是广场，都无一例外的是石铺地面。人们漫步其中，感受到的是地面铺装那宜人的尺度、古朴的质感、美丽的图案，以及与周围环境的和谐。

到了 16~17 世纪，随着马车的盛行，对道路的要求也越来越高，在法国、英国、俄国等国家出现了以卵石、碎石为主体材料，加入少量的胶凝材料铺筑的道路，这种道路更平整，连续性更好，适合车辆通行。

20 世纪 20~50 年代，沥青混凝土和水泥混凝土铺装路面在欧美等国家迅速发展。

在我国，古代原始的道路是由人践踏而形成的小径。东汉训诂书《释名》解释道路为"道，蹈也，路，露也，人所践蹈而露见也"。距今4000年前的新石器晚期，中国有记载役使牛马为人类运输而形成驮运道，当时的道路只是将原有的地面修整压实。

到了商朝时期人们已经懂得夯土筑路，并利用石灰稳定土壤。从商朝殷墟的发掘中发现有碎陶片和砾石铺筑的路面。

《诗经·小雅》记载："周道如砥，其直如矢。"说明当时道路坚实平坦如磨石，线形如箭一样直。秦始皇统一中国以后，将"车同轨"与"书同文"同样列为统一天下之大政，推行馆驿制，十里设亭，三十里设驿，到了西汉时设亭道路延续长达10多万公里。

从考古发现和现代保存的古代文物来看，我国园林铺地无论从路面结构还是铺装的图案纹样来看，都是丰富多彩的。如，战国的米字纹、几何纹地砖；秦咸阳宫出土的太阳纹铺地砖；唐代以莲纹为主的多种宝相纹铺地砖，还有晚唐时期的胡人引马纹；西夏的火焰宝珠纹；明清时的雕砖卵石嵌花路。其中，盛行于明清时期的江南花街铺地，不仅构成了江南古典园林的主要特色之一，也代表了历史上中国古典园林铺地艺术的最高成就。

中国明代造园家计成在《园冶》中讲道："唯厅堂广厦中铺，一概磨砖，如路径盘蹊，长砌多般乱石，中庭或宜叠胜，近砌亦可回文"；"鹅子石宜铺于不常走处"；"乱青板石，斗冰裂纹，宜于山堂、水坡、台端、亭际"。

这些都说明了我国道路铺装历史的悠久，技艺的精湛。在中国古代园林中，道路铺地多以砖、瓦、卵石、碎石片等组成各种图案，具有雅致、朴素、多变的风格，为我国园林艺术的成就之一。近年来，随着科技、建材工业及旅游业的发展，园林铺地中又陆续出现了水泥混凝土、沥青混凝土以及彩色水泥混凝土、彩色沥青混凝土、透水透气性路面等，这些新材料、新工艺的应用，使园路更富有时代感，为园林增添了新的光彩。

4.1.2 园路的作用

作为城市"绿肺"、"氧吧"的城市公园对一个城市的发展起着非常重要的作用，而其中的园路是贯穿全园的交通网路，是联系苦干个景区和景点的纽带，是组成园林风景的要素，并为游人提供活动和休息的场所，是城市公园里不可缺少的元素。

1. 划分、组织空间

园林功能分区的划分多是利用地形、建筑、植物、水体或道路。对于地形起伏不大，建筑比重小的现代园林绿地，用道路围合、分隔不同景区则是主要方式。同时，借助道路面貌（线形、轮廓、图案等）的变化可以暗示空间性质、景观特点的转换以及活动形式的改变，从而起到组织空间的作用。

2. 组织交通和导游

首先，经过铺装的园路能耐践踏、辗压和磨损，可满足各种园务运输的要求，并为游人提供舒适、安全、方便的交通条件；其次，园林景点间的联系是依托园路进行的，为动态序列的展开指明了前进的方向，引导游人从一个景区进入另一个景区；再次，园路还为欣赏园景提供了连续的、不同的视点，可以取得步移景异的效果。

3. 提供活动场地和休息场所

在建筑小品周围、花坛、水旁、树下等处，园路可扩展为广场（可结合材料、质地和图案的变化），为游人提供活动和休息的场所。

4. 丰富园林景观

园路作为空间界面的一个方面而存在着，自始至终伴随游览者，影响着风景效果，它与山、水、植物、建筑等，共同构成优美丰富的园林景观。

（1）渲染气氛，创造意境

意境绝不是某一独立的艺术形象或造园要素的单独存在所能创造的，它还必须有一个能使人深受感染的环境，共同渲染这一气氛。中国古典园林中园路的花纹和材料与意境相结合，有其独特的风格与完善的构图。

（2）参与造景

通过园路的引导，将不同角度、不同方向的地形地貌、植物群落等园林景观展现在眼前，形成一系列动态画面，即所谓"步移景异"，此时园路也参与了风景的构图，即因景得路。再者，园路本身的曲线、质感、色彩、纹样、尺度等与周围环境协调统一，都是园林中不可多得的风景要素。

（3）调节空间比例关系

园路的每一块铺料的大小以及铺砌形状的大小和间距等，都能影响整个园林空间的视觉比例。形体较大、较开展，会使一个空间产生一种宽敞的尺度感，而较小、紧缩的形式，则使空间具有压缩感和亲密感。例如，在园路面铺装中加入第二类铺装材料，能明显地将整个空间分割得较小，形成更易被感受的副空间。

（4）统一空间环境

园路设计中，其他要素会在尺度和特性上有着很大差异，但在总体布局中，处于共同的铺装地面中，相互之间便连接成一整体，在视觉上统一起来。

（5）构成空间个性

园路的铺装材料及其图案和边缘轮廓，具有构成和增强空间个性的作用，不同的铺装材料和图案造型，能形成和增强不同的空间感，如细腻感、粗犷感、宁静感、亲切感等。并且，丰富而独特的园路可以创造视觉趣味，增强空间的独特性和可识性。

5. 奠定水电工程的基础

园林中的给水排水、供电系统常与园路相结合，所以在园路设计时，也要考虑到这些因子。道路可以借助其路缘或边沟组织排水。一般园林绿地都高于路面，方能实现以地形排水为主的原则。道路汇集两侧绿地径流之后，利用其纵向坡度即可按预定方向将雨水排除。

4.1.3 园路的种类

在园林中,景观铺地是园林景观的一部分。古代传统铺地主要有几何纹样、太阳纹样、植物纹样、动物纹样、文字纹样、综合纹样等,而选择的材料主要有砖、石、木材等。20世纪80年代后期的当代铺地,由于科学技术的进步,新材料、新技术的不断涌现,使得园林铺地有了进一步的提高。

1. 按面层材料分

（1）整体路面

主要包括水泥混凝土路面和沥青混凝土路面。整体路面平整、耐压、耐磨,适用于通行车辆或人流集中的公园主路和出入口,如图4-1-1所示。

（2）块料路面

包括各种天然块石、陶瓷砖及各种预制水泥混凝土块料路面等。块料路面坚固、平稳,图案纹样和色彩丰富,适用于广场、游步道和通行轻型车辆的路段,如图4-1-2所示。

图4-1-1 东方绿舟的沥青混凝土路面

图4-1-2 德国某校区的块石路面

（3）碎料路面

用各种石片、砖瓦片、卵石等碎石料拼成的路面,图案精美,表现内容丰富,做工细致,巧夺天工。主要用于庭园和各种游步小路,如图4-1-3、图4-1-4所示。

图4-1-3 小青瓦路面

图4-1-4 卵石路面

（4）简易路面

由煤屑、三合土等组成的路面，多用于临时性或过渡性园路。

2. 按使用功能分

（1）主园路（图4-1-5）

又叫主干道，是贯穿风景区内所有游览区或串联公园内所有景区，起骨干主导作用的园路，多呈环形布置。主园路常作为导游路线，引导游人游园，同时满足园内车辆交通的要求。它联系公园主要出入口、园内各功能分区、主要建筑物和主要广场，成为全园道路系统的骨架，是游览的主要线路。其宽度视公园性质和游人容量而定，一般为 3.5~6.0m。

（2）次园路（图4-1-6）

又称支路、游览道或游览大道，是宽度仅次于主园路，联系各重点景点或风景地带的重要园路，具有一定的导游和观景作用，一般不通车。为主干道的分支，是贯穿各功能分区、联系重要景点和活动场所的道路。宽度一般为 2.0~3.5m。

图4-1-5 上海东方绿舟的主园路 　　　图4-1-6 上海某小区绿地次园路

（3）游步道（图4-1-7）

各景区内连接各个景点、深入各个角落的游览小路。宽度一般为 1~2m，有些游览小路其宽度为 0.6~1m。

3. 按道路结构分

（1）不透水性道路

这种道路结构层是不透水的，雨水以表面排水的方式导入边沟及下水道。

（2）排水性道路

这种道路结构的面层具有侧向排水功能，其底层是不透水的，这样可以防止路床或路基土壤因浸水而降低承载强度值，排出的水分由地下排水管道排除。

（3）透水性道路

这种道路除面层可以透水外，基层与路基土也能渗透水分，因此透水性铺面可涵养水源，改善生态，减少部分

图4-1-7 游步道

暴雨来临时的洪峰流量值及降低温度。

4.2 园路的线型设计

园路的线型设计是在园路的总体布局的基础上进行的，包括平面线型和纵断面线型设计。园路的线型设计应充分考虑造景的需要，要求蜿蜒起伏，曲折有致，与园林地形、水体、植物、建筑物等设施相结合，构成完整的景观构图，创造连续展示园林景观空间或欣赏前方景物的透视线。同时，也要尽可能地利用原有地形，以保证路基的稳定，减少土方量，降低成本。因此，线型设计是否合理，不仅关系到景观序列的组合与表现，也直接影响道路的交通和排水功能。

4.2.1 平面线型

1. 类型

平面线形指的是园路中心线的水平投影形态。包括三种类型：

（1）直线：在规则式园林绿地中，多采用直线型园路。直线型道路规则平直，方便交通。

（2）圆弧曲线：道路转弯或交会时，考虑行驶机动车的要求，弯道部分应取圆弧曲线连接，并具有相应的转弯半径。

（3）自由曲线：指曲率不等且随意变化的自然曲线。在以自然式布局为主的园林游步道中多采用此种线形，可随地形、景物的变化而自然弯曲，柔顺流畅和协调。

2. 设计要求

（1）对于总体规划时确定的园路平面位置及宽度应再次核实，并做到主次分明。在满足交通要求的情况下，道路宽度应趋于下限值，以扩大绿地面积的比例。游人及各种车辆的最小运动宽度见表 4-2-1。

<table>
<tr><td colspan="4" align="center">**游人及车辆的最小运动宽度表** 表 4-2-1</td></tr>
<tr><td>交通种类</td><td>最小宽度（m）</td><td>交通种类</td><td>最小宽度（m）</td></tr>
<tr><td>单人</td><td>≥0.75</td><td>小轿车</td><td>2.00</td></tr>
<tr><td>自行车</td><td>0.6</td><td>消防车</td><td>2.06</td></tr>
<tr><td>三轮车</td><td>1.24</td><td>卡车</td><td>2.05</td></tr>
<tr><td>手扶拖拉机</td><td>0.84~1.5</td><td>大轿车</td><td>2.66</td></tr>
</table>

（2）行车道路转弯半径在满足机动车最小转弯半径的条件下；可结合地形、景物灵活处置。

（3）园路的曲折迂回应有目的性。一方面曲折应是为了满足地形及功能上的要求，如避绕障碍、串联景点、围绕草坪、组织景观、增加层次、延

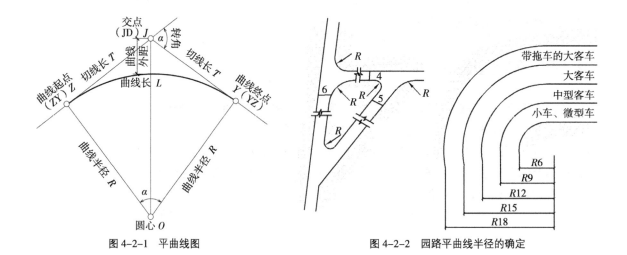

图 4-2-1 平曲线图   图 4-2-2 园路平曲线半径的确定

长游览路线、扩大视野；另一方面应避免无艺术性、功能性和目的性的过多弯曲。

3. 平曲线半径

当车辆在弯道上行驶时，为了使车体顺利转弯，保证行车安全，弯道外侧部分应为圆弧曲线，该曲线称为平曲线（图 4-2-1），其半径称为平曲线半径。由于园路设计的车速较低，一般可不考虑行车速度，只要满足汽车本身（前后轮间距）的最小转弯半径即可，通常平曲线最小半径不小于 6m（图 4-2-2）。

考虑到园路的功能和艺术的要求，园路可以在平面上适当地曲折，以丰富园林景观的层次，使游客欣赏到变化的景色，以达到步移景异的效果。但曲折要有一定的目的，随意而曲，曲得其所，要有一定的度，不可为曲折而曲折，矫揉造作，让游客走冤枉路。

4. 曲线加宽

当汽车在弯道上行驶时，由于前轮的轮迹较大，后轮的轮迹较小，出现轮迹内移现象，同时，本身所占宽度也较直线行驶时为大，弯道半径越小，这一现象越严重。为了防止后轮驶出路外，车道内侧（尤其是小半径弯道）需适当加宽，称为曲线加宽（图 4-2-3）。

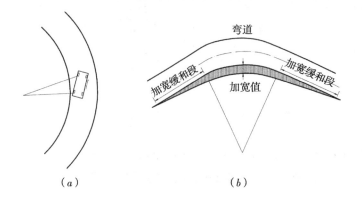

（a）   （b）   图 4-2-3 平曲面加宽

（1）转弯半径越小，加宽值越大，一般加宽值为 2.5m，加宽延长值为 5m。

（2）曲线加宽值与车体长度的平方成正比，与弯道半径成反比。

（3）当弯道中心线平曲线半径 $R \geq 200\text{m}$ 时可不必加宽。

（4）为了使直线路段上的宽度逐渐过渡到弯道上的加宽值，需设置加宽缓和段。

（5）在路的分支和交会处，为了通行方便，应加宽其曲线部分，使其线型圆润、流畅，形成优美的视觉效果。

4.2.2 纵断面线型

即道路中心线在其竖向剖面上的投影形态。它随着地形的变化而呈连续的折线。在折线交点处，为使行车平顺，需设置一段竖曲线。

1. 线型种类

（1）直线表示路段中坡度均匀一致，坡向和坡度保持不变。

（2）竖曲线，两条不同坡度的路段相交时，必然存在一个变坡点。为使车辆安全平稳地通过变坡点，须用一条圆弧曲线把相邻的两个不向坡度线连接，这条曲线固位于竖直面内，故称竖曲线。当圆心位于竖曲线下方时，称为凸形竖曲线；当圆心位于竖曲线上方时，称为凹形竖曲线（图 4-2-4）。

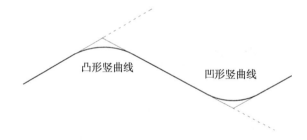

凸形竖曲线　　凹形竖曲线

图 4-2-4　竖曲线图

2. 设计要求

（1）根据造景的需要，园路应随形就势，一般随地形的起伏而起伏。

（2）在满足造景艺术要求的情况下，尽量利用原地形，以保证路基稳定，减少土方量。行车路段应避免过大的纵坡和过多的折点，使线型平顺。

（3）园路应与相连的广场、建筑物和城市道路在高程上有一个合理的衔接。

（4）园路应配合组织地面排水。

（5）纵断面控制点应与平面控制点一并考虑，使平、竖曲线尽量错开，注意与地下管线的关系，达到经济、合理的要求。

（6）行车道路的竖曲线应满足车辆通行的基本要求，应考虑常见机动车辆线形尺寸对竖曲线半径及会车安全的要求。

3. 纵横向坡度

（1）纵向坡度

即道路沿其中心线方向的坡度。园路中，行车道路的纵坡一般为 0.3%~8%，以保证路面水的排除与行车的安全。游步道、特殊路应不大于 12%。

（2）横向坡度

垂直于道路中心线方向的断面，称为道路的横断面，其坡度为道路的横向坡度。为了方便排水，一般呈两面坡和斜线形等形状，故称为路拱。路拱的基本形式有抛物线形、折线形、直线形和单坡形四种（图4-2-5）。

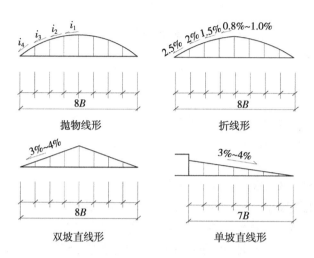

抛物线形   折线形

双坡直线形   单坡直线形

图4-2-5 园路路拱的设计形式

不同材料路面的排水能力不同，其所要求的纵横坡度也不同，见表4-2-2所示。

各种类型路面的纵横坡度表   表4-2-2

路面类型	纵坡（%）				横坡（%）	
	最小	最大		特殊	最小	最大
		游览大道	园路			
水泥混凝土路面	0.3	6	7	10	1.5	2.5
沥青混凝土路面	0.3	5	6	10	1.5	2.5
块石、砾石路面	0.4	6	8	11	2.0	3.0
拳石、卵石路面	0.5	7	8	7	3.0	4.0
粒料路面	0.5	6	8	8	2.5	3.5
改善土路面	0.5	6	6	8	2.5	4.0
游览小道	0.3	—	8	—	1.5	3.0
自行车道	0.3	3	—	—	1.5	2.0
广场、停车场	0.3	6	7	10	1.5	2.5
特别停车场	0.3	6	7	10	0.5	1.0

（3）弯道超高

当汽车在弯道上行驶时，产生横向推力即离心力。这种离心力的大小，与行车速度的平方成正比，与平曲线半径成反比。为了防止车辆向外侧滑移及倾覆，并抵消离心力的作用，就需将路的外侧抬高。设置超高的弯道部分（从平

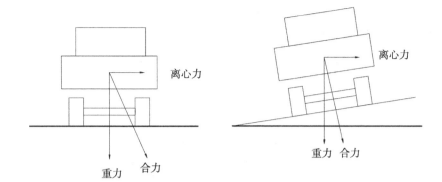

图 4-2-6 汽车在弯道上行驶时的受力分析

曲线起点至终点）形成了单一向内侧倾斜的横坡。为了便于直线路段的双向横坡与弯道超高部分的单一横坡有平顺衔接，应设置超高缓和段（图 4-2-6）。

附：供残疾人使用的园路在设计时的要求

1. 路面宽度不宜小于 1.2m，回车路段路面宽度不宜小于 2.5m。

2. 道路纵坡一般不宜超过 4%，且坡长不宜过长，在适当距离应设水平路段，并不应有阶梯。

3. 应尽可能减少横坡。

4. 坡道坡度 1/20~1/15 时，其坡长一般不宜超过 9m；每逢转弯处，应设不小于 1.8m 的休息平台。

5. 园路一侧为陡坡时，为防止轮椅从边侧滑落，应设 10cm 高以上的挡石，并设扶手栏杆。

6. 排水沟箅子等，不得突出路面，并注意不得卡住车轮和盲人的拐杖。

具体做法参照方便残疾人使用的城市道路和建筑设计规范。

4.3 园路的结构设计

4.3.1 园路的结构

一般园路由路面、路基和附属工程三部分组成（图 4-3-1）。

4.3.2 路面的结构

路面的结构组合形式是多样的，但园路路面的结构一般比城市道路简单。路面结构包括路面层、结合层、基层、垫层等。

路面各层的作用和设计要求：

（1）路面层：是路面最上面的一层，袒露在大气中，直接承受人流、车辆的压力和磨损，并将压力传递到下面的结构层。同时，路面层还要经受酷热、寒冬、干湿、雨雪等各种气候以及各种化学物质的影响。因此，路面层选择得不好，就会给游人带来行走不便或反光刺眼等不利影响，严重影响了道路的使

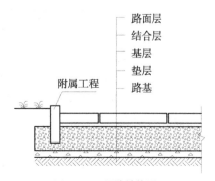

图 4-3-1 园路结构图

用寿命和道路的使用舒适度。在道路的设计中，路面层要求坚固、平整、耐磨耗、防滑、少尘性，便于清扫，如图 4-3-2 所示。

（2）结合层：在采用块料铺筑面层时，在路面层和基层之间，为了结合和找平而设置的一层，主要起到稳定面层材料、找平地面、传递压力的作用。一般用 30~50mm 厚的粗砂、M2.5 水泥石灰混合砂浆或 1：3 白灰砂浆即可。

（3）基层：一般在土基之上，起承重作用。一方面支承由面层传递下来的荷载，另一方面把此荷载均匀地传给土壤。因此，基层如果设置得不稳定，会造成道路的破坏，如图 4-3-3 所示，就是因为基层问题造成道路的开裂。基层不直接接受车辆和气候因素的作用，对材料的要求比面层低，一般用碎（砾）石、灰土或各种工业废渣等筑成。

图 4-3-2　道路的路面层

图 4-3-3　因基层不稳定而造成开裂的路面

（4）垫层：介于路基与基层之间的结构层，在路基排水不良或有冻胀、翻浆的路段上，为了排水、隔温、防冻的需要，提高路面的水稳定性和冻胀能力，一般用煤渣土、石灰土等筑成。在园林中可以用加强基层的方法，而不另设此层。

4.3.3　路基

也称土基，是路面的基础。它不仅为路面提供一个平整的基面，还承受由路面传来的荷载，是保证路面强度和稳定性的重要条件。因此，对保证路面的使用寿命具有重大意义。对于一般土壤，如黏土和砂性土，开挖后经过夯实，即可作为路基。在严寒地区，严重的过湿冻胀土或湿软土，宜采用 1：9 或 2：8 的灰土加固路基，其厚度一般为 150mm。

根据周围地形变化和挖填方情况，园路有三种路基形式。

1. 填土路基

是在比较低洼的场地上，填筑土方或石方做成的路基，如图 4-3-4 所示。这种路基一般都高于两旁场地的地坪，因此也常常被称为路堤，如园林中的湖堤道路、洼地车道等。

2. 挖土路基

即沿着路线挖方后，其基面标高低于两侧地坪，如同沟堑一样的路基，因而这种路基又被叫做路堑，如图 4-3-5 所示。当道路纵坡过大时，采用路堑

图 4-3-4　填土路基图　　　　　　　图 4-3-5　挖土路基

式路基可以减小纵坡。在这种路基上人、车所产生的噪声对环境影响较小，其消声减噪的作用十分明显。

　　3. 半挖半填土路基

　　在山坡地形条件下，多见采用挖高处填低处的方式组成半挖半填土路基，如图 4-3-6 所示。这种路基上，道路两侧是一侧屏蔽、另一侧开敞，施工上也容易做到土石方工程量的平衡。

　　路基不仅为路面提供一个平整的基面，承受路面传下来的荷载，也是保证路面强度和稳定性的重要条件之一。因此，对保证路面的使用寿命具有重大意义。

图 4-3-6　半挖半填土路基

图 4-3-7　园路的附属工程

4.3.4　附属工程

　　主要包括：道牙、明沟、雨水井等，如图 4-3-7 所示。

　　1. 道牙

　　道牙一般分为立道牙和平道牙两种形式，其构造如图 4-3-8 所示。它们安置在路面两侧，使路面与路肩在高程上起衔接作用，并能保护路面，便于排水。道牙一般用砖或混凝土制成，在园林中也可以用大卵石等做成。

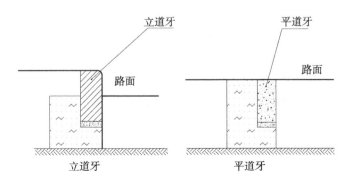

图 4-3-8　道牙结构图

2. 明沟和雨水井

是为收集路面雨水而建的构筑物，在园林中常用砖块砌成。

3. 台阶、礓礤、磴道

（1）台阶：当路面坡度超过12°时，为了便于行走，在不通行车辆的路段上，可设台阶。台阶的长度与路面宽度相同，每级台阶的高度为12~17cm，宽度为30~38cm。一般台阶不宜连续使用，如地形许可，每10~18级后应设一段平坦的地段，使游人有恢复体力的机会。为了防止台阶积水、结冰，每级台阶应有1%~2%的向下的坡度，以利排水。在园林中根据造景的需要，台阶可以用天然山石、预制混凝土做成木纹板、树桩等各种形式，装饰园景。为了夸张山势，造成高耸的感觉，台阶的高度也可增至25cm以上，以增加趣味。

（2）礓礤：在坡度较大的地段上，一般纵坡超过15%时，本应设台阶，但为了能通行车辆，将斜面做成锯齿形坡道，称为礓礤。其形式和尺寸如图4-3-9所示。

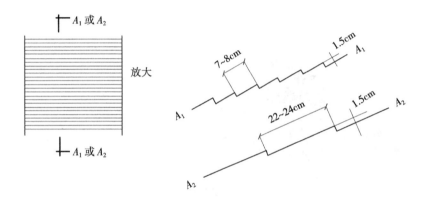

图4-3-9　礓礤的做法

（3）磴道：在地形陡峭的地段，可结合地形或利用露岩设置磴道。当纵坡大于60%时，应作防滑处理，并设扶手栏杆等。

4. 种植池

在路边或广场栽种植物，一般应留种植池。种植池的大小应由所栽植物的要求而定，在栽种高大乔木的种植池上应设保护栏。

4.3.5　园路的结构设计

1. 园路结构设计中应注意的问题

（1）就地取材：园路修建的经费，在整个公园建设投资中占有很大的比例。为节省资金，在园路修建设计时应尽量使用当地材料、建筑废料、工业废渣等。

（2）薄面、强基、稳基土：在设计园路时，往往存在对路基的强度重视不够的现象。在公园里，我们常看到一条装饰性很好的路面，没有使用多久，就变得坎坷不平，破破烂烂了。其主要原因：一是园林地形经过整理，其土基不够坚实，修路时又没有充分夯实；二是园路的基层强度不够，在车辆通过时路面被压碎。

为了节省水泥、石板等建筑材料，降低造价，提高路面质量，应尽量强面、强基、稳基土，使园路结构经济、合理、美观。

2. 几种结合层的比较

（1）干砂施工时操作简单，遇水后会自动凝结。白灰的体积膨胀性好。

（2）干砂施工简便，造价低。但经常遇水会使砂子流失，造成结合层不平整。

（3）混合砂浆由水泥、白灰、砂组成，整体性好，强度高，粘结力强。适用于铺筑块料路面。造价较高。

3. 基层的选择

基层的选择应视路基土壤的情况、气候特点及路面荷载的大小而定，尽量利用当地材料。

（1）在冰冻不严重，基土坚实，排水良好的地区，铺筑游步道时把路基稍微平整，就可以铺砖修路。

（2）灰土基层：是由一定比例的白灰和黏土拌合后压实而成。使用较广，具有一定的强度和稳定性，不易透水，后期强度近刚性物质。在一般情况下使用一步灰土（压实后为15cm），在交通量较大或地下水位较高的地区，可采用压实后为20~25cm或两步灰土。

（3）几种隔湿材料比较：在季节性冰冻地区，地下水位较高时，为了防止发生道路翻浆，基层应选用隔湿性较好的材料。据研究认为，砂石的含水量少，导温率大，故该结构的冰冻深度大，如用砂石作基层，需要做得较厚，不经济；石灰土的冰冻深度与土壤相同，石灰土结构的冻胀量仅次于亚黏土，说明密度不足的石灰土（压实密度小于85%）不能防止冻胀，压实密度较大时可以防冻；煤渣石灰土或矿渣石灰土作基层，用7：1：2的煤渣、石灰、土混合料，隔温性较好，冰冻深度最小，在地下水位较高时，能有效地防止冻胀。

表4-3-1列出了常见园路的结构、材料、特点及用途。

常见园路的结构、材料、特点及用途 表4-3-1

道路类型	结构	材料	特点及用途
沥青混凝土		1. 150~250mm的中（细）粒式沥青混凝土 2. 150~300mm的粗粒式沥青混凝土 3. 乳化沥青透层 4. 300~450mm的二灰碎石 5. 素土夯实	经久耐用，强度高，整体性好。适用于各种道路的铺设
水泥混凝土		1. 80~150mm厚的C20混凝土 2. 80~120mm厚的碎石 3. 素土夯实	强度高、耐磨、易于造型，可现浇也可预制，色彩丰富，易保养。适用于强度要求较高的道路
石板		1. 25mm厚的石板 2. 30mm厚的1：3水泥砂浆 3. 100mm厚的C15混凝土 4. 素土夯实	牢固、美观、耐久、肃穆、粗犷、自然。适合自然式的小路或林中的活动场地，古建筑或纪念性建筑物附近的道路

道路类型	结　构	材　料	特点及用途
卵石	 —70厚的1:2水泥砂浆嵌卵石 —60厚的C15混凝土 —100厚的碎石 —土基（夯实） 卵石路	1. 70mm 厚的 1：2 水泥砂浆嵌卵石 2. 60mm 厚的 C15 混凝土 3. 100mm 厚的碎石 4. 素土夯实	排水性好，耐磨，圆润细腻，色彩丰富，装饰性强，易松动、脱落。适于各种小路和庭院铺装
透水混凝土		1. 100mm 厚的透水混凝土 2. 300mm 厚的碎石 3. 素土夯实	透水性能好。适用于住宅、庭院、公园、广场、植物园、停车场、人行车道等
嵌草	 植草	1. 110mm 厚的预制块 2. 30mm 厚的粗砂 3. 200mm 厚的碎石 4. 素土夯实	自然、随意、舒适，富有生气，造型自然。主要适用于停车场、广场、人行道等
透水砖		1. 40~60mm 厚的透水砖 2. 30~40mm 厚的透水粘结找平层 3. 200~300mm 厚的级配碎石 4. 土基	透水性好，很高的保水性，孔隙率达到20%，超强的防滑性。主要适用于住宅、庭院、公园、广场、植物园、园林、工厂区域、停车场、树坑、花房、人行步道及轻量交通公路等
花岗石汀步		1. 75mm 厚的花岗石 2. 20mm 厚的 1：2 水泥砂浆 3. 100mm 厚的素混凝土垫层 4. 150mm 的二灰土 5. 素土夯实	轻松、活泼、自然，具有较强的韵律。主要用于草坪、林间、岸边或庭院等较小的空间

4.4　园路的铺装设计

　　道路铺装是指道路表面的构造做法。园林路面铺装层是路面的直接使用层，是与行人直接接触的界面层，也是园林景观的一部分。因此，园路铺装不仅要满足道路交通的功能要求，还要满足一定的景观要求，具有引导和组织游览的功能。

4.4.1　园路铺装设计的要求

　　（1）园路路面应具有装饰性，或称地面景观作用，它以多种多样的形态、花纹来衬托景色，美化环境。在进行路面图案设计时，应与景区的意境相结合，即要根据道路所在的环境，选择路面的材料、质感、形式、尺度与研究路面的寓意、趣味，使路面更好地成为园景的组成部分。

（2）园路路面应有柔和的光线和色彩，减少反光、刺眼的感觉。广州园林中采用各种条纹水泥混凝土砖，按不同方向排列，产生很好的光彩效果，使路面既朴素又丰富，并且减少了路面的反光强度。

（3）路面应与地形、植物、山石相配合。在进行路面设计时，应与地形、置石等很好地配合，共同构成景色。园路与植物的配合，不仅能丰富景色，使路面变得生气勃勃，而且嵌草的路面可以改变土壤的水分和通气的状态，为广场的绿化创建有利的条件，并能降低地表温度，为改善局部小气候创造条件。

（4）路面要符合生态环保的要求，具有可持续性。园林是为满足人类追求美好生活环境而创造的，在设计和施工的时候要处处体现以人为本的原则。园路作为园林的重要组成部分更要体现出这一原则。在设计时既要考虑到功能和景观的要求，又要考虑到是否舒适和安全，同时也要考虑到对环境的影响，尽可能地采用环保材料、先进的施工工艺，减少对环境的破坏。

4.4.2 园路铺装设计的装饰手法

对于园路的花纹和图案设计，一般从是艺术的角度和周围景观考虑，常用的装饰手法如下：

（1）采用不同的图案进行装饰。利用不同形状的铺装材料，组合成不同的图案花纹，以获得较好的视觉效果。

（2）利用各种色块进行装饰。采用各种不同颜色的铺装材料，利用大的或小的色块变化，形成色彩丰富的图案，取得各种赏心悦目的铺装效果。

（3）利用材质的变化进行装饰。不同材质具有不同的装饰效果，利用不同的材质的变化构成丰富的图案，使园路具有层次感和质地感。

4.4.3 园路铺装类型

由于面层材料及其铺砌形式的不同，形成了不同类型的园路。不同类型的园路因其色彩、质感和纹样的不同，所适应的环境和场合也不同。为了达到经济、合理和美观的目的，我们必须掌握常见园路铺装的类型。一般根据路面铺装材料、构造特点，把园路的铺装形式分为：整体路面、块料路面、粒料和碎料路面等三种。

1. 整体路面

（1）水泥混凝土路面

用水泥、粗细骨料（碎石、卵石、砂等）、水等按一定的配合比拌匀后现场浇筑的路面。整体性好，耐压强度高，养护简单，便于清扫。水泥混凝土可塑性强，可采用多种方法进行表面处理，起到装饰作用。常用的方法有表面处理和贴面装饰等。一般在初凝之前，还可以采用抹、刷、滚、刨等方法在表面进行纹样加工，如图4-4-1所示。在园林中，多用于主干道，为增加色彩变化也可添加不溶于水的无机矿物颜料，见图4-4-2。另外，贴面装饰是以水泥

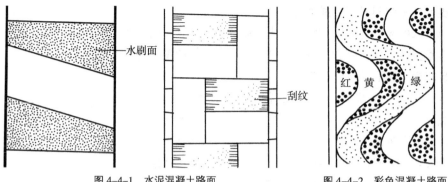

图 4-4-1　水泥混凝土路面　　　　图 4-4-2　彩色混凝土路面

混凝土为基层，基层上利用其他材料做贴面进行地面装饰。

（2）沥青混凝土路面

用热沥青、碎石和砂的拌合物现场铺筑的路面。颜色深，反光小，易于与深色的植被协调，但耐压强度和使用寿命均低于水泥混凝土路面，且夏季沥青有软化现象。在园林中，多用于主干道。近年来随着新材料、新技术、新工艺的不断涌现，出现了彩色沥青混凝土路面，增加了道路的景观效果，活跃了环境气氛。

2. 块料路面

（1）砖铺地面

目前，我国机制标准砖的大小为 240mm×115mm×53mm，有青砖和红砖之分。园林铺地多用青砖，风格朴素淡雅，施工简便，可以拼凑成各种图案，以席纹和同心圆弧放射式排列为多（图 4-4-3）。砖铺地，显得平整、大方、庄重，多用于古典庭园。因其耐磨性差，容易吸水，适用于冰冻不严重和排水良好之处；坡度较大和阴湿地段不宜采用，因易生青苔而行走不便。目前已有采用彩色水泥仿砖铺地，效果好，日本、欧美等国尤喜用红砖或仿缸砖铺地，色彩明快、艳丽。

（2）冰纹路面

是用大理石、花岗石、陶质或其他碎片模仿冰裂纹样铺砌的路面，碎片间

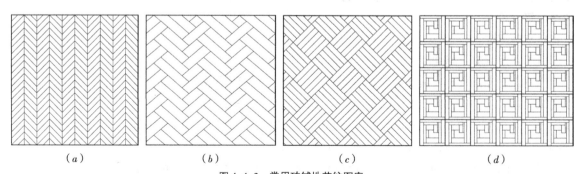

（a）　　　　　　　（b）　　　　　　　（c）　　　　　　　（d）

图 4-4-3　常用砖铺地花纹图案
（a）人字纹；（b）席纹；（c）间方纹；（d）斗纹

接缝呈不规则折线，用水泥砂浆勾缝。多为平缝和凹缝，以凹缝为佳。也可不勾缝，便于草皮长出成冰裂纹嵌草路面（图4-4-4），还可做成水泥仿冰纹路，即在现浇水泥混凝土路面初凝时，模印冰裂纹图案，表面拉毛，效果也较好。冰纹路适用于池畔、山谷、草地、林中之游步道。

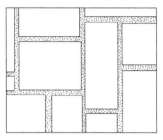

图4-4-4　冰裂纹

（3）乱石路面

是用天然块石大小相间铺筑的路面，采用水泥砂浆勾缝。石缝曲折自然，表面粗糙，具粗犷、朴素、自然之感。冰纹路、乱石路也可用彩色水泥勾缝，增加色彩变化。

（4）条石路面

是用经过加工的长方体石料铺筑的路面（图4-4-5）。路面平整规则，庄重大方，坚固耐久，多用于广场、殿堂和纪念性建筑物周围。条石一般被加工成497mm×497mm×50mm、697mm×497mm×60mm、997mm×697mm×70mm等规格。

图4-4-5　条石地面

（5）预制水泥混凝土砖路面

用预先模制成的水泥混凝土方砖铺砌的路面，形状多变，图案丰富（如各种几何图形、花卉、木纹、仿生图案等）。也可添加无机矿物颜料制成彩色混凝土砖，色彩艳丽（图4-4-6）。方砖常见的有250mm×250mm×50mm、297mm×297mm×60mm、397mm×397mm×60mm等规格。路面平整、坚固、耐久。适用于园林中的广场和规则式路段上。

也可做成预制混凝土砌块和草皮相间铺装路面，能够很好地透水透气，绿色草皮呈点状或线状有规律地分布，在路面形成美观的绿色纹理，美化了路面（图4-4-7）。这种具有鲜明生态特点的路面铺装形式，现在已越来越受到人们的欢迎。采用砌块嵌草铺装的路面，主要用在人流量不太大的公园散步道、小游园道路、草坪道路或庭院内道路等处，一些铺装场地如停车场等，也可采用这种路面。预制混凝土砌块按照设计可有多种形状，大小规格也有很多种，也可做成各种彩色的砌块，但其厚度都不小于80mm，一般厚度都设计为100~50mm。砌块的形状基本可分为实心和空心两类。由于砌块是在相互分离的状态下构成路面，使得路面特别是在边缘部分容易发生歪斜、散落。因此，在砌块嵌草路面的边缘，最好要设置道牙加以规范和保护路面。另外，也可用板材铺砌作为边带，使整个路面更加稳定，不易损坏。

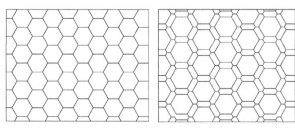

图4-4-6　混凝土砖地面

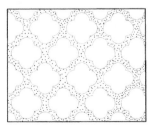

图4-4-7　嵌草地面

（6）步石、汀步

步石是置于陆地上的天然或人工整形块石不连续的自由组合，彼此之间互不干扰，多用于草坪、林间、岸边或庭院等处（图4-4-8）。要求每块步石的铺设要稳定、耐久。汀步是设在水中的岩石，可自由地布置在溪涧、滩地和浅池中，聚散不一，游客可凌水而行，增加情趣。块石间距离按游人步距放置，一般净距为200~300mm。

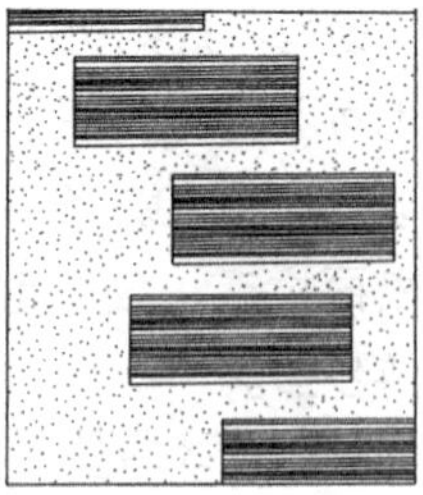

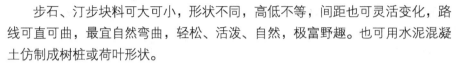

图4-4-8 汀步

步石、汀步块料可大可小，形状不同，高低不等，间距也可灵活变化，路线可直可曲，最宜自然弯曲，轻松、活泼、自然，极富野趣。也可用水泥混凝土仿制成树桩或荷叶形状。

3. 碎料路面

（1）花街铺地

是指用砖瓦、碎石、卵石、瓦片、碎瓷等碎料组成图案精美、色彩丰富的各种花纹路面（图4-4-9）。图案精美丰富，色彩素艳和谐，风格或圆润细腻或朴素粗犷，做工精细，具有很好的装饰作用和较高的观赏性，有助于强化园林意境，具有浓厚的民族特色和情调，多见于古典园林中。

还有的以寓言、故事、盆景、花鸟虫鱼、传统民间图案等为题材进行铺砌加以表现。如：胡人引驼图、奇兽葡萄图、八仙过海图、松鹤延年图、桃园三结义图、赵颜求寿图、凤戏牡丹图、牧童图、十美图、战长沙等，成为我国园林艺术的杰作。

（2）卵石路

是以各色卵石为主嵌成的路面。借助卵石的色彩、大小、形状和排列的变化可以组成各种图案，具有很强的装饰性，能起到增强景区特色、深化意境的作用。这种路面耐磨性好，防滑，富有江南园路的传统特点，但清扫困难，且卵石容易脱落。多用于花间小径、水旁亭榭周围（图4-4-10）。

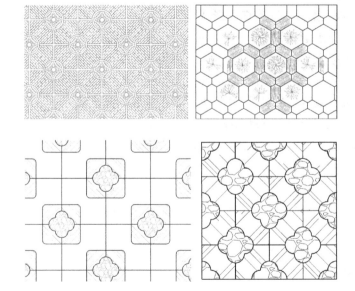

图4-4-9 花街铺地

图4-4-10 卵石地面

4. 其他铺装形式

当道路坡度过大时（一般超过 12%），需设梯道实现不同高程地面的交通联系，即称台阶（或踏步）。室外台阶一般用砖、石、混凝土筑成，形式可规则也可自然，根据环境条件而定。一般每级台阶的踏面、举步高、休息平台间隔及宽度的尺寸要求相同。台阶也用于建筑物的出入口及有高差变化的广场（如下沉式广场）。台阶能增加立面上的变化，丰富空间层次，表现出强烈的节奏感。

当台阶路段的坡度超过 70%（坡角为 35°，坡值为 1：1.4）时，台阶两侧需设扶手栏杆，以保证安全。

风景名胜区的爬山游览步道，当路段坡度超过 173%（坡角为 60°，坡值为 1：0.58）时，需在山石上开凿坑穴形成台阶，并于两侧加高栏杆铁索，以利于攀登，确保游人安全，这种特殊台阶即称磴道。磴道可错开成左右台阶，便于游人相互搀扶。

4.5 园路施工

园路的施工是园林总体施工的一个重要组成部分，园路工程的重点在于控制好施工面的高程，并注意与园林其他设施在高程上相协调。施工中，园路路基和路面基层的处理只要达到设计要求的牢固和稳定性即可，而路面面层的施工，则要求更加精细，更加强调对质量的要求。

4.5.1 施工前的准备工作

（1）熟悉图纸，对现场进行实地调查，确定施工方案；

（2）做好预制构件和各种材料的加工采购工作，制订材料的调配计划；

（3）事先选择好材料的堆放点，现场垃圾的临时弃放场地或指定地点堆放。

4.5.2 测量放线

根据图纸的比例，按道路设计的中线和道牙边线，其中在转弯处按路面设计的中心线，在地面上每隔 15~50m 放一中心桩。在弯道的曲线上，应在曲头、曲中和曲尾各放一中心桩。园路多为自由曲线，应加密中心桩，并在各中心桩上写明桩号，再以中心桩为准，根据路面宽度定边桩，最后放出路面的平曲线。

4.5.3 修筑路槽

按设计路面的宽度，每侧放出 20cm 的挖路槽，路槽的深度应比路面的厚度小 3~10cm，清除杂物及槽底整平，槽底应有 2%~3% 的横坡度，然后进行路基压实工作，选择压实机械，各种压实机械其最大有效压实厚度不同，对不同土质碾压次数也不同，具体采取时还应根据试压结果确定。砂性土以振动式机具压实效果最好，夯击式次之，碾压式较差，对于黏性土则以碾压式和夯击式较好，而振动式较差甚至无效。此外，压实机具的单位压力不应超过土的强度极限，否则会立即引起土基破坏。如土壤干燥，路槽做好后，在槽底上洒水让它潮湿，然后用夯实机械从外向里夯实 2~3 遍，夯实机械应先轻后重，以适应逐渐增长的土基强度，碾压速度应先慢后快，以免松料被机械推走。路槽平整度允许误差不大于 2cm。

4.5.4　基层施工

　　根据设计要求准备铺筑的材料，并对使用材料进行测量，保证使用材料符合设计及施工要求。在铺筑灰土基层时摊铺长度应尽量延长，以减少接槎，在铺筑时应注意灰土基层的厚度，一般实厚为 15cm，虚铺厚度因土壤情况不同而为 21~24cm。灰土摊铺后开始碾压，碾压应在接近最佳含水量时进行，以"先轻后重"的原则，先用轻碾稳压，在碾压 1~2 遍后马上检查表面平整度和高程，边检查边铲补，如必须找补时，应将表面翻板至少 10cm 深，用相同配比的灰土找补后再碾压，压至表面坚实平整无起皮。对于炉灰土，虚铺厚度为压实厚度的 160%。即压实厚度为 15cm，虚铺厚度为 24cm。

4.5.5　结合层施工

　　面层和基层之间，铺垫水泥砂浆结合层，是基层的找平层，也是面层的粘结层。一般用 M7.5 水泥、白灰、砂的混合砂浆或 1：3 的白灰砂浆。砂浆摊铺宽度应大于铺装面 5~10cm 左右，已拌好的砂浆应当日用完。也可用 3~5cm 的粗砂均匀摊铺而成。特殊的石材料铺地，如整齐石块和条石块，结合层采用 M10 水泥砂浆。

4.5.6　面层铺筑

　　在完成的路面基层上，重新定点、放线，每 10m 为一施工段落，根据设计标高、路面宽度定边桩、中桩，打好边线、中线。设置整体现浇路面边线处的施工挡板，确定砌块路面列数及拼装方式，面层材料运入施工现场。
　　常见的几种面层施工如下。
　　1. 水泥路面施工
　　水泥路面装饰的方法有很多种，要按照设计的路面铺装方式来选用合适的施工方法。常见的施工方法及其施工技术要领主要有以下几种：
　　（1）普通抹灰与纹样处理：用普通灰色水泥配制成 1：2 或 1：2.5 的水泥砂浆，在混凝土面层浇筑后尚未硬化时进行抹面处理，抹面厚度为 10~15mm。当抹面层初步收水，表面稍干时，再用下面的方法进行路面纹样处理。
　　1）滚花。用钢丝网做成的滚筒，或者用模纹橡胶裹在 300mm 直径的铁管外做成滚筒，在经过抹面处理的混凝土面板上液压出各种细密纹理。滚筒长度在 1m 以上比较好。
　　2）压纹。利用一块边缘有许多整齐凸点或凹槽的木板或木条，在混凝土抹面层上挨着压下，一面压一面移动，就可以将路面压以纹样，起到装饰作用。用这种方法时要求抹面层的水泥砂浆含砂量较高，水泥与砂的配合比可为 1∶3。

3）锯纹：在新浇的混凝土表面，用一根直木条如同锯割一般来回动作，一面锯一面前移，即能够在路面锯出平行的直纹，有利于路面防滑，又有一定的路面装饰作用。

4）刷纹。最好使用弹性钢丝做成刷纹工具。刷子宽 450mm，刷毛钢丝长 100mm 左右，木把长 1.2~1.5m。用这种钢丝在未硬化的混凝土面层上可以刷出直纹、波浪纹或其他形状的纹理。

（2）彩色水泥抹面装饰：水泥路面的抹面层所用水泥砂浆，可通过添加颜料调制成彩色水泥砂浆，用这种材料可做出彩色水泥路面。彩色水泥调制中使用的颜料，需选用耐光、耐碱、不溶于水的无机矿物颜料，如红色的氧化铁红、黄色的柠檬铬黄、绿色的氧化铬绿、蓝色的钴蓝和黑色的炭黑等。不同颜色的彩色水泥及其所用颜料见表 4-5-1。

彩色水泥的配置 　　　　　　表 4-5-1

调制水泥色	水泥及其用量	颜料及其用量
红色、紫砂色水泥	普通水泥 500g	铁红 20~40g
咖啡色水泥	普通水泥 500g	铁红 15g、铬黄 20g
橙黄色水泥	白色水泥 500g	铁红 25g、铬黄 10g
黄色水泥	白色水泥 500g	铁红 10g、铬黄 25g
苹果绿色水泥	白色水泥 1000g	铬绿 150g、钴蓝 50g
青色水泥	普通水泥 500g	铬绿 0.25g
	白色水泥 1000g	钴蓝 0.1g
灰黑色水泥	普通水泥 500g	炭黑适量

（3）彩色水磨石饰面：彩色水磨石地面是用彩色水泥石子浆罩面，再经过磨光处理而做成的装饰性路面。按照设计，在平整、粗糙、已基本硬化的混凝土路面面层上，弹线分格，用玻璃条、铝合金条（或铜条）作分格条。然后在路面刷上一道素水泥浆，再用 1∶1.25~1∶1.50 的彩色水泥细石子浆铺面，厚度 8~15mm。铺好后拍平，表面用滚筒滚压实，待出浆后再用抹子抹平，用作水磨石的细石子，如采用方解石，并用普通灰色水泥，做成的就是普通水磨石路面。如果用各种颜色的大理石碎屑，再与不同颜料的彩色水泥配制一起，就可做成不同颜色的彩色水磨石地面。彩色水泥的配制可参考表 4-5-1 的内容，水磨石的开磨时间应以石子不松动为准，磨后将泥浆冲洗干净。待稍干时，用同色水泥浆涂擦一遍，将砂眼和脱落的石子补好，第二遍用 100~150 号金刚石打磨，第三遍用 180~200 号金刚石打磨，方法同前。打磨完成后洗掉泥浆，再用 1∶20 的草酸水溶液清洗，最后用清水冲洗干净。

（4）露骨料饰面：采用这种饰面方式的混凝土路面和混凝土铺砌板，其混凝土应该用粒径较小的卵石配制。混凝土露骨料主要是采用刷洗的方法,在混凝土浇好后2~6h内就应进行处理,最迟不超过浇好后的16~18h。刷洗工具一般用硬毛刷子和钢丝刷子。刷洗应当从混凝土板块的周边开始。要同时用充足的水把刷掉的泥砂洗去,把每一粒暴露出来的骨料表面都洗干净。刷洗后3~7d内,再用10%的盐酸水洗一遍,使暴露的石子表面色泽更明净,最后还要用清水把残留盐酸完全冲洗掉。

2. 块料路面施工

块料路面在铺筑块料时,在面层与道路基层之间所用的结合层做法有两种:一种是用湿性的水泥砂浆、石灰砂浆或混合砂浆作结合材料,另一种是用干性的细砂、石灰粉、灰土(石灰和细土)、水泥粉砂等作为结合材料或垫层材料。

(1)湿性铺筑:用厚度为15~25mm的湿性结合材料,如用1:2.5或1:3的水泥砂浆,1:3的石灰砂浆、M25混合砂浆或1:2的灰泥浆等粘结,在面层之下作为结合层,然后在其上砌筑片状或块状贴面层。砌块之间的结合以及表面抹缝,也用这些结合材料。用花岗石、釉面砖、陶瓷广场砖、碎拼石片、马赛克等材料铺地时,一般要采用湿法铺砌。用预制混凝土方砖、砌块或黏土砖铺地,也可以用此法。

(2)干法砌筑:以干粉砂状材料,作路面面层砌块的垫层和结合层。如用干砂、细砂土、1:3的水泥干砂、3:7的细灰土等作结合层。砌筑时,先将粉砂材料在路面基层上平铺一层,其厚度为:干砂、细土30~50mm,水泥砂、石灰砂、灰土25~35mm。铺好后找平,然后按照设计的砌块拼装图案,在垫层上浆砌成路面面层。路面每拼装好一小段,就用平直木板垫在顶面,以铁锤在多处振击,使所有砌块的顶面都保持在一个平面上,这样可将路面铺装得十分平整。路面铺好后,再用干燥的细砂、水泥粉、细石灰粉等撒在路面上并扫入砌块缝隙中,使缝隙填满,最后将多余的灰砂清扫干净。以后,砌块下面的垫层材料将慢慢硬化,使面层砌块和下面的基层紧密地结合成一体。适宜采用这种干法砌筑的路面材料主要有:石板、整形石块、预制混凝土方砖和砌块等。传统古建筑庭院中的青砖铺地、金砖墁地等,也常采用干法砌筑。

3. 碎料路面的铺筑

地面镶嵌与拼花施工前,要根据设计的图样,准备镶嵌地面用的砖石材料。设计有精细图形的,先要在细密质地的青砖上放好大样,再细心雕刻,做好雕刻花砖,施工中可嵌入铺地图案中。要精心挑选铺地用的石子,挑选出的石子应按照不同颜色、不同大小、不同长扁形状分类堆放,铺地拼花时才能方便使用。

施工时,先要在已做好的道路基层上,铺垫一层结合材料,厚度一般可在40~70mm之间。垫层结合材料主要用1:3的石灰砂、3:7的细灰土、1:3的水泥砂等,用干法砌筑或湿法砌筑都可以,但干法施工更为方便一些。在铺平的松软垫层上,按照预定的图样开始镶嵌拼花:一般用立砖、小青瓦瓦片来拉出线条、纹样和图形图案,再用各色卵石、砾石镶嵌作花,或者拼成不同颜色的色块,以填充图形大面。然后,经过进一步修饰和完善图案纹样,并尽量整平铺地后，就可以定稿。定稿后的铺地地面，仍要用水泥干砂、石灰干砂撒布其上，并扫入砖石缝隙中填实；最后，除去多余的水泥石灰干砂，清扫干净；再用细孔喷壶对地面喷洒清水，稍使地面湿润即可，不能用大水冲击或使路面有水流淌。完成后，养护 7~10d。

4. 嵌草路面的铺砌

无论用预制混凝土铺路板、实心砌块、空心砌块石、整形石块或石板，都可以铺装成砌块嵌草路面。

施工时，先在整平压实的路基上铺垫一层栽培壤土作垫层。壤土要求比较肥沃，不含粗颗粒物，铺垫厚度为 100~150mm。然后在垫层上铺砌混凝土空心砌块或实心砌块，砌块缝中半填壤土，并播种草籽。

实心砌块的尺寸较大，草皮嵌种在砌块之间预留的缝中。草缝设计宽度可在 20~50mm 之间，缝中填土达砌块的 2/3 高。砌块下面如上所述用壤土作垫层并起找平作用，砌块要铺装得尽量平整。实心砌块嵌草路面上，草皮形成的纹理是线网状的。

空心砌块的尺寸较小，草皮嵌种在砌块中心预留孔中。砌块与砌块之间不留草缝，常用水泥砂浆粘结。砌块中心孔填土亦为砌块的 2/3 高；砌块下面仍用壤土作垫层找平，使嵌草路面保持平整。空心砌块嵌草路面上，草皮呈点状而有规律地排列。空心砌块的设计制作，一定要保证砌块的结实坚固和不易损坏，因此，其预留孔径不能太大，孔径最好不超过砌块边长的 1/3。

采用砌块嵌草铺装的路面，砌块和嵌草是道路的结构面层，其下面只能有一个壤土垫层，在结构上没有基层，只有这样的路面结构才能有利于草皮的存活与生长。

4.5.7　道牙施工

道牙基础宜与路床同时填挖碾压，以保证密度均匀，具有整体性。弯道处的道牙最好事先预制成弧形，道牙的结合层常用 M5 水泥砂浆铺 2cm 厚，应安装平稳牢固，调整好标高。道牙间缝隙为 1cm，用 M10 水泥砂浆勾缝，要求接缝对齐。道牙背后路肩用夯实的白灰土保护，其宽 50cm、厚 15cm，密实度90% 以上。也可用自然土夯实代替。

4.5.8　附属工程

主要指雨水口及排水明沟的施工。对于先期的雨水口，园路施工（尤其是机具压实或车辆通行）时应注意保护。若有破坏，应及时修筑。一般雨水口进水箅子的上表面低于周围路面 2~5cm。

土质明沟按设计挖好后，应对沟底及边坡适当夯压。

砖（或块石）砌明沟，按设计将沟槽挖好后，充分夯实。通常以MU7.5 砖（或 80~100mm 厚的块石）用 M2.5 水泥砂浆砌筑，砂浆应饱满，表面平整、光洁。

4.5.9 园路常见病害及原因

园路的"病害"是指园路被破坏的现象。一般常见的病害有裂缝、凹陷、啃边、翻浆等。

1. 裂缝与凹陷

造成这种破坏的主要原因是基土过于湿软或基层厚度不够，强度不足，在路面荷载超过土基的承载力时造成的。

2. 啃边

路肩和道牙直接支撑路面，使之横向保持稳定。因此，路肩与其基土必须紧密结实，并有一定的坡度，否则由于雨水的侵蚀和车辆行驶时对路面边缘的啃食作用，使之损坏，并从边缘起向中心发展，这种破坏现象叫啃边，如图4-5-1所示。

3. 翻浆

在季节性冰冻地区，地下水位高，特别是对于粉砂性土基，由于毛细管的作用，水分上升到路面下，冬季气温下降，水分在路面下形成冰粒，体积增大，路面就会出现隆起现象。到春季，上层冻土融化，而下层尚未融化，这样使土基变成湿软的橡皮状，路面承载力下降。这时如果车辆通过，路面下陷，邻近部分隆起，并将泥土从裂缝中挤出来，使路面破坏，这种现象叫翻浆，如图4-5-2所示。

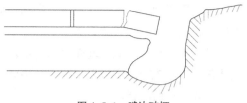

图4-5-1 啃边破坏

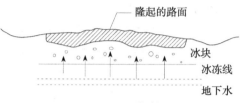

图4-5-2 翻浆破坏

复习思考题

4-1. 简述园路在园林中的作用。常见的园路有哪些类型？

4-2. 园路的平面线型指的是什么？设计时有哪些要求？

4-3. 园路转弯时为什么要道路加宽？有哪些规定？

4-4. 园路结构层有哪些？路面面层的结构由哪些部分构成？

4-5. 园路铺装有哪些类型？

4-6. 简述园路施工的步骤。

实习实训

1. 完成校园某花园园路设计，要求画出每种铺装形式（至少三种）的平面图、结构断面图和效果图，并标注材料名称、规格、厚度等参数。

2. 以小组为单位，进行现场模拟铺装施工，完成实训报告，要求每人拟定一份现场施工的道路结构断面图，及详细的施工步骤。

园林工程（第二版）

5

假山工程

■ 本章学习要点

1. 了解假山和置石的作用、类型、形式；了解假山和置石的功能、布置的原理。

2. 掌握假山设计的内容、步骤和方法；掌握假山施工的步骤以及山石拼叠的手法；掌握塑山的类型以及施工方法和工艺流程。

3. 能够对假山、置石进行区分或区别；能够识别假山和置石常用的石材；能够对现有假山作出优劣评价；能够绘制假山设计的平面图、立面图。

5.1 假山和置石的基本知识

5.1.1 假山和置石的概念

假山是中国自然山水园的组成部分，对于体现中国民族园林具有重要作用。园林中通常所称的假山，实际上包括假山和置石两部分。

假山是以土和石为材料，以自然山水为蓝本，加以艺术提炼、夸张，再造的山水景物。假山以造景游览为主要目的，同时结合其他方面的功能而发挥其综合作用。假山一般体量大而集中，可游可赏。假山根据土和石的具体运用情况可分为土山、带石土山（土包石）、带土石山（石包土）、石山等四种。

置石是以山石为材料，常作独立性或附属性的造景布置。置石主要表现山石的个体美或局部组合形成不见整的山形。置石一般体量小而分散，以观赏为主，也常结合一些其他方面的功能。置石根据布置形式不同可分为特置、孤置、对置、散置、群置等五种。

5.1.2 假山和置石的功能与作用

1. 利用假山构成中国自然山水园的主景或构成地形骨架

在中国自然山水园中，常利用假山构成地形骨架，使整个园子的地形起伏、曲折。或将假山作为整个园子的主景，然后再辅以池水，构成假山园，如江苏扬州的个园（图5-1-1）。

2. 使用山石划分和组织园林空间

中国的自然山水式园林善于运用障景、对景、背景、框景、夹景等造景手法，将不同地形、不同功能、不同造景特色化整为零，形成丰富多彩的景观功能区。假山常用"各景"手法来划分和组织空间，使空间自然、灵活，富于变化。如苏州拙政园中的枇杷园和远香堂，腰门一带的空间用假山结合云墙的方式划分空间，从枇杷园内通过园洞门北望雪香云蔚亭，又以山石作为前置夹景。

图 5-1-1　江苏扬州的个园假山

3. 运用山石点缀园林空间、陪衬建筑与植物

这种形式以江南私家园林运用最广泛。如在大天井或湖（池）中立石峰，形成置石（图5-1-2）；或用漏窗为框景形成石景，以增添景色画面的层次和明暗变化；或以石与植物，结合衬托植物，来处理廊间转折的小空间和窗外的对景；或用石峰的凌空来衬托建筑。

4. 用山石作驳岸、挡土墙、护坡和花台

在坡度较大的土山坡地带，为阻挡和分散地表径流、降低地表径流的流速、减少水土的流失，常散置山石加以护坡；在坡度更陡的山上，为了开辟自然式平台，往往在山的内侧所形成的垂直土面，采用山石做成外观曲折、起伏、凹凸多致的挡土墙。

另外，在自然式园林中还常使用山石作河湖池的驳岸；利用山石做成花台，培植牡丹、芍药等观赏植物。

5. 用山石做成器具作为室内外陈设使用

如山石做成石桌和石凳（图5-1-3）、石灯笼（图5-1-4）、石鼓等器具，在室内外陈设使用既不怕日晒，也不怕夜露，还可结合造景。

6. 山石作为建园材料，可构建成自然式园林中的各种景观

山石不但能做成镶嵌门、窗、墙、石栏，也可做成石桥、石梯（或磴道）、汀步等自然式园林中的景观。或作为铺装地面和路面的建园材料。

图 5-1-2　玉玲珑

图 5-1-3　石台和石凳

图 5-1-4　石灯笼

5.2　假山和置石常用的石材

按假山石材的产地和质地，可将假山石主要分为湖石、黄石、青石、石笋石、其他石品等五大类。

5.2.1　湖石

（1）太湖石（图5-2-1）：真正的太湖石原产于苏州洞庭西山。太湖石石质坚而脆，扣之有微声，纹理纵横，脉络显隐。此石在水中和土中皆有产。

产于水中的太湖石色泽于浅灰中露白色，比较丰润、光洁，也有青灰色，具较大的皱纹，而细皱纹很少。而产于土中的湖石灰色中带青灰色，比较枯涩而少有光泽，遍有细纹，好像大象的皮肤一样，也有称为"象皮青"的。

（2）房山石（图5-2-1）：房山石产于北京房山。新开采的房山石呈土

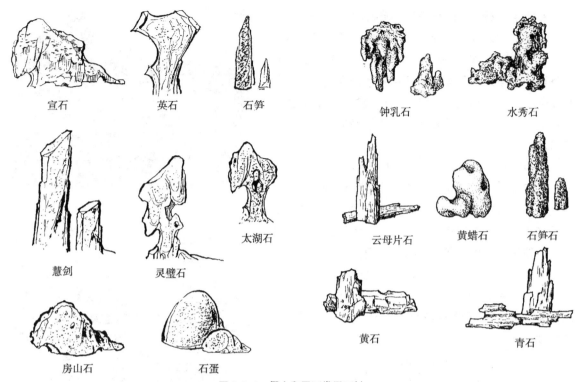

宣石　　　　　英石　　　　　石笋　　　　　　钟乳石　　　　　　水秀石

慧剑　　　　　灵璧石　　　　太湖石　　　　云母片石　　　黄蜡石　　石笋石

房山石　　　　　石蛋　　　　　　　　　黄石　　　　　　　青石

图 5-2-1　假山和置石常用石材

红色、橘红色或更淡一些的土黄色。日久以后表面带些灰黑色。房山石有一定的韧性，扣之无共鸣声，多密集的小孔穴而少有大洞。与房山石比较接近的还有镇江所产的矾山石。

（3）英石（图 5-2-1）：英石原产于广东英德，又名英德石。英石质坚，但特别脆，用手指弹扣有较响的共鸣声。一般呈淡青灰色，有的间有白脉笼络。现存广州西关逢源大街 8 号名为"风云际会"的假山完全用英石掇成。

（4）灵璧石（图 5-2-1）：灵璧石原产于安徽省灵璧县。灵璧石呈中灰色而甚为清润。质地脆，用手弹有共鸣声。灵璧石较多作为盆景石。

（5）宣石（图 5-2-1）：宣石产于安徽省宁国市。宣石色有如积雪覆于灰色石上。如扬州个园的冬山、深圳锦绣中华的雪山均用宣石作为材料。

5.2.2　黄石（图 5-2-1）

黄石以常熟虞山所产为著名。黄石形体顽劣，见棱见角，节理面近于垂直，雄浑沉实。如上海豫园的大假山、苏州耦园的假山、扬州个园的秋山均为黄石掇成。

5.2.3　青石（图 5-2-1）

青石主要产于北京西郊洪山口。青石呈青灰色，形体多呈片状。如北京圆明园"武陵春色"的桃花洞、北海的濠濮洞和颐和园后湖的某些局部都用青石为山。

5.2.4 石笋石（图 5-2-1）

石笋石是外形修长、如竹笋的一类山石的总称。如扬州个园的春山、北京紫竹院公园的江南竹韵均用此石。主要石笋有：白果笋（石体呈青灰色，犹如银杏所产的白果嵌在石中）、乌炭笋（石体呈乌黑色，有光泽）、慧剑（石体呈青灰色或灰青色）（图 5-2-1）。

5.2.5 其他石品

（1）木化石：木化石古老朴实，常作特置或对置。

（2）黄蜡石（图 5-2-1）：黄蜡石主要分布于我国南方。石色黄，表面油润如蜡。一般常作孤景，或散置于草坪、池边和树荫之下。

（3）石蛋（图 5-2-1）：石蛋又称为卵石，即产于海边、江边或旧河床的大卵石。石形浑圆，不易进行石间结合，故一般不用于做假山，而是在园路边、草坪上、植物下做成石景。

（4）云母片石（图 5-2-1）：云母片石产于四川汶川县和茂县一带。云母片石呈青灰色或黑灰色，具有光泽。质较重，结构较致密，但硬度低，容易加工。

（5）钟乳石（图 5-2-1）：钟乳石广泛产于我国南方和西南方地下水丰富的石灰岩地区。钟乳石多为乳白色、乳黄色、土黄色。质重、坚硬，石形变化丰富。但钟乳石孔洞较少。

（6）水秀石（图 5-2-1）：水秀石产地与钟乳石相同。又称为砂积石、吸水石、芦管石。水秀石质轻、粗糙、疏松、多空，石体内常含有苔藓、草根等物。颜色主要有黄白色、土黄色、红褐色。

5.3 置石

5.3.1 置石的类型

根据石块的数量和景观特点，可以分为子母石、散兵石、单峰石、象形石、石玩石（供石）等五类。

1. 子母石

是以一块大的山石（母石）为主，带几块大小有别的较小山石（子石），紧密联系、相互呼应、有聚有散地构成一组石景。子母石一般多布置在草坪上、山坡上、水池中、树丛边、道路旁，见图 5-3-1（a）。

2. 散兵石

散兵石也多布置在草坪、山坡等处。但它是一群没有相互呼应的、分散的自然山石，主要起点缀、烘托环境的作用，见图 5-3-1（b）。

3. 单峰石

单峰石是一块形状奇特古怪,具有漏、透、瘦、绉、丑等特点的大石;或是由若干小石拼合成一块大石独立构成石景,见图5-3-1（c）。如上海豫园中的玉玲珑、浙江杭州江南名石园中的绉云峰、江苏苏州留园（又名寒碧山庄）中的冠云峰。

4. 象形石

象形石是具有某种逼真形象（如动物、植物、器物等）的石景,见图5-3-1（d）。一般在石灰岩溶洞中较为常见。

5. 石玩石（供石）

石玩石（供石）又称玩石、石供。主要供室内陈列观赏之用。它一般具有形状奇特、色彩美丽、质地晶莹的特点,见图5-3-1（e）。

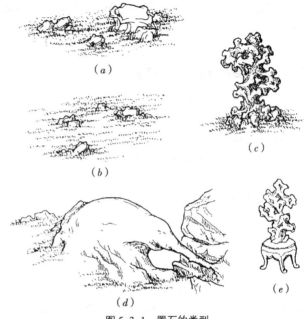

图 5-3-1 置石的类型
（a）子母石;（b）散兵石;（c）单峰石;
（d）象形石;（e）石玩石（供石）

5.3.2 置石的形式

1. 特置

特置又称峰石,是将形状玲珑剔透、古怪奇特而又比较罕见的大块山石珍品,特意设置在一定的基座上供观赏（图5-3-2）。在自然式园林中一般作为局部空间的主景或重要配景使用。常布置在庭院中央,十字路交叉口中心,观赏性草坪中央,游息草坪的一侧,园景小广场中央或一角,园林主体建筑前场地中央或两侧。也可布置在园林入口内作为对景,在照壁前作为画屏式景物,在屋顶花园上作主景。特置的山石要求石形、石态、石面有特殊之处,并具有一定的罕见性和独特观赏价值。

图 5-3-2 特置

2. 孤置

孤置就是将山石孤立独处地布置,山石可直接放置在地面上,也可半埋于地面下（图5-3-3）。孤置一般起点缀环境的作用,常被当做自然式园林局部地方的一般景物。可布置在路边、草坪、水边、亭旁、树下。也可布置在建筑或园墙的漏窗或取景窗后,与窗口一起构成漏景或框景。孤置的山石要求石形是自然的,石面是由风化所形成的。

孤置与特置的主要区别在于:特置有基座承托石景,孤置没有基座;孤置的石形罕见程度和山石的观赏价值也没有特置高。

3. 对置

对置就是将两个石景布置在相对的位置上,呈对称或者对立、对应状态。对置起装饰环境的配制作用（图5-3-4）。一般在庭院门前两侧,园林主景两侧,路口两侧,园路转折点两侧,河口两岸。对置

图 5-3-3 孤置

的山石材料要稍高，石形应有一定的奇特性和观赏性。

根据对置的具体情况，可将对置分为对称对置和不对称对置两种。如两块景石的体量大小、姿态方向、布置位置对称的对置称为对称对置；而两块景石的体量大小、姿态方向、布置位置不对称的对置称为不对称对置。

4. 散置

散置就是以若干块山石，以"散漫理之"的做法布置石景，即分散、随意布置（图5-3-5）。散置主要用来点缀地面景观，使地面更具有自然山地的野趣。可布置在园林土山的山坡上、自然式湖池的池畔、岛屿上、园路两边、游廊两侧、园墙前面、亭地一侧、风景林地内。散置的山石普通自然风化，对石形石态的要求不高。

5. 群置

群置就是若干山石以较大的密度有聚有散地布置成一群，石群内各山石相互联系，相互呼应，关系协调（图5-3-6）。群置一般用作园林局部地段的地面主景，是通过群石来仿造山地环境。群置常在园林的山坡、草坪、水边石滩、湖中石岛等处布置。还可在砂地上布置，做成日本式的"枯山水"。群置的山石要大小相间，高低不同，为具有风化石面的同种岩石碎块。

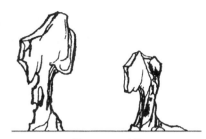

图5-3-4　对置

图5-3-5　散置

图5-3-6　群置

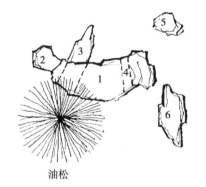

油松

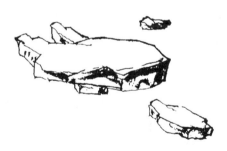

6. 山石器设

用自然山石作室外环境中的家具器设，如石桌、石凳、石几、石屏风、石床、石香炉、石缸（图5-3-7）等，既有实用价值，又有一定的景观功能。这种石景布置方式称为山石器设。

山石器设作为休息小品设施，适宜布置在其侧方或后方有树木遮荫之处。如行道树下、树林边缘、林中空地等处。

用作山石器设的石材，应根据具体用途来选择，如作为石几和石桌的，则应该选择片状、至少有一个面相对比较平整的石材。

图5-3-7　石缸

5.3.3　山石（石景）与园林其他环境之间的关系处理

1. 石景与水环境之间的关系处理

（1）石景与规则式水体之间的关系处理

石景一般布置在池中稍后和稍偏于一侧的地方。石景的高度应小于水池长度的一半。

（2）石景与自然式水体之间的关系处理

由于山石轮廓线条比较丰富，有曲折变化、凹凸变化，因此在溪流、水池、湖泊等最低的水位线以上堆叠、点缀，做成山石驳岸、散石草坡岸或山石汀步、石矶、礁石等，可使水域总体上表现出自然、丰富的景观效果。

2. 石景与场地环境之间的关系处理

场地保持平整，铺砌整齐；场地的铺装面层色彩不宜太多，略有一点浅颜色或简单图案即可。石景布置时山石数量不可多，要少而精，一般2~3块山石即可，并且石景的观赏视距至少要在石高的两倍以上。

3. 石景与植物之间的关系处理

在自然式园林中山石常与竹、梅、芭蕉、苏铁、兰、菊相配做成石小景。也可与藤本植物（如常春藤、络石等）相配做藤倚峰小景。

另外，山石还能与牡丹和芍药、杜鹃与山茶、南天竹等相结合做成山石花台。花台的组合要大小相间，主次分明，疏密多致。花台平面轮廓应有折有曲，进出变化。花台的立面轮廓应有高低变化。花台的断面轮廓应既有直立，又有坡降和上伸下收的变化。

4. 石景与建筑之间的关系处理

在自然式园林中常用少量的山石在适宜的部位、用夸张的手法来装点建筑，达到建筑物建在自然山岩上的效果，以较少的人工气氛，增添自然气息。常见形式有以下几种。

（1）踏跺与蹲配

中国的传统建筑一般多建在台基上，这样在建筑物的出入口就需要有台阶作为室内外的上下衔接。所谓踏跺即为用山石作为中国传统建筑出入口部位室内外上下台阶衔接的部分（图5-3-8）。踏跺又称涩浪。

踏跺的石材一般选择扁平状的，不一定都要求是长方形，各种角度的梯形、三角形都可。

踏跺的每级台阶高度在10~30cm之间（每块石料高度可不一致）。最上面一阶可与台基地面同高。每阶向下坡方向有2%的倾斜度以便排水。石阶断面要上挑下收，以免上台阶时脚尖碰到石级上沿。

踏跺台阶的形式有多种多样，有的踏跺是平列的，也有相互错落的；有径直而入的，也有偏径斜上的和分道而上的。

蹲配一般与踏跺配合使用，设置在踏跺两侧，

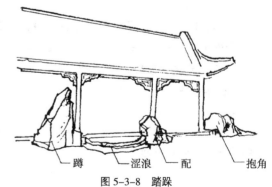

图5-3-8　踏跺

蹲　　涩浪　　配　　　抱角

是石阶两端支撑的体形基座。从实际使用功能上看，与门口对置的石狮、石鼓之类的装饰品作用相同，以遮挡台阶两端不易处理的侧面。但从外形上看蹲配不像石鼓那样呆板。

在蹲配中，以体量大而高者为"蹲"，体量小而低者则为"配"。见图5-3-9。

图5-3-9　镶隅

（2）抱角与镶隅

由于建筑物外墙角和内墙角一般都成直角，其线条比较单调，因此在中国自然式园林中常用山石，采用"抱角"与"镶隅"的方式来美化建筑物的墙角。

用山石装饰建筑外墙角，使山石成环抱之势在外侧紧包墙面基角，称为抱角（图5-3-8）。用山石填镶墙内角称为镶隅，在江南私家园林中多用山石做成小花台来镶填墙隅（图5-3-9）。

抱角与镶隅使用的山石除了在体量上要考虑与墙体所在的空间取得协调外，还需要注意石材与墙角的接触部位相吻合。

图5-3-10　粉壁置石

（3）粉壁置石

粉壁置石也称"壁山"，是以墙作为背景，在面对建筑的墙面、建筑山墙或相当于墙面前基础种植的部位作石景或山景布置（图5-3-10）。

（4）回廊转折处的廊间山石小品

为了争取空间的变化或让游人从不同角度观察景物，在中国自然式园林中往往还建有回廊，这些回廊在平面上常做成曲折回环的半壁廊，这样便会在廊与墙之间形成一些大小不一、形体各异的小天井空隙地。用山石小品加以"补白"，就在"补白"处的小空间形成回廊转折处的廊间山石小品，使小空间既有深度和层次变化，同时又能起到游览引导作用。

（5）"尺幅窗"与"无心画"

"尺幅窗"和"无心画"作为一个整体使用。"尺幅窗"即为在内墙上原来挂山水画的位置而开成的漏窗，然后在窗外布置竹石小品之类，使景如画，即形成"无心画"。以"尺幅窗"透取"无心画"是从暗处看明处，增添了窗花的剪影效果。

（6）云梯

云梯是指以山石掇成的室外楼梯。它既可节约室内建筑面积，又可形成自然山石景观。

云梯在设计时首先必须与周边环境相协调，绝不能孤立地使用；第二，切忌使云梯完全暴露，要有一定的隐藏，使之具有"云"的形状多变、隐现不定的意境；第三，起步要向里缩（或隐蔽）。起步可用大石、立石、叠石等遮挡，也可与花台、山洞等相连，使之融入环境。

5.3.4 置石的施工步骤和方法

（1）施工放线：根据设计图纸的位置与形状，在地面上放出置石的外形轮廓。一般基础施工要比置石的外形宽。

（2）挖槽：根据设计图纸进行。

（3）基础施工：一般浇灌混凝土。水泥砂浆比例、混凝土基础厚度、钢筋型号根据图纸（需要）情况来确定。

（4）安装磐石：磐石安装要稳定。安装时磐石厚度的1/3要埋入土壤中，使置石像从土壤中生长出来的一样。

（5）立峰：立峰时需把握好山石的重心。

5.4 假山的设计

5.4.1 假山的类型

依据不同的标准，可以将假山分出许多不同的类型。下面就最常用的堆山材料和景观特征两个依据进行分类。

1. 从假山堆掇的主要材料分

从假山堆掇的主要材料，可以将假山分为土山、带石土山（土包石）、带土石山（石包土）、石山等四大类。各类基本情况如下：

（1）土山：以泥土为堆山的基本材料，占地面积往往较大，一般作为园林基本地形和基本景观的背景。土山一般在陡坡、陡坎处以石块来作护坡、挡土墙、磴道，通常不在自然山石的山上造景。

（2）带石土山（土包石）：是以泥土为主要材料，其占地面积相对较小，多在较大的庭院中使用。带石土山（土包石）是在土山的山坡、山脚处点缀岩石；在陡坡或山顶处用自然山石堆砌成悬崖峭壁的景观。

（3）带土石山（石包土）：这类假山是土石结合而成，一般占地面积较小。

带土石山（石包土）是由山石墙体围成假山的基本形状，然后在墙体后用泥土填实，山石多用于假山的山体表面，做到露石而不露土，从山体的外形看主要是由自然山石堆砌而成。

带土石山（石包土）适宜于营造奇峰、悬崖、深峡、崇山峻岭的山地景观。

（4）石山：是以自然山石为主要材料。由于植物种植空间有限、造价高或工程费用可观，因此一般规模比较小。主要用于庭院和水池等空间比较闭合的环境中，也常作为瀑布、滴泉的山体使用。

2. 从景观特征分

从景观特征可将假山分为仿真型、写意型、透漏型、实用型、盆景型等五类。各类基本情况如下：

（1）仿真型：模仿自然山形塑造，假山的景观（如峰谷、岭壑、悬洞）如同真山一样，能够达到以假乱真的效果。见图5-4-1（a）、（b）。

（2）写意型：在塑造时不再以真山的山形为造景的主要依据。其山景虽具有一些自然山形的特征，但山体的动势、扇形的变异、山景的寓意等经过明显的夸张处理。见图5-4-1（c）。

（3）透漏型：基本没有自然扇形的特征，而是由奇形怪石堆掇而成。由于山体中洞穴和孔眼密布，因此人身在其中，才能感受到一些山地境界。见图5-4-1（d）。

（4）实用型：外形有无自然山形均可，但注重实际的使用功能，在自然式园林中其造型往往具有庭院实用品的形象，如山石门、山石屏风、山石楼梯、山石墙等。而在现代公园中常将一些管理用的附属小建筑（如工具房、配电房、厕所等）隐藏在假山内部。见图5-4-1（e）、（f）。

（5）盆景型：主要出现在大型的山水盆景中，是按照真山真水的形象塑造而成的，起到小中见大的艺术效果。见图5-4-1（g）。

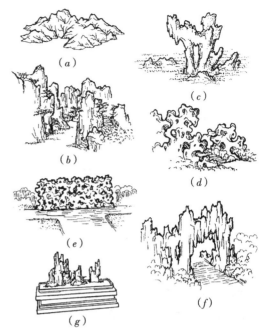

图 5-4-1　假山的类型
（a）、（b）仿真型；（c）写意型；（d）透漏型；
（e）、（f）实用型；（g）盆景型

5.4.2　假山的布置原则

假山的布置又称掇山。掇山就是要根据科学性、技术性和艺术性的原理，以"有真有假、做假成真"的法则，达到"虽由人作，宛自天开"的效果。其中，"有真有假"是掇山的必要性；"做假成真"是掇山的具体要求；"宛自天开"是掇山的目标。要达到"做假成真"、"宛自天开"，在掇山时必须注意以下七个方面。

1. 山水结合，相得益彰

中国园林把自然风景看成一个综合的生态环境景观。山水又是自然景观的主要组成。而自然山水的轮廓和外貌是互相联系和互相影响的。"水无山不流，山无水不活"，如果片面强调掇山叠石，忽略其他因素，必然会导致"枯山"而缺乏活力。江苏苏州拙政园中部以水为主，但池中又造山作为对景，山体再为水池的支流分割成为主次分明、密切联系的两座岛山，形成了"山水结合，刚柔相济，动静结合"的景观，同时也奠定了拙政园的地形基础。

2. 选址合宜，选山得体

《园冶·相地》一节中谓："如方如形，似扁似曲。如长弯而环壁，似扁阔以铺云。高方欲就亭台，低凹可开池沼。卜筑贵从水面，立基先究源头。疏源之去由，察水之来历"，就很好地指出了在自然式园林中，在什么位置造山、造什么样的山、采用哪些山水地貌组合，都必须结合相地、选址，因地制宜地把主观要求和客观条件的可能性以及其他所有园林组成要素作统筹安排。如河北承德避暑山庄，在澄湖中设有"青莲岛"，岛上建有仿浙江嘉兴南湖的"烟雨楼"，而在澄湖东部辟有仿江苏镇江金山寺的"小金山"，既模拟了名景，又根据立地条件作了很好的具体处理，达到因地制宜、"构园得体"的效果。

3. 功于因借，混假于真

"功于因借，混假于真"就是充分利用自然山水环境，在"真山"附近造假山，取得"真假难辨"的造景效果。如位于江苏无锡惠山东麓的"寄畅园"借九龙山、惠山于园内远景，在真山前面造假山，达到如同一脉相贯的效果。

4. 主次分明，相辅相成

所谓"先立宾主之位，次定远近之形，然后穿凿景物，摆布高低"，就是在假山布置时要先立主体，然后依次作配，突出主景。布局时应先从园之功能和意境出发，并结合用地特征来确定宾主之位，处理好假山的主从关系，且切忌不顾大局和喧宾夺主。

5. 三远变化，移步换景

假山在处理主次关系的同时还必须结合"三远"的理论来安排。宋代郭熙在《林泉高致》中写道："山有三远。自山下而仰山巅谓之高远；自山前而窥山后谓之深远；自近山而望远山谓之平远"，又说："山近看如此，远数里看又如此，远数十里又如此，每远每异，所谓山形步步移也。山正面看如此，侧面看又如此，背面看又如此，每看每异，所谓山形面面看也"，见图5-4-2。

在处理假山三远变化时，高远、平远比较容易，而深远由于要求在游览路线上能给山体层层深厚的观感，因此不容易处理。另外，假山不同于真山，多为中近距离观赏，因此在处理时必须靠控制视距才能奏效。

6. 远看山势，近观石质

假山堆叠既要体现整体布局、整体结构，也要重视堆叠山石的细部处理。"远看山势"中的"势"是指山的轮廓、山的形态、山的走向；"近观石质"中的"质"是指山石的自然形态、轮廓、质地、色泽、纹理，以及山石的组合、镶石与勾缝等。

7. 寓情于石，情景交融

掇山很重视内涵与外表的统一，常采用象形、比拟和激发联想的手法造景。所谓"一池三山"、"片山有致，寸石生情"，就是要求掇山讲究"弦外之音"，就像江苏扬州个园四季假山将一年四季的景色寓意在山石景物之中。

  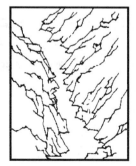

高远，自山下仰山巅　　平远，自近山望远山　　深远，自山前窥山后　　图5-4-2　山之三远

5.4.3 假山的平面设计

1. 假山的平面形状设计

假山的平面形状设计实际上就是对由山脚线所围合成的一块地面形状的设计。山脚线就是山体的平面轮廓线。山脚平面轮廓线形设计，在造山实践中被叫做"布脚"。在布脚时应注意以下要点：

（1）山脚线应当设计为回转自如的曲线形状，尽量避免成为直线。

（2）山脚线凸出或凹进的程度，应根据山脚的材料而定。其中，石山山脚凸出或凹进的程度可适当大些；而土山山脚的凹凸程度应小一些，曲线半径一般不要小于 2m。

（3）山脚线所合围的假山平面形状要自然，不要成为几何形，如圆形、卵形、椭圆形、矩形等。

（4）要注意山体结构的稳定，最好将山体设计成有余脉的形状。

2. 假山平面变化的手法

假山的平面设计是立面设计的基础。假山平面设计必须根据场地环境和地形变化来进行。假山平面变化方法主要有以下五种。

（1）转折

假山的山脚线、山体余脉，甚至整个假山的平面形状，都采取转折的方式进行山势的回转。见图 5-4-3（a）。

（2）错落

假山的山脚凸出点和山体余脉部分采取左右错落、前后错落、深浅错落、长短错落、曲直错落等方式，使相互间不规则地错开。见图 5-4-3（b）。

（3）断续

假山的主体是一个连续、完整的部分，但在假山前后、左右等边缘处有一些大小不等的小块山体与假山主体断开。见图 5-4-3（c）。

（4）延伸

在假山山脚处向外延伸、在假山山沟处则向内延伸。延伸的距离长短、形状的曲直、开口的宽窄等根据环境情况而定。假山山脚的延伸处理，不仅可以使山景具有层次感，而且使假山形成山脉连绵不断、山景深不可测的景象。见图 5-4-3（d）。

（5）环抱

将假山的山脚线向内凹进，或将两条假山的余脉向前伸出，利用局部地区半闭合的环抱之势空间，形成比较幽静的独立空间。见图 5-4-3（e）。

假山平面图例见图 5-4-4。

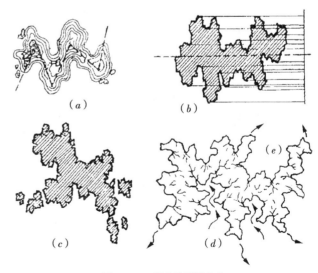

图 5-4-3 假山的平面变化

（a）转折；（b）错落；（c）断续；（d）延伸；（e）环抱

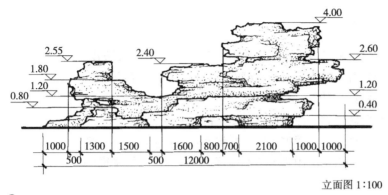

立面图 1:100

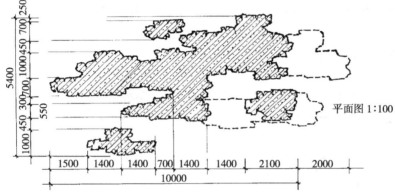

平面图 1:100

图 5-4-4 假山平面设计、立面设计图示例

5.4.4 假山的立面设计

1. 假山立面设计造型

假山的立面造型，主要是解决假山的山形轮廓、立面形状姿态、山体各部的比例尺度，因此在进行假山立面造型时必须遵循"多样统一（边与顺）"、"层次分明（深与浅）"、"看山看脚（高与低）"、"动静相济（态与势）"、"虚实相生（藏与露）"、"情景交融（意与境）"等六大规律。

同样，为了在假山造型过程中，避免一些不符合审美原则、有损假山艺术形象的情况出现，应该注意"对称居中"、"重心不稳"、"杂乱无章"、"纹理不顺"、"铜墙铁壁"、"刀山剑树"、"鼠洞蚁穴"、"叠罗汉"等八种禁忌。见图5-4-5。

对称居中　　重心不稳　　杂乱无章

纹理不顺

刀山剑树

铜墙铁壁

鼠洞蚁穴　　　　　　叠罗汉

图 5-4-5 假山造型八禁

2. 假山立面设计内容

一般要设计假山的主立面和一个重要的侧立面，而背面以及其他立面则在施工中现场确定。

3. 假山立面设计步骤

假山立面设计的基本步骤见图5-4-6，具体步骤可分为以下八步进行。

（1）确立意图

在确立意图时必须确定以下三个内容：

1）确定假山的基本造型方向。

2）确定假山控制高度、宽度以及大致的工程量。

3）确定假山所用的石材。

（2）先构轮廓

勾画假山的轮廓时应该按照以下步骤进行：

1）确定一个大致的比例。

2）在预定的山高和宽度制约下绘出假山的立面轮廓图，轮廓线的形状要符合假山石材的轮廓特征。

3）为了表明假山立面的形状变化和前后层次距离感，在外轮廓图形以内添画上山内轮廓线。画内部轮廓线应从外轮廓线的一些凹陷点和转折点落笔。

4）再根据设想的前后层次关系绘出前后位置不同的各处小山头、陡坡或悬崖的轮廓线。

（3）反复修改

在初步构成立面轮廓后，对轮廓的悬挑、下垂部分、山洞等内容从力学的角度出发，按照现有技术条件进行修改。

（4）确定构图

在经过反复修改后，立面轮廓得以确定，可进入构图工作。

（5）再构皱纹

在立面轮廓确定后，要根据山石材料表面的天然皱折纹理的特征绘出凹凸、皱折、纹理形状。

（6）增添配置

采用简画法，将假山上需要增添的植物、观景平台、山路、亭廊等配置，按照尺寸大小，表现出增添配置内容的基本形状特征。

（7）画侧立面

对假山的一个重要的侧立面进行设计，并画出侧立面。

（8）完成设计

将平面图与立面图相互对照，检查其形状上的对应关系，最后标注尺寸和高程。

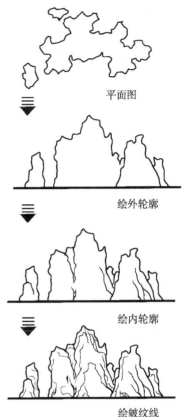

图 5-4-6 假山立面设计步骤

平面图

绘外轮廓

绘内轮廓

绘皱纹线

5.4.5 假山基础的设计

1. 假山基础的类型

（1）桩基础：是用木桩或混凝土桩打入地基做成的假山基础。这种基础主要用在土质疏松或新的回填土的地方。

（2）混凝土基础：是采用混凝土浇筑成的假山基础。这种基础抗压强度大，能在潮湿的环境中使用。

（3）灰土基础：是采用石灰与泥土混合所做成的假山基层。这种基础抗压强度不很高，在地下水位高、土壤潮湿的地方应用有困难。

（4）浆砌块石基础：是采用水泥砂浆或石灰砂浆砌筑块石做成的假山基础。这种基础抗压强度较大，能适应水湿环境。

（5）灰桩基础：是在地面上均匀地打孔，再用石灰填满孔洞，并压实，而构成的一种假山基础。这种基础耐压强度不高，一般用作小体量假山的简易基础。

（6）石钉夯土基础：是用尖锐的石块密集打入地面，使土壤被挤得紧实，再在其上铺一层素土或灰土夯实而成的假山。这种基础抗压强度不高，一般用来作为低山的基础。

2. 假山常用基础的设计

（1）桩基础的设计

桩基础是用直径 10~15cm，长 1~2m，下端为尖头状的杉木桩或柏木桩、混凝土桩。见图 5-4-7（a）。

（2）混凝土基础的设计

混凝土基础最底下是素土地基，应夯实。素土夯实层上，可做一个砂石垫层，厚 30~70cm。垫层上面即为混凝土基础层，在陆地上可设计为 100~120mm，用 C15 混凝土，或按 1：2：4~1：2：6 的比例；在水下，可设计为 500mm 左右，用 C20 混凝土。见图 5-4-7（b）。

（3）灰土基础的设计

灰土基础是用石灰和素土按 3：7 的比例混合作基础材料。如高度在 2m 以上的假山，可设计为一步素土加两步灰土（灰土每铺一层厚度为 30cm，夯实到 15cm 厚时，则称为一步灰土）；2m 以下的假山，可按一步素土加一步灰土设计。见图 5-4-7（c）。

（4）浆砌块石基础的设计

浆砌块石基础是用夯实土作基础。在地基上铺 30mm 厚的粗砂作找平层。基础用 1：2：5 或 1：3 的水泥砂浆砌一层块石，厚度为 300~500mm；水下砌筑水泥砂浆比例为 1：2。见图 5-4-7（d）。

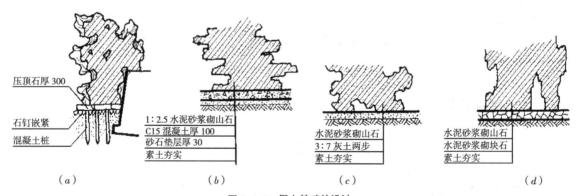

图 5-4-7　假山基础的设计
（a）桩基础；（b）混凝土基础；（c）灰土基础；（d）浆砌块石基础

5.4.6 假山山脚的设计

假山的山脚主要形式有凹进脚、凸出脚、断连脚、承上脚、悬底脚、平坂脚等六种造型。在设计时山脚在外观和结构上作为山体向下的延续部分，因此不论采用哪种山脚造型，都应该与山体保持统一。

凹进脚：山脚向山内凹进，脚坡做成直凸出脚立、陡坡或缓坡均可，见图 5-4-8（ a ）。

凸出脚：山脚向外凸出，脚坡可做成直立状或坡度较大的陡坡状，见图 5-4-8（ b ）。

断连脚：山脚向外凸出，凸出的端部与山脚本体部分似断似连，见图 5-4-8（ c ）。

承上脚：山脚向外凸出，凸出部分的上方的山体悬垂，见图 5-4-8（ d ）。

悬底脚：局部地方的山脚底部做成低矮的悬空状。这种山脚最适于用在水边，见图 5-4-8（ e ）。

平坂脚：片状、板状山石连续地平放山脚，做成如同山边小路一般的造型，见图 5-4-8（ f ）。

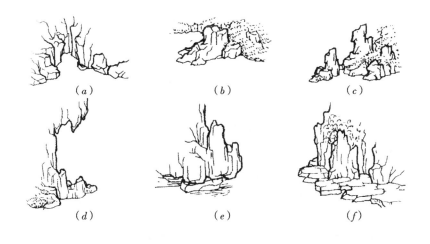

图 5-4-8　假山山脚造型
（ a ）凹进脚；（ b ）凸出脚；
（ c ）断连脚；（ d ）承上脚；
（ e ）悬底脚；（ f ）平坂脚

5.4.7 假山山体内部的结构设计

假山山体内部的结构形式主要有环透式结构、层叠式结构、竖立式结构和填充式结构四种。

1. 环透式结构

具有环透式结构的假山要求孔洞密布、穿眼嵌空，显得玲珑剔透。因此，石材一般选用太湖石和石灰岩风化形成的怪石。在叠山时为了突出石材的环透特征，一般多采用拱、斗、安、搭、连、飘手法，以便做出更多的空隙、洞眼、穴窝、环纹、曲线、通透形象，见图 5-4-9。

2. 层叠式结构

具有层叠式结构的假山体形厚重、孔洞较少，立面层次感丰富，具有浑厚、凝重、坚实的景观效果，见图 5-4-10。因此，石材一般多选用片状的山石。

图 5-4-9　环透式结构

图 5-4-10　层叠式结构

图 5-4-11　竖立式结构

层叠式结构根据叠石时山石与水平线的角度还可分为水平层叠和斜面层叠两种。

（1）水平层叠：具有水平层叠结构的假山，每块山石都采用水平状态叠砌，假山立面的主导线都是水平线，山石向水平方向延伸。

（2）斜面层叠：具有斜面层叠结构的假山，山石成斜向叠砌，山石的纵轴与水平线一般形成 10°~30° 的夹角，最大不能超过 45°。

3. 竖立式结构

具有竖立式结构的假山山体挺拔、雄伟、高大；山体表面的沟槽和主导皱纹都是从下至上竖立着的，见图 5-4-11。因此，石材一般多选用质地粗糙或石面密布小孔的条状或长片状的山石。

竖立式结构根据叠石时山石与水平线的夹角可分为直立结构和斜立结构两种。

（1）直立结构：具有直立结构的假山，山石全部采取直立状态叠砌，山体表面的沟槽和主导皱纹相互直立、平行。

（2）斜立结构：具有斜立结构的假山，山石绝大部分采取斜立状态，山体的主导皱纹也是斜立的，山石与水平线的夹角在 45° 以上，90° 以下。

4. 填充式结构

具有填充式结构的假山一般多为土山、带土石山。根据山体内部填充的材料可分为填土结构（山体内部堆填的全部是泥土）、砖石填充结构（山体内部堆填的是无用的碎石、石块、建筑渣土等）和混凝土填充结构（填充按 1：2：4~1：2：6 的比例配制而成的混凝土）三种。

5.4.8　假山的山顶设计

山顶是假山立面上最突出的部位，也是观赏视线相对集中的地方，因此关系到整个假山的景观艺术效果。根据假山山顶的造型，可将假山山顶分为峰顶、峦顶、崖顶、平山顶四种形式。

1. 峰顶

峰顶又有分峰式、合峰式、剑立式、斧立式、流云式、斜立式之分，见图 5-4-12。

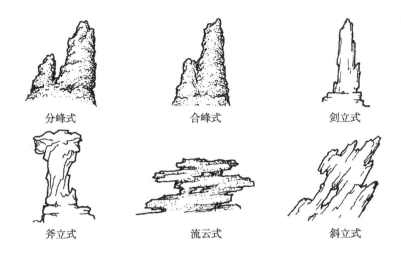

分峰式　　　　　　　合峰式　　　　　　剑立式

斧立式　　　　　　　流云式　　　　　　斜立式

图 5-4-12　峰顶的收顶方式

（1）分峰式："分峰"是指一座山体上用两个以上的峰头收顶。一般峰体面积比较大时常考虑采用分峰式进行假山收顶。在处理分峰时要注意在突出主峰的情况下做到有高有低、有宽有窄。

（2）合峰式："合峰"是指在实际收顶时将两个以上的峰顶合并为一个大峰顶，次峰和小峰的顶部融合在主峰的扁坡中。在峰体面积较大，但采用分峰收顶会削弱山峰雄伟特点的情况下可采用合峰。合峰收顶时要避免在主峰两侧形成对称形状。

（3）剑立式：峰顶为单峰，外形上小下大。主要用于竖立式结构的峰顶。

（4）斧立式：为直立式状态的单峰，但外形上大下小。

（5）流云式：峰顶横向延伸。一般多用于层叠式结构的峰顶。

（6）斜立式：峰石斜立，具有明显的倾向性，动感强烈。主要用于斜立式结构的峰顶。

2. 峦顶

峦顶根据外形有圆丘式峦顶（形状为不规则的圆丘状隆起）、梯台式峦顶（形状如同不规则梯台状，主要用于山顶虽平，但面积狭小的假山收顶）、玲珑式峦顶（用许多洞眼的玲珑山石堆叠而成，主要用于环透式结构假山的收顶）、灌丛式峦顶（以灌木层的顶面构成峦顶）。

3. 崖顶设计

山崖是山体陡峭的边缘部分，它既可作为重要的山景，又是登高远眺的观景点。根据山崖的外形，主要分为平顶崖、斜坡崖和悬崖三种（图 5-4-13）。

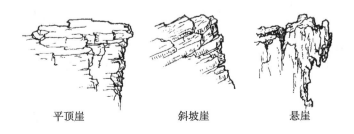

平顶崖　　　　　　斜坡崖　　　　　　悬崖

图 5-4-13　山崖收顶的方式

5.5 假山工程的施工

5.5.1 假山工程的施工用具、工具、材料

假山的施工与一般园林工程施工不同。假山的施工是在设计基础上，不断进行构思、调整、再创造的过程，并且在施工过程中停停做做，因此假山和置石在施工过程中以手工工具为主，机械化机具为辅。

1. 常用机械

假山施工过程中主要作机械有推土机、打夯机（电动）、混凝土搅拌机、铲车、吊装机械等。其中，推土机和打夯机（电动）主要作堆土堆山、平整地基、夯实地基之用；混凝土搅拌机用来搅拌混凝土；铲车主要用于转运较大的山石。而吊装机械是假山和置石工程施工过程中最常用的机械设备。

（1）起重机

在大型假山工程中，常用部分巨形山石来增强假山的整体感，因此必须配备起重机。但一些小于1t重的山石一般用其他方法起重。

（2）吊称起重架

吊称起重架实际上是由两根主杆和一根臂杆组合而成，是一种可作大幅度旋转的吊装设备。

架设时要在距离吊装中心的适当位置的地面上挖两个深约30~50cm的坑，然后将直径15cm以上的杉杆插入坑中作为主杆。主杆的基部用较大的石块围住压紧，使其不能移动；主杆的上端则用大绳或8号镀锌钢丝6~8股（每2~4根8号镀锌钢丝为一股）均匀地拉向周围地面，用长50cm、粗30mm的铁桩固定。固定时固定铁桩下端的尖头在主杆的外侧斜着打入地面。然后，在主杆的上部适当的位置吊拴直径为12cm以上的臂杆，见图5-5-1（a）。利用杠杆原理可吊起山石，安放至适当的位置。

（3）起重绞磨机

起重绞磨机必须在地上立一根杉杆，杆顶用四根大绳拴牢，杉杆的上部拴上一个滑轮，在地上需要安装第二个滑轮。使用时再用一根大绳或钢绳从杉杆顶部的滑轮穿过，使大绳的一端拴吊住山石。将大绳的另一端穿过固定在地面上的滑轮与绞磨机相连。转动绞磨机，山石就被吊起，见图5-5-1（b）。每根大绳各由一个人从四个方向拉紧，并服从统一指挥，这样既能扯住杉杆，又能随时调节大绳的松紧，以便吊起的山石作水平方向的移动。

（4）捯链

捯链需要用两根杉杆，杉杆上端用大

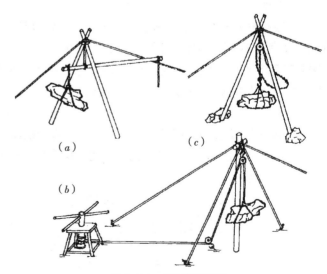

图5-5-1　山石起重方法
（a）吊秤起重；（b）绞磨机起重；（c）捯链起重

绳扎紧，杉杆的下端杆脚分开，做成杆架。然后，在杆架的上端拴两根大绳，从杆架的前后凉后方向拉住杆架。最后将手动捯链挂在杆顶，拉动铁链就可吊起山石。吊起的山石可通过拉紧或松动大绳的和移动杆架的杆脚，就可调整和移动山石的水平位置。见图5-5-1（c）。

2. 工具

假山和置石工程施工过程中主要的工具有以下几种。

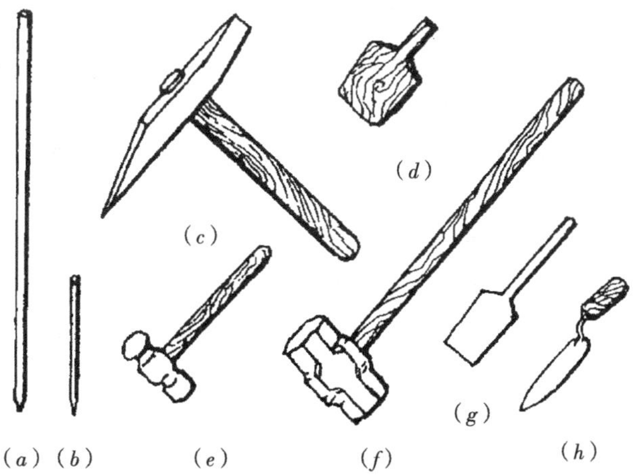

（1）大钢钎

用钢筋制成，下端加工为尖头形。长度为1~1.4m，直径在30~40mm之间。主要用来撬动大山石，见图5-5-2（a）。

（2）錾子

用钢筋制成的小钢钎，下端加工为尖头形。长度为30~50cm，直径16~20mm。主要用于在山石上开槽、打洞。见图5-5-2（b）。

（3）琢镐

是一种丁字形的小铁镐。镐的一端是尖头，可用来凿击需要整形的山石；另一端是扁平如斧状的刃口，主要用来砍、劈加工山石。见图5-5-2（c）。

（4）灰板和砖刀

主要用来挑取水泥砂浆。见图5-5-2（d）、（g）。

（5）榔头和铁锤

主要用于敲打修正石形，或者稳固山石时对平稳垫片的打刹。一般多用24磅、20磅、18磅。见图5-5-2（e）、（f）。

（6）柳叶抹

抹缝的专用工具。见图5-5-2（h）。

（7）竹刷

在用水泥砂浆粘合山石前，需要将山石表面的泥土洗刷干净，或用于山石拼叠时水泥缝的扫刷。

（8）钢丝钳

用于剪断捆扎山石和裸露在山石外面的镀锌钢丝。

（9）粗麻绳

主要用于捆绑山石进行吊装、抬运。用粗麻绳来吊装或抬运山石既牢固，又防滑，还易结扣。在用麻绳打结扣时必须做到既要结紧，又要易解，还要不滑动。图5-5-3所示为山石的吊拴方法。图5-5-4所示为山石的抬运方法。

图5-5-2　假山和置石施工的几种工具
（a）大钢钎；（b）錾子；（c）琢镐；（d）灰板；
（e）榔头；（f）铁锤；（g）砖刀；（h）柳叶抹

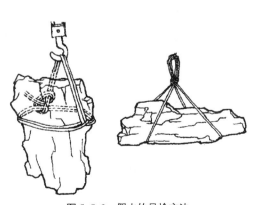

图5-5-3　假山的吊拴方法

（10）钢筋夹和支撑棍

主要用于临时性支撑和稳固山石，以方便假山山石的拼接和堆叠。

（11）脚手架和跳板

当假山堆砌到一定高度后，施工难度就会增加，必须搭设脚手架和跳板，才能继续施工。

（12）杆棒

用于搬抬，单根杆棒一般负荷重量在200kg左右。在南方一般用直径6~8cm，节间长6~11cm的毛竹作为材料制成长1.8m的杆棒；在北方一般用木材制成，其中最好的材料是黄檀木。

（13）撬棍

撬棍是指用粗钢筋或六角空心钢制成长约1~1.6m不等的直棍段，在其两端各锻打成扁宽楔形，与棍身成45°~60°不等的棍头。

另外，在假山和置石工程施工时还需要经常使用的工具有灰铲、箩筐、灰桶、铁勺、锄头、水管、扫帚、木尺、卷尺等。

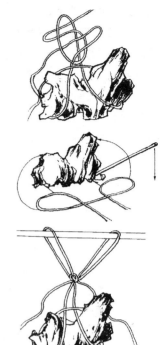

图5-5-4　假山的抬运方法

3. 材料

在假山和置石工程施工过程中所需要的主要材料有以下几种。

（1）水泥

园林假山工程施工中一般使用最普通的硅酸盐水泥和矿渣复合水泥。

（2）砂

砂可分为山砂、河砂、海砂，其中以含泥少的河砂质量最好。由于以粗砂配制而成的水泥砂浆与山石的质地相接近，因此，在配制假山胶结材料时尽量选用粗砂。

（3）石灰

石灰一般与黏土按3∶7的比例混合，配制成灰土作为假山的基础。

（4）颜料

主要用于一些颜色比较特殊的山石胶合缝口的处理，或在塑山和塑石的时候往往用颜料来为水泥配色。常用的颜料颜色有炭黑、氧化铁红、柠檬铬黄、氧化铬绿、钴蓝。

（5）砾石

假山混凝土基础和混凝土填充物中需要用到直径为2~7cm，表面光滑、颗粒饱满、无泥土的卵石和砾石。

（6）镀锌钢丝

一般为8号与10号镀锌钢丝。主要用于捆扎固定山石。

（7）山石内部铁活固定设施

山石内部铁活固定设施有铁爬钉（用熟铁制成）、银锭扣（为生铁铸成，有大、中、小三种规格）、铁扁担（两端成直角上翘，翘头略高于所支撑石梁的两端）、铁吊架（用钢筋或熟铁制成，有马蹄形吊架和叉形吊架两种）等，见图5-5-5。

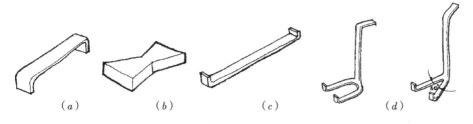

图 5-5-5 铁活固定设施
（a）铁爬钉；（b）银锭扣；
（c）铁扁担；（d）铁吊架

5.5.2 假山施工准备

1. 施工材料的准备

（1）石材的准备

根据设计意图：首先确定山石的种类。再根据设计图纸估算山石的用量。山石的备料应该在估算量的基础上增加 1/4~1/2。同时，对山石的形状进行选择。尽量选择石形变异大、空洞多的山石。另外，长形山石也应多选择一些。最后，山石应全部运进施工现场，将形状最好的一个石面面向着上方放置。山石在现场不能堆叠在一起放置，而要平摊在施工场地周围，以备待选。

（2）机械与工具准备

根据假山工程施工量的大小，确定施工中所用的起重机械；制订起重机械使用计划；准备起重机械和足够数量的手工工具。

（3）辅助材料准备

假山和置石工程施工前要将水泥、砂石、石灰、镀锌钢丝等主要辅助材料准备好，堆放在施工现场。水泥的准备量按山石用料量的 1/10~1/5 准备；砂石的准备量按山石的 1/5~1/3 准备；镀锌钢丝的准备量按每吨山石 1.5~3kg 准备；石灰的准备量要根据具体的基础设计情况推算求出。

另外，还要根据山石质地的软硬情况适量准备铁爬钉、银锭扣、铁吊架、铁扁担等山石内部结构设施。

（4）假山工程量计算

假山工程量一般以设计的山石实用吨位数为基数来推算，并以工日数来表示。

在精细施工条件下，应为 0.1~0.2t/ 工日；在大批量粗放施工情况下，则应为 0.3~0.4t/ 工日。

2. 假山的定位与放线

熟悉图纸，根据设计图纸在地面上进行假山的定位和放线。首先在假山周围环境中找到可以作为定位依据的建筑边线、围墙边线或园路中心线。然后在假山平面设计图上按 5m×5m 或 10m×10m（小型的石假山也可用 2m×2m）的尺寸绘出方格网（注意：第一步和第二步操作步骤可以颠倒），标出方格网的定位尺寸。再将方格网放大到施工场地的地面。在假山占地面积不大的情况下，方格网可直接用白灰画到地面；在假山占地面积较大的假山工程中，可用测量仪器将各方格交叉点测设到地面。在方格网交叉点上钉下坐标桩。用几条细绳拉直连上各坐标桩，表示地面的方格网。用白灰对应设计图中的山脚线在地面方格网中绘出轮廓线。由于基础施工比假山的外形要宽，放线时应根据设计适当放宽。

5.5.3 假山基础的施工

基础施工应根据设计要求进行，假山基础一般有桩基础、混凝土基础、浆砌块石基础、灰土基础等。

1. 桩基础的施工

桩基础可以分为三个步骤进行操作施工：

第一步，打桩。打桩要使桩木按梅花形排列；桩木和桩木之间的间距约为20cm；桩木顶端可露出地面或湖底10~30cm。

第二步，嵌石。在桩木和桩木之间用小块石嵌紧嵌平。

第三步，压顶。用平正的花岗石或其他石材一层压在桩木顶上，作为桩基的压顶石，或者用一步灰土平铺并夯实在桩基的顶面做成灰土桩基压顶。

2. 混凝土基础的施工

混凝土基础可以按照以下四个步骤操作施工：

第一步，挖掘基础槽坑。挖掘范围按地面的基础施工边线；深度按设计的基础层厚度，若在水下做假山，基槽的顶面应低于水底10cm左右。

第二步，夯实底面。

第三步，做好垫层。垫层用砂子作为材料，厚度约30cm。

第四步，将水泥、砂和卵石搅拌配制成混凝土，浇筑于基槽中并捣实铺平。

3. 浆砌块石基础的施工

浆砌块石基础可以按以下步骤进行操作施工：

第一步，挖基槽。基槽宽度要比假山底面宽50cm左右。

第二步，夯实槽底。将槽底地面夯实。

第三步，做垫层。用碎石：灰土 =3：7 或水泥：干砂 =1：3 铺在地面作垫层。

第四步，做基础层。用棱角分明、质地坚实、大小不等的块石作基础层。

第五步，用水泥砂浆砌筑块石。

4. 灰土基础的施工

灰土基础可以按以下步骤进行操作施工：

第一步，挖基槽。基槽深度为 50~60cm，宽度需要超出假山山脚线 50cm。

第二步，夯实槽底。将槽底地面夯实。

第三步，做基础。填满灰土作基础。灰土基础所用石灰应选新出窑的块状灰，在施工现场浇水化成细灰后再使用。灰土中的泥土一般就地采集素土，泥土应整细，干湿适中，黏性稍好。灰土充分混合，铺一层（一步）就要夯实一层，顶层夯实后，将表面找平。

5.5.4 假山山脚的施工

1. 拉底

所谓拉底，就是在山脚线范围内砌筑第一层山石，即做出垫底的山石层。假山的拉底方式有满拉底和周边拉底两种。满拉底是在山脚线的范围内用山石满铺一层。这种拉底适宜山底面积较小的假山，或有冬季膨胀破坏地方的假山。周边拉底即是先用山石在假山山脚沿线砌成一圈垫底石，再用乱石、碎砖、泥土将石圈内全部填起来，压实后成为垫底的假山底层。

一般假山山脚线的处理方式主要有露脚和埋脚两种。露脚处理假山山脚线的方式就是在地面上直接做起山底边线的垫脚石圈，使整个假山就像是放在地上似的。埋脚处理假山山脚线的方式就是将山底周边垫底山石埋入土下约20cm深，可使整座假山仿佛是从地下长出来的。

拉底的技术要求主要有以下六个方面的要点。

（1）拉底时要统筹向背，扬长避短

根据游览路线，确定假山观赏面的主次关系，将主要观赏视线方向的画面作为主要朝向，进行精细处理，然后兼顾次要朝向，简化处理视线不可及的一面。

（2）拉底不得用风化过度的松散的山石

由于风化过度的松散的山石耐压性能不高，而且拉底的山石上面还要堆叠山石，因此拉底的山石不能使用过度风化的山石。

（3）拉底的山石底部要垫平垫稳，保证不能摇动

拉底的山石一定要求大而水平的面向上，以便继续在上面堆叠山石。因此，为了保证山石的水平面向上、保持中心稳定，可在山石的底部进行捶、垫。

（4）拉底的山石与山石之间要紧连互咬，扣合在一起

拉底的山石必须一块块山石紧密相连。接口一定要相互咬合，尽量做到严丝合缝，使山石连成一个整体。对于大山石之间的空隙，可以用小块山石打入空隙加以处理。

（5）拉底的山石与山石之间要进行不规则的断续相间，有断有连

拉底的山石所构成的外观不是连绵不断的，而是要做出"下断上连"、"此断彼连"等各种变化。

（6）拉底时边缘部分要有错落变化，使山脚线弯曲时有不同的半径

拉底的山石轮廓一定要打破一般砌墙的观念，要破平直为曲折，变规则为错落。在平面上的形状要有不同间距、不同宽度、不同角度、不同转折半径、不同支脉的变化。

2. 起脚

拉底之后，在垫底的山石层上开始砌筑假山，叫"起脚"。起脚一定要控制在地面山脚线的范围内，宁可向内收一点，也不要向山脚线外突出；起脚时山石要选择质地坚硬、形状安稳、少有空穴的材料，一般先砌筑凸出点的山石，再砌筑直线和凹进线处的山石。

3. 做脚

在假山的上面部分山形山势大体施工完成以后，于紧贴起脚石外缘部分拼叠山脚。做脚的方法一般有以下三种。

（1）点脚法

点脚就是先在山脚处用山石做成相隔一定距离的点，在点与点之上再用片状石或条状石盖上。在采用这种方法进行点脚时要注意点与点要相互错开，两者之间的距离要有变化。见图5-5-6（a）。

（2）连脚法

就是做山脚的山石依据山脚的外轮廓变化，成曲线状起伏连接，使山脚具有连续、弯曲的线形。在采用这种点脚方法时要注意山石必须前后错开。见图5-5-6（b）。

（3）块面脚法

这种山脚也是连续的，但做出的山脚线呈现大进大退的现象，而不是连脚那样小幅度的曲折变化。见图5-5-6（c）。

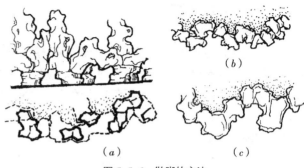

图 5-5-6　做脚的方法

（a）点脚法；（b）连脚法；（c）块面脚法

5.5.5　山石的固定与衔接

1. 支撑

支撑固定针对大而重的山石。支撑材料以木棒为主。在支撑时，以木棒的上端顶着山石的某一凹处，木棒的下端则斜着落在地面，并用一块石头将棒脚压住。一般每块山石都要用2~4根木棒支撑，见图5-5-7。

2. 捆扎

捆扎适宜体量较小山石的固定。捆扎材料一般采用8号或10号的镀锌钢丝。

用单根或双根镀锌钢丝做成圈，套上山石，并在山石的接触面垫上或抹上水泥砂浆后再进行捆扎。捆扎时镀锌钢丝圈先不必收紧，应适当松一点；然后再用小钢钎（錾子）将其绞紧，使山石无法松动，见图5-5-7。

3. 铁活固定

铁活固定设施常用生铁、熟铁、钢筋制成。常见的有铁爬钉固定、银锭扣固定、铁吊架固定和铁扁担固定四种方式。

（1）铁爬钉固定

对质地比较松软的山石一般采用铁爬钉进行固定。在固定时用铁爬钉打入两相连接的山石上，将两块山石紧紧地抓在一起，每一处连接部位都应打入2~3个铁爬钉，见图5-5-8。

（2）银锭扣固定

对质地坚硬的山石连接一般采用银锭扣进行固定。固定时先在地

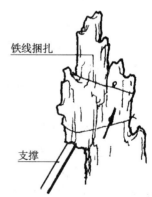

铁线捆扎

支撑

图 5-5-7　支撑和捆扎

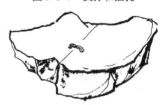

图 5-5-8　铁爬钉固定

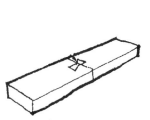

图 5-5-9　银锭扣固定

图 5-5-10　铁吊架固定

图 5-5-11　铁扁担固定

图 5-5-12　刹垫和填肚

面用银锭扣连接好，再作为一整块山石用在山体上，见图 5-5-9。

（3）铁吊架固定

在山崖边安置坚硬山石一般采用铁吊架进行固定，见图 5-5-10。

（4）铁扁担固定

多用于加固山洞，作为石梁下面的垫梁。见图 5-5-11。

4. 刹垫

"刹垫"是用平稳小石片将山石底部垫起来，使山石保持平稳状态的方法。

操作时先将山石的位置、朝向、姿态调整好，再把水泥砂浆塞入石底。然后用小石片轻轻打入不平稳的峰石中，直到石片卡紧为止（图 5-5-12）。

一般在石底周围要打进 3~5 个石片。

5. 填肚

所谓填肚，就是用水泥砂浆把山石接口处的缺口填补起来（见图 5-5-12）。填肚时一直要填到与石面平齐为止。

5.5.6　山石透环与层叠的叠石手法（图 5-5-13）

1. 安

"安"是安置山石的总称，是将一块山石平放在一块至几块山石之上的叠

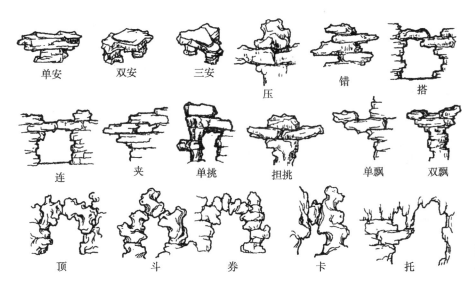

图 5-5-13　山石透环与层叠的叠石手法

石方法。其中，把山石安放在一块支承石上面的称为单安；以两块支承石做脚而安放山石的形式称为双安，形成下断上连，构成洞、岫等变化；将山石平放在三块分离的支承石之上的称为三安。

2. 压

"压"是用重石镇压悬崖后部或出挑山石的后端。这种方法主要是为了稳定假山悬崖或使出挑的山石保持平衡。

3. 错

即错落叠石，上石和下石采取错位相叠，而不是平齐叠放。错可以使层叠的山石变化更多。

为了强化山体参差不齐的形状和使山体更富于凹凸变化，错有山石向左右方向错位堆叠的"左右错"，也有山石向前后方向错位堆叠的"前后错"。

4. 搭

"搭"是用长条形石或板状石块跨过其下方两边分离的山石，并盖在分离山石之上的叠石手法。

5. 连

"连"是指平放的山石与山石在水平方向上衔接。相连的山石在其连接处的槎口形状和石面皱纹要尽量相互吻合。

6. 夹

"夹"是指在上下两层山石之间，塞进比较小块的山石，并用水泥砂浆固定住，在两层山石之间做出洞穴或孔眼的手法。

7. 挑

"挑"是指利用长形山石作挑石，横向伸出于其下层山石之外，并以下层山石支承重量，再用另外的重石压住挑石的后端，使挑石平衡地挑出的叠石手法。

在出挑中，挑石的伸出长度一般可为其本身长度的1/3~1/2。挑出一层不够远，则继续挑出一层至几层。只有一层的山石出挑称为"单挑"；有两层以上的山石出挑称为"重挑"；有两块挑石在独立的支座石上背向着从左右两方挑出，其后端由同一块重石压住的称为"担挑"。

8. 飘

当出挑山石的形状比较平直时，在其挑头置一小石如飘飞状，可使挑石变得生动，这种叠石手法称为"飘"。

"飘"的形式有"单飘"和"双飘"两种。只在挑头设置一块飘石的称为"单飘"；在平放的山石上，于其两个端头各设置一块飘石的称为"双飘"。"双飘"又称"担飘"，在设置时一定要注意两块飘石要有对比，不能成对称状。

9. 顶

立在假山上的两块山石，相互以其倾斜的顶部靠在一起的叠石手法称为"顶"。"顶"的叠石手法主要用于一般孔洞。

10. 斗

用分离的两块山石的顶部，共同顶起另一块山石，称为"斗"。"斗"主要用于透穿的孔洞。

11. 券

"券"又可称为"拱券"。是用山石作为券石来起拱做券。

12. 卡

"卡"是在两个分离的山石上部，用一块较小的山石插入两石之间的楔口而卡在其上，从而达到将两石上部连接起来的叠石方法。

13. 托

从下端伸出山石，去托住悬、垂山石的做法称为"托"。

5.5.7　山石竖立的叠石手法（图5-5-14）

1. 剑

"剑"是用长条形峰石直立在假山上，作假山山峰的收顶石或作为山脚、山腰的小山峰，使山峰直立如剑，挺拔峻峭。

2. 榫

"榫"利用在石底石面凿出的榫头与榫眼相互扣合，将高大的峰石立起来，见图5-5-15。一般多用于单峰石。

3. 撑

"撑"又可称为"戗"，它是在重心不稳的山石下面，用另外的山石加以支撑，使山石稳定，并在石下造成透洞。在堆叠时要使支撑石与其上面的山石连接成为一个整体，绝不能为了支撑而支撑。

4. 接

将短石连接为长石称为"接"，山石之间竖向衔接也称为"接"。

当两块山石的接口平整时可以接。如果山石的接口虽不平整，但两石的槎口凹凸相吻合者也可相接。接石一般是同纹相接，只有这样才能使接口在外观上做到山石皱纹连接。

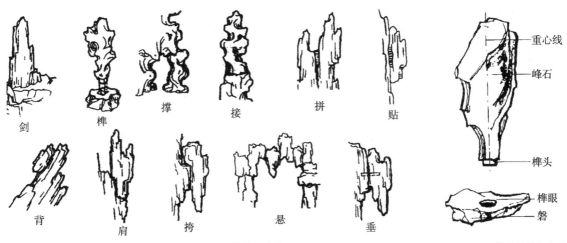

图5-5-14　山石竖立的叠石手法　　　　图5-5-15　榫的结构与安装

5. 拼

用小石组合成大石的技法称为"拼"。"拼"主要用于直立或斜立的山石之间相互拼合。

6. 贴

在直立大石的侧面附加一块小石称为"贴"。它使过于平直的大石石面形状有所变化。

7. 背

在采用斜立式结构的峰石上部表面附加一块较小山石的方法称为"背"。

8. 肩

在一些山峰微凸的肩部，立起一块小山石的方法称为"肩"。它能使山峰的这一侧轮廓出现较大的变化。

9. 挎

"挎"是指在山石外轮廓形状单调而缺乏凹凸变化的情况下，在立石的肩部挎一块山石的叠石手法。

在运用"挎"叠石时要充分利用挎石的槎口，使挎石的槎口相互咬压，或借上面山石的重力加以稳定，必要时在受力处用钢丝或其他铁活辅助进行稳定。

10. 悬

在下面是环孔或山洞的情况下，使某山石从洞顶悬吊下来，这种叠石方法即叫"悬"。"悬"一般常用于山洞洞顶的悬石，它能增加洞顶的变化。

11. 垂

"垂"是指山石从一个大石的顶部侧位倒挂下来，形成下垂的结构状态。

"垂"与"悬"的主要区别在于，"垂"是悬在中央，"悬"是悬在一侧。"垂"与"挎"的主要区别在于"挎"以倒垂之势取胜。

5.5.8 山石胶结与抹缝处理

1. 山石胶结

用普通灰色水泥和粗砂，按1：1.5~1：2.5的比例加水调制而成。有时为了增加水泥砂浆的和易性和对山石缝隙的充满度，可在其中加适量的石灰浆，配成混合砂浆。

在胶结之前，应用竹刷将山石石面刷洗干净，以待胶合。胶结操作的步骤如下：

第一步，调配水泥砂浆。水泥砂浆要现场配制，不能使用隔夜、已有硬化现象的水泥砂浆。

第二步，在待胶结的两块山石的胶结面都涂上水泥砂浆。

第三步，将山石相互贴合与胶结。

第四步，将两块相互贴合的山石捆扎、支撑固定好。

第五步，用水泥砂浆把胶合缝填满，不留空隙。

2.抹缝处理

抹缝工具以"柳叶抹"为工具，再配合手持灰板和盛水泥砂浆的灰桶。抹缝的方法如下。

（1）平缝

"平缝"是缝口水泥砂浆表面与两旁石面相互平齐的形式。

两块山石采用"连"、"接"或数块山石采用"拼"的叠石手法时，需要强化被胶合山石之间的整体性时，结构形式为层叠式的假山竖向缝口抹缝时，结构形式为竖立式的假山横向缝口抹缝时，采用平缝抹缝。

（2）阴缝

"阴缝"则是缝口水泥砂浆表面低于两旁石面的凹缝形式。

在需要增加山体表面的皱纹线条时，结构为层叠式的假山横向抹缝时，结构为竖立式的假山竖向抹缝时，需要在假山表面特意留下裂纹时，采用阴缝抹缝。

（3）抹缝时的技术要求

第一，抹缝不能使水泥砂浆污染缝口周围的石面；第二，尽量减少人工胶合痕迹；第三，对于缝口太宽处，要用小石片塞进填平，并用水泥砂浆抹光。

3.胶结缝表面处理

一般处理的方法是在抹缝完成后直接用扫帚将缝口表面扫干净，同时也使水泥缝口的抹光表面不再光滑，从而更加接近石面的质地。

也可采用砂子和石粉来掩盖胶合缝，抹缝之后，在水泥砂浆凝固硬化之前，用与山石同色的砂子及石粉撒在水泥砂浆缝口面上，并稍稍摁实，水泥砂浆表面就可粘满砂子。待水泥完全凝固硬化之后，用扫帚扫去浮砂即可。

5.6 园林塑山

5.6.1 园林塑山的概述

园林塑山是指在传统灰塑山和假山基础上采用混凝土、玻璃钢、有机树脂等现代材料和石灰、砖、水泥等非石材料经人工塑造的假山和假石。

塑山具有制造材料来源广泛，取用方便；造型不受石材大小和形态限制，布置灵活；施工周期短，见效快；在色彩和质感上都能取得逼真效果等特点。但塑山存在混凝土硬化后表面有细小的裂纹；塑山表面皱纹的变化不如自然山石丰富；塑山的使用期不如石材长等不足。

塑山一般分为砖骨架塑山、钢骨架塑山两大类。砖骨架塑山是以砖作为塑山和塑石的骨架，适用于小型塑山及塑石。钢骨架塑山是以钢材作为塑山和塑石的骨架，适用于大型假山。

5.6.2 塑山施工

1.基础施工

砖骨架塑山基础施工：在塑山范围内基础满打灰土或碎石混凝土。基础厚度按荷载大小设计确定。

钢骨架塑山基础施工：柱桩基础多用混凝土现浇。钢柱（或预埋件）埋入的位置和深度要得以保证。

2. 构架施工

砖骨架塑山的构造：先按照设计的山石形体，用废旧砖石材料砌筑起来（砌体的形状与设计石形差不多，砌体内可砌出空心石室），然后用钢筋混凝土板盖顶（留出门洞和通气口）。

钢骨架塑山的构造：先按设计的岩石或假山形体，用直径 12mm 的钢筋编扎成山石的模胚形状作为结构骨架（钢筋的交叉点最好用电焊焊牢），然后用钢丝网蒙在钢筋骨架外面，并用细钢丝扎牢。

3. 打底

砖骨架塑山：常用 M7.5 混合砂浆打底，然后在其上用 M15 水泥砂浆罩面。

钢骨架塑山：光抹白水泥麻刀灰 2 遍，再堆抹 C20 亚石混凝土打底，然后在其上用 M15 水泥砂浆罩面。

4. 抹面、上色

砖骨架塑山：用 1：2 或 1：2.5 的水泥砂浆仿照自然山石石面进行抹面，用于抹面的水泥砂浆应当根据所仿造山石种类的颜色，加入一些颜料。

钢骨架塑山：用粗砂配制的 1：2 的水泥砂浆，从石内石外两面进行抹面。一般要抹面 2~3 遍，使塑山的石面壳体总厚度达到 4~6cm。

同样用于抹面的水泥砂浆，应当根据所仿造山石种类的颜色，加入一些颜料。

5.6.3 塑山新工艺

1. GRC 假山造景

GRC 是玻璃纤维强化水泥（Glass Reinforced Cement）的英文缩写。GRC 与传统的玻璃钢和水泥相比，具有强度高、分量轻、可塑性强、抗老化、耐腐蚀、能完美地再现天然石材的各种皱纹等优点。

GRC 假山元件的制作有席状层积式手工生产法和喷吹式机械生产法两种。

2. FRP 塑山

FRP 是玻璃纤维强化树脂（Fiber Glass Reinforced Plastics）的英文缩写。FRP 假山具有质量轻、质地韧等优点，但同时也存在容易老化（一般使用寿命为 20~30 年）的缺点。

3. CFRC 塑石

CFRC 是碳纤维增强混凝土（Carbon Fiber Reinforced Cement or Concrete）的英文缩写。CFRC 人工塑石是将碳纤维搅拌在水泥中而制成。它与 GRC 人工塑石相比具有抗高温、抗盐蚀、抗水性和光照强等优点，适合于河流、港湾等各种自然的护岸、护坡，也适用于园林假山、彩色路石、浮雕等各种景观的创造。

复习思考题

5-1. 什么是假山？什么是置石？假山和置石有什么区别？

5-2. 假山和置石有什么功能？

5-3. 园林假山材料有哪些？各有什么特点？

5-4. 按照假山堆叠的材料假山分为哪几大类？

5-5. 请简述假山平面形状设计中要注意哪些事项？

5-6. 请简述假山立面造型设计时要注意哪些事项？

5-7. 假山的基础有哪几种？怎样设计？

5-8. 假山的山脚有哪几种？各有什么特点？

5-9. 假山内部结构形式主要有哪几种？

5-10. 请简述假山山顶各种形式的基本特点。

5-11. 园林中置石有哪几种布置类型？有哪几种布置形式？有什么特点？

5-12. 如何处理好置石与园林要素之间的关系？

5-13. 堆叠假山需要准备哪些机具、工具和材料？

5-14. 请叙述假山堆叠的施工步骤。

5-15. 请简述假山山脚施工的技术要点。

5-16. 请简述假山山体堆叠的技术要点。

实习实训

实训一 假山石识别

一、实训目的

使学生能够辨别各种不同的假山石，掌握各种假山石的特点。

二、实训材料和用具

假山石、笔。

三、实训条件

具有多种假山石的山石销售市场，或有多种山石堆叠而成的假山和置石的公园、花园等地方。

四、实训方法

在教师组织下参观当地有多种山石堆叠而成的假山和置石的公园、花园，或到山石销售市场对山石的石质、石色、石感、纹理、造型等情况逐一观察、记录。并将观察的内容记录在"常见园林假山山石情况调查"表中。

五、实训步骤

步骤1 观察山石

观察山石的石质、石色、石感、纹理、造型等情况。

步骤2 记录

根据观察到的假山山石的情况进行文字记录。

步骤 3　填写表格，提交实训报告

填写"常见园林假山山石情况调查"表格，并作为实训报告提交。

六、评价标准

基本掌握当地常用假山山石的情况。

七、注意事项

注意人身和个人财产安全。

八、附表

常见园林假山山石情况调查　　　　习题表 5-1

实训		姓名		评价等级	
实训地点		班级		学号	
序号	山石名称	石质	石色	石感	纹理	造型
1						
2						
3						
4						
5						
……						

实训二　假山的草测

一、实训目的

使学生懂得假山设计应与周围环境相协调。

二、实训材料和用具

假山、笔、纸、尺、相机。

三、实训条件

具有假山的公园、花园等地方。

四、实训方法

在教师组织下参观当地有假山的公园、花园，分组对假山进行观察和草测，对假山周边环境、假山的具体尺寸等情况逐一观察、丈量、记录、撰写报告和绘制图纸。

五、实训步骤

步骤 1　观察假山

1.观察假山与周边环境的互相关系。

2.观察假山的类型。

步骤 2　收集资料

1.用相机或手绘的方法收集假山与周边环境的互相关系处理的资料。

2.用相机或手绘的方法收集假山各个方面及特殊部位的情况资料。

步骤 3　草测假山

用尺丈量假山各方面的尺寸。

步骤 4　记录

1. 根据观察，对假山的类型、假山与周边环境的互相关系等情况进行文字记录。

2. 记录假山各方面的尺寸。

步骤 5　撰写报告、绘制图纸

1. 对假山的类型、假山与周边景观相互间关系处理的情况，撰写成报告提交。

2. 根据草测到的假山各方面尺寸，绘制成假山的平面图、立面图提交。

六、评价标准

基本掌握假山设计的要求。

七、注意事项

注意人身和个人财产安全。

实训三　假山山体堆叠的评价

一、实训目的

提高学生对假山的审美水平和制作技巧。

二、实训材料和用具

假山（置石）、笔、纸、相机。

三、实训条件

具有多种假山（或置石）的山石销售市场，或有多种山石堆叠而成的假山和置石的公园、花园等地方。

四、实训方法

在教师组织下参观当地有假山（或置石）的公园、花园，或山石销售市场，对假山（或置石）山石间在同质、同色、同感、纹理的拼合、形状的相接、山势的取向等方面进行逐一观察、记录。并将观察的内容撰写成报告，对所观察假山作出优缺点的评价。

五、实训步骤

步骤 1　观察假山

观察假山山石间同质、同色、同感、纹理的拼合、形状的相接、山势的取向等情况。

步骤 2　收集资料

用相机或手绘的方法收集假山同质、同色、同感、纹理的拼合、形状的相接、山势的取向等情况。

步骤 3　记录

将观察内容进行逐一文字记录。

步骤 4　分析

利用收集的资料和文字记录，对所观察的假山（或置石）在山石间同质、同色、同感、纹理的拼合、形状的相接、山势的取向等情况进行逐一分析。并对所观察的假山（或置石）作出优缺点的评价。

步骤 5　撰写报告

将分析结果和评价结果撰写成报告提交。

六、评价标准

基本掌握假山掇山的要求。

七、注意事项

注意人身和个人财产安全。

園林工程（第二版）

6

种植工程

■ **本章学习要点**

了解园林种植工程的基本特点，掌握乔灌木种植工程的施工方法，掌握大树移植工程的基本方法，掌握草坪工程的施工技术，掌握花坛工程的设计与施工方法，了解各类种植工程后期的植物养护技术。

6.1 园林种植工程概述

园林种植工程是园林绿化建设中的重要组成部分，是以有生命的植物作为主要建设材料，以园林种植设计蓝图为标准，以国家相关种植规范为前提，并通过组织施工得到完成的工程类别。

6.1.1 园林种植工程的内容、特点

园林种植工程包括两个阶段的内容，既种植前的准备阶段和种植施工养护阶段。园林种植工程的特点是在充分了解植物个体的生态习性和栽培习性的前提下，根据设计蓝图，按照施工程序和具体实施要求进行施工，从而保证施工质量和提高植物种植的存活率。

1. 种植前的准备阶段

这个阶段首要是分析解读园林种植工程施工图，从图纸中了解设计意图，并和设计人员进行沟通与交流，从而了解其设计思想、所要达到的预想的目的或意境以及施工完成后近期和远期所要达到的不同效果，认真对照国家相关的种植规范，如规范和设计有相悖之处，则应及时和设计单位、工程主管部门沟通并予以改善；其次是制订施工方案，在制订方案前先要了解整个工程概况，如对植物与土方、给水排水、花坛及道路、山水、园林小品、园林照明、园林机械等各项工程的施工关系的了解，然后按照施工期限、工程投资、设计概算、立地条件、施工时的时令季节、工程材料来源和产地、机械和车辆调度的渠道、工作人员配备等诸多施工元素进行科学、合理的调配，同时根据工程实施过程中的细节，安排好施工人员的生活起居并规范安全施工措施，从而制订出相对周详的施工方案。

2. 种植施工养护阶段

种植施工养护阶段是在被确定的施工方案指导下的具体实施施工阶段，包括施工现场准备、苗木组织、定点放线、掘苗、苗木运输和假植、挖种植穴、苗木栽植、大树移植、养护管理等多项工作。

施工现场准备对整个施工进度的顺利完成和保证施工质量有着重要的影响和作用，其主要步骤为：

（1）清理障碍物，即在绿化工程用地边界确定之后，对凡地界之内有碍施工的市政设施、农田设施、房屋、树木、堆放的杂物、违章建筑等进行拆除和迁移，对现有的大树或房屋可视其对设计要求有无冲突，如不妨碍则可物尽其

用，因地制宜。

（2）地形、地势的整理，地形整理是指从土地的平面上将绿化用地与其他用地以地界划分开来，根据绿化设计图纸上的标高，整理出符合设计要求的地形，如在整理过程中发现操作层有大面积建筑垃圾或混凝土的地面，一定要清除换土，否则会严重影响植物种植的质量和阻碍植物的后期生长。地势整理主要是指绿地的排水问题，具体的绿化地块里一般都不需要埋设排水管道，绿地排水是依靠地面坡度，从地面自行流到道路两旁的下水道或排水明沟内解决排水问题的，当绿地界线划清后，要根据本地区排水的大趋向将绿化地块适当填高，再整理成一定的坡度，使其与本地排水趋向一致。

无论是地形还是地势整理都应做好土方调整工作。原则是先挖后填，就地解决土方量，如有缺口则可适当进土补充。

（3）其他设施的准备，接通电源、水源，修通施工道路，搭建临时工棚，安排好必要的职工生活设施及落实安全防范措施等都是在进入正式施工前必要的准备工作。

定点放线是植物种植施工得以准确按设计要求完成的手段和方法，即在现场测出苗木栽植位置和株距行距，并给予种植标识，其方法有很多种，如规则式栽植放线，特点是轴线明显、株距相等；自然式栽植放线，具体有方格网放线法、小平板放线法、目测法等。

6.1.2 影响树木移植成活的因素

树木和其他建设材料的不同之处在于其是一个生物体，有着自身的生物学和生态学特性，不同种类的树木又有着特性上的差异。遗传、环境和人类的干预都对树木生长产生重要的影响，因此在种植工程中了解不同树木的不同特性是非常必要的，合理的配植、科学的养护对树木移植成活都会产生好的效果，忽视树木对自然的适应能力，忽视树木与其他生物之间的关系，忽视树木养护过程中生物学、生态学特性的细节，都会对树木生长产生不良影响，从而影响设计意图的实现。

影响树木移植成活的因素可分为两大类：第一类是自然因素的影响（包括生物学因素和生态学因素），第二类是人为因素的影响（包括化学性因素和物理性因素）。

（1）自然因素的影响：自然因素涵盖了两个方面，第一方面是生物学因素，即树木本身的遗传条件和树龄条件，遗传条件如：速生还是慢生、喜阳还是耐阴、耐湿还是耐旱、喜温还是耐寒、酸性还是碱性、生长周期的长短等；树龄条件是指树木的生长年龄，树苗和大树在移植存活上是完全不同的两个概念，其受到的影响也不尽相同，要区别对待，在移植时必须采用不同的措施。第二方面是生态学因素，即树木对外在生存条件适应能力的反映，如：立地条件、气候条件、和其他生物之间的相互关系等。立地条件是指其生长的土壤条件，包括土壤结构、土壤中的养分、土壤中的水分等；气候条件是指其生长的环境条件，包括阳光、空气、降水、温度等客观因素；和其他生物之间的相互关系是指树木在生长过程中与周边的其他生物，如植物、动物、微生物之间相互冲突、相互依赖的关系。

树木在生长过程中对所有这些因素的综合表现，就是树木在自然界生存能力的反映，当我们在移植过程中所采取的措施加强了这种生存能力，就能提高树木存活的可能性，反之，则降低树木的存活率。

（2）人为因素的影响：人为因素包括化学性和物理性两种类型。所谓化学性是指人类在生产实践中对树木进行翻地、浇水、施肥、防治病虫害等化学性质上辅助树木生长的活动。所谓物理性是指人类在生产实践中对树木进行迁移、运输、修剪等物理性质上辅助树木生长的活动。除了人类对树木生长的影响有积极的一面外，还存在着消极的影响，如随意破坏和砍伐树木，破坏树木生长的环境等。

在了解树木各种特性的前提下，客观地、合理地、科学地对树木生长加以辅助，无疑对树木生长会产生积极的作用，如果主观地、违背树木生长规律地进行辅助，则对树木生长有害而无利。因此，在进行种植工程时，了解所用植物的特性，采取正确的移植措施，是提高树木存活率、节约施工成本、充分体现设计意图和施工效果的必然。

6.2　乔灌木种植工程

乔灌木种植工程是种植工程中的重要环节，是充分体现工程主旨、实现设计意图并在附近地区形成良好生态效益的重要步骤；是整个种植工程的主体工程。因此，能否按照设计要求保质保量地完成工程内容是至关重要的，除了在种植工程概述中所提到的前期准备工作要认真完成之外，落实施工方案中的每个环节都是种植施工能顺利完成的保证。

6.2.1　选苗

选苗工作是整个种植工程能够顺利完成的基础，必须按照设计图纸上的苗木清单，核对出各种类别的苗木种类、规格、数量后进行询价，通过比照决定苗木来源，派遣专业技术工作人员前往苗木来源地进行实地考察，并安排好苗木到达现场时接苗检查的工作人员。

具体步骤如下：

（1）了解苗木生长地的立地条件、气候条件，根据其苗木当地的环境情况分析与工程地区环境情况之间的差异，提供苗木种植时对土壤要求的指标和种植后的养护要求。

（2）了解苗木生长情况，选择符合规格要求、生长健康、形状完整的苗木（如有特殊形状和规格要求的则按其要求选择）。按照所需数量，尽量选择集中种植的苗木，因其生长条件相对较为一致，所以有利于迁移种植后的统一管理与养护。和当地供应商签订好协议并对所选苗木做好标识，防止与未选苗木混淆。

（3）根据施工方案中苗木种植的时间节点和苗木种植季节的客观要求，协调好种植时间，并与当地供应商沟通交流，组织好起苗、运输的时间；安排好到达种植工地时的联系人，保证每个环节的衔接不出问题。

（4）对到达工地的苗木进行检查，检查内容按照订购协议包括苗木种类、苗木数量、苗木规格以及所选苗木上的标记，逐一做好记录，对不符合要求的苗木则退回原地，并按协议进行处罚处理。

选苗工作是专业性很强的一项工作，执行工作任务的团队必须有实践经验丰富的专业人员负责带队，苗木的各项指标都要严格把控，在工作环节中的任何疏漏都会为下面的工作带来后遗症，只有在细节上认真负责地做好工作，才能为后续工作打好扎实的基础，起到事半功倍的效果。

6.2.2　掘苗、运输、假植

掘苗、运输、假植都是种植工程中的前期环节，当苗木被选定后就面临这三项工作，而每项工作的成败都直接影响着苗木今后的生长与存活，因此要认真对待每项工作，了解并掌握每个细节的技术要点。

1. 掘苗

根据不同乔灌木的生物特点、生态习性、生长状态以及施工季节的不同，在苗木挖掘时要区别对待并注意几个要点：

（1）掘苗的时间，多在秋冬休眠以后或者春季树芽萌动前进行，也可在各地区雨季进行（如因工程需要必须进行反季移植，则要采取相应的措施，如搭棚遮荫、定点定时浇水、用特殊手段提供所需营养成分等，当然移植成本也会因此而增加）。

（2）挖掘苗木的质量标准，为保证树木成活，挖掘苗木时要选生长健壮、树形端正、根系发达、无病虫害的苗木掘取，如有选择标志的，应严格按照所选树苗掘取。

（3）挖掘苗木的准备工作，当土壤较为干燥时，为便于挖掘，保护根系，应在起苗前2~3天进行灌水湿润，俗称"灌水"；为了便于起苗操作，对于侧枝低矮、树冠庞大的苗木，应先用草绳捆拢树冠，注意不要损伤枝条，俗称"拢冠"。

根据不同苗木的特点，挖掘苗木的方法有很多种，下面简述常用的两种方法：

（1）裸根挖掘法：其适用于处于休眠状态的落叶乔木、灌木和木质藤本，起苗时应该多保留根系，留些宿土（目的是有些植物与土壤中的真菌有共生关系，带些宿土可保留菌种），如掘出后不能及时运走，应埋土假植，并保持埋根土壤的湿润。

（2）带土球挖掘法：其适用于常绿树、名贵树种、移植成活率较低的树种和较大的灌木。方法是将苗木的根系带土削成环状球形,经包装或捆扎后起出,土球的大小可按树木胸径的 10 倍左右来确定，对于特别难成活的树种一定要考虑加大土球，土球的高度一般比宽度少 5~10cm，要注意保证土球的完好。

2. 运输

苗木被起出后，应及时运送到施工地点进行种植，其间隔时间越短，对树木成活越有益处，但在运输过程中也要注意保证树木不受到意外损伤，如土球散落、主要枝条断裂、树皮撕裂、根系受损等。采用正确的方法来保证树木不受损伤和少受损伤，是苗木运输过程中必须研究与学习的。苗木的装车、运送、卸车等过程都要有一定的技术手段加以控制和保证，装运裸根苗木应是根向前、梢向后顺序码放整齐，注意树梢不要拖地，远距离运送时应用毡布或湿草袋盖好根部，途中还要洒点水，以保证根部不要失水过多而影响树木成活。装运带土球苗木时，如高度在 2m 以下可以直立摆放，2m 以上应斜放，装运的苗木土球向前、树干朝后，土球要放稳、垫平、挤严，土球堆放层次不要过高。

3. 假植

苗木运到现场，如不能立即栽植，就必须进行适当的苗木保护措施。假植就是一种保护苗木成活的技术，其一般定义是苗木按较密距离临时性栽植，过一段时间后再按一定株行距定植的方法。假植是苗木栽种或出圃前的一种临时保护性措施。掘取的苗木如不能立即定植，则暂时将其集中成束或排壅土栽植在无风害、冻害和积水的小块土地上，以免失水枯萎，影响成活。需要假植的苗木最重要的一个步骤是保持水分平衡，要除去一部分枝叶，减少水分蒸腾，延长植物寿命。提高成活率时，去除枝叶的多少程度要根据植株的根部损伤程度来决定，损伤得越严重，枝叶就相应去得越多，反之则保留枝叶就多。一般情况下，树木越粗，去除枝叶越多，气温越高，去除枝叶也越多。直根性植物去除枝叶也要多，须根性植物去除枝叶就可减少。

假植地土壤要深翻、整细，假植时土壤与根系密切结合。假植深浅要适宜，不能过深或过浅。假植后应立即灌水，以利成活。假植根据时间跨度需要越过冬季的叫越冬假植。越冬假植的假植沟适宜选择在交通方便，排水良好，土壤湿度在 15%~18% 的地方。沟深应根据苗木高矮，但假植沟最深不超过 80cm。苗木要散开假植，使细碎潮土渗入苗根空隙间，分两次覆土，将苗木干全部埋严。入沟苗不得带有树叶，每条沟假植一个品种。两个品种或两种规格，中间应留 2~3m 间隔。假植沟两侧每 10m 留下检查孔，如图 6-2-1（a）所示。假植沟要有专人负责，核对品种、规格、数量。封土前地面钉牌，绘图。上大冻前（12 月）和土壤解冻前（2 月）应加强检查。根据苗木种类的特殊性也可采用活窖假植，活窖假植用于珍贵苗及易烂、肉质根树种，裸根苗用细碎潮土填实。土球苗木应用土培 1/3~1/2。活窖可用塑料薄膜封顶，上面再盖草帘，也可用木料、秫秸、土封顶（图 6-2-1（b）），但都需要注意控温、通风。

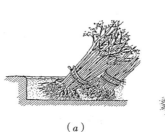
（a）

（b）

图 6-2-1　树木的假植方式

6.2.3　挖种植穴

种植穴挖掘前，首先要核对图纸，查清将要种植的地段有无地下管线的铺设，如有严重冲突，则要与设计单位和工程主管部门进行联系，移动种植位置；其次是要保证种植穴的挖掘质量和严格规范挖掘过程中的各个步骤。

种植穴挖掘的质量，对植株以后的生长有很大的影响。除按设计确定位置外，还应根据植株根系或土球大小、土质情况来确定穴的直径大小（一般应该比根盘或土球大0.25~0.5m），根据树种根系类别，确定穴的深浅（一般应该比根系长度或土球厚度深0.2~0.4m）。

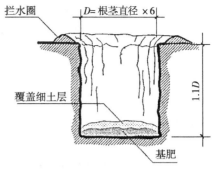

图 6-2-2　树木的标准种植穴

种植挖穴以手工操作为主，其主要步骤是：以定点标记为圆心，以规定的穴直径先在地面上划圆，沿圆的四周向下垂直挖掘到规定的深度，然后将穴的底部挖松、整平。如栽种的是裸根苗木时，穴的底部挖松后在其中央堆个小土丘，以利树根舒展。种植穴的形状，从正投影来看，一般为圆形，为开挖方便起见，也有用多边形的。对特殊植株，如带方形土球的大树或竹类（带竹鞭）长方形的，则可根据具体形状挖掘种植穴的形状，但无论哪种形状的种植穴都要避免出现上大下小的"锅底穴"（图 6-2-2）。

在挖掘种植穴的过程中，如发现土质不好，应在上述基础上放大穴的规格，便于换土，并将杂物筛出清走，遇到石灰渣、石板、沥青等对树木生长不利的物质，则应将穴的直径放大 1~2 倍，把有害物质清运干净，换上适宜的种植土。当在绿地内的挖掘中发现严重影响操作的地下障碍物时，应及时与设计单位和工程主管部门联系，适当进行种植位置的设计修改，以利工程能顺利进行。

6.2.4　栽植

栽植是种植工程中的重中之重，栽植前的所有工作都是为苗木栽植服务的，在有了良好基础的前提下，如何提高苗木栽植的成活率，就要看在栽植各环节上的细节处理，也就是技术措施的落实情况，采用科学的、正确的、针对性的技术措施进行苗木栽植是苗木成活的保证。对苗木栽植过程中各环节技术措施的了解和掌握，应成为学习的重要点。

1. 栽植时间

苗木在整个休眠期都可以种植，秋季种植一般来讲效果好，这是因为栽植后气温较高，根系伤口很容易得到愈合、生根，翌年生长旺盛，成活率较高。

2. 栽植密度

要依据树种的生物学和生态学特性、经营目的、地形地势、土壤肥沃程度、管理水平等因素综合分析确定。

3. 栽植方法

栽植要求深穴，施足基肥。经过全面整地后，按预先设计的株行距进行挖穴，需要时可撒入杀虫剂，预防病虫害的发生。

栽植裸根苗，苗放入穴中扶直，将穴边的好土填入，至填土到穴的一半时，用手将苗木轻轻往上提起，使根茎部分与地面相平，让根自然地向下舒展开来，随填土随用夯棒夯实，使根系与土壤紧密接触，种植深度一般要求根茎与土面平齐。并在树穴周围做土堰，以利浇水。栽植带土球苗木，须先量好穴的深度是否与土球的高度一致，如有差别应即时挖深或填土，绝不可盲目入穴，造成来回搬运带土球苗木，使土球散落，去掉包扎物后用同样的方法种植。

栽植苗木的注意事项和要求：①平面的位置和高度必须符合设计规定。②树身上下垂直，如果树干有弯曲，应该朝西北方向。行列式栽树必须保证横平竖直，左右相差最多不超过半树干。③栽植深度：裸根苗乔木应比原土痕迹略深 5~10cm，灌木应与原土痕迹齐平，带土球苗木应比土球顶面深 2~3cm。

4. 苗木修剪

苗木修剪视苗木规格和施工场地情况来确定栽植前或栽植后进行，原则是技术人员在修剪时便于操作。

（1）修剪的目的：平衡树势，移植苗木不可避免地会损伤一些树根，为使新植苗木能迅速成活，恢复生长，必须对地上部分适当剪去一些，以减少水分蒸发，上下平衡；培养树形，通过修剪可以使苗木生长成理想的形态；减少病虫害，剪除带病虫枝条可以减少病虫危害。另外，剪去一些枝条，减轻树梢重量，对防止苗木倒伏也有一定作用，这样对于春季多风少雨地区的新植树尤为重要。

（2）修剪的原则：苗木修剪一般尊重原树形特点，不可违反其自然生长的规律。凡属有中央干、主轴明显的树种（如银杏、白杨树等），应尽量保护主轴的顶芽，保证中央干直立生长。疏枝修剪是将枝条从根和着生部位剪除。短截修剪是截短枝条的前部，保留基部。对灌木进行修剪，一般应保持树冠内高外低，成半圆形；进行疏枝修剪，应外密内稀，以利通风透光。

5. 反季节栽植

落叶乔木在反季节栽植时，根据不同情况，对苗木应进行强修剪，剪除部分侧枝，保留的侧枝也应疏剪或短截，并应保留原树冠的三分之一，相应地加大土球体积。可摘叶的应摘去部分叶片，但不得伤害幼芽。夏季搭棚遮荫、树冠喷雾、树干保湿，保持空气湿润，冬季应防风防寒。做堰后应及时浇透水，待水渗完后覆土，第二天再做堰、浇水封土，浇透三次水后可视泥土干燥情况及时补水。树木栽植后应对苗木进行浇水、支撑固定等工作，栽植后应在略大于栽植穴直径的周围，筑成高 10~15cm 的灌水土堰，土堰应筑实、不得漏水，坡地可采用鱼鳞坑栽植。对新发芽放叶的树冠喷雾，宜在上午 10 点前和下午 3 点后进行。大树的支撑宜用扁担桩十字架和三角撑，低矮树可用扁担桩，高大树木可用三角撑，也可用井字搭桁架来撑。扁担桩的竖桩不得小于 2.3m，桩位应在根系和土球范围外，水平桩离地 1m 以上，两水平桩十字交叉位置应在树干的上风方向，扎缚处应垫软物。三角撑宜在树干高 2/3 处结扎，用钢丝固定，三角撑的根撑干（绳）必须在主风向上位，其他两根可均匀分布。发现土面下沉时，必须及时升高扎缚部位。

常绿乔木在反季节栽植时（如 6~7m 雪松、5~6m 油松等），采取大土球麻包打包，早晚种植及一系列特殊措施：①夏季高温，容易失水，以早晚为主，雨天加大施工量，在晴天的条件下，每天给新植树木喷水两次，时间适宜在上午 9 时前下午 4 时后，保证植株的蒸腾所需的水分。②所有移植苗都经过了断根的损伤，即使在进入容器前进行修剪，原有树势也已经削弱。为了恢复原来树势，扩大树上树冠，应对伤根恢复以及促根生长采取措施。施生根粉 APT3 号 1000×10^{-6}。施工后，在土球周围用硬器打洞，洞深为土球的 1/3，施后灌水。③搭建遮阳棚。用毛竹或钢管搭成井字架，在井字架上盖上遮阳网，必须注意网和栽植的树木要保持一定的距离，以便空气流通。

反季节栽植修剪方法及修剪量如下：

（1）栽植前应进行苗木根系修剪，宜将劈裂根、病虫根、过长根剪除，并对树冠进行修剪，保持地上地下平衡。

（2）落叶树可抽稀后进行强截，多留生长枝和萌生的强枝，修剪量可达 6/10~9/10。常绿阔叶树，采取收缩树冠的方法，截去外围的枝条，适当疏稀树冠内部不必要的弱枝，多留强的萌生枝，修剪量可达 1/3~3/5。针叶树以疏枝为主，修剪量可达 1/5~2/5。

（3）对易挥发芳香油和树脂的针叶树、香樟等应在移植前一周进行修剪，凡 10cm 以上的大伤口应光滑平整，经消毒，并涂保护剂。

（4）珍贵树种的树冠宜作少量疏剪。

（5）灌木及藤蔓类修剪应做到：带土球或湿润地区带宿土裸根苗木和上年花芽分化的开花灌木不宜作修剪，当有枯枝、病虫枝时应予剪除。对嫁接灌木，应将接口以下砧木萌生枝条剪除。分枝明显、新枝条着生花芽的小灌木，应顺其树势适当强修剪，促生新枝，更新老枝。另外，对于苗木修剪的质量也应做到剪口应平滑，不得劈裂。枝条短截时应留外芽，剪口应距所留芽的位置 1cm 以上；修剪直径 2cm 以上的大枝及粗根时，截口必须削平并涂防腐剂。

6. 栽植时应避免的事项

（1）雨天栽植：绿化施工人员为抢时间，抓进度，头顶大雨栽植苗木，这种行为似乎可减少浇水一环，实则两败俱伤，一是施工人员易感冒生病，二是根部被糊状泥土埋压，通透性极差，不利于苗木的成活与生长。

（2）带袋栽植：绿化施工人员为了省工常将苗木连同营养袋一同埋入土中，这种省工的行为虽然能保证苗木栽后短时间内的成活，但由于塑料袋较难腐烂，限制了苗木根系向土壤四周生长，从而易形成"老小株"苗；同时，塑料袋经长时间腐烂后对土壤的理化性状会造成一定的破坏。对袋苗必须先除去塑料营养袋后再栽植为宜。

（3）垃圾地上栽植：绿化施工人员开穴栽苗时，对穴内的垃圾诸如塑料袋、石灰渣、砖石块等不予清除，将苗木直接栽植，苗木在这种恶劣的小环境中成活率无疑极低。建议在开穴时遇到建筑垃圾或生活垃圾等杂物时，一定要清理彻底然后再栽植，确保建植绿地的质量。

（4）栽植过深或过浅：绿化施工人员易忽视苗木土球的大小和苗木根系的深浅而将苗木放入穴中覆土而成，这样对小苗和浅根性苗木易造成栽植过深埋没了根颈部，苗木生长极度困难，甚至因根部积水过多而窒息；对大苗木和深根性苗木易造成栽植过浅，根部易受冻害和灼伤，且风吹易倒伏等。建议要视苗木的大小和苗木根系的深浅来确定栽植深度，以苗木根颈部露于表土层为宜。

（5）未能及时浇透水：绿地栽植过程中遇到降雨或乌云压境时，施工人员常忽视了栽后浇水的环节，这极易因雨水量不够苗木缺水而死亡。雨停后立即补浇水一次，保证浇透浇足。

6.2.5 栽植后的养护管理

苗木栽植后的养护管理阶段是保证种植工程最后成败的关键阶段，由于植物在迁移时必然的物理损伤以及立地条件、生存环境的变化和差异，生长势相对较弱，植物生长的各种功能都尚待恢复，给予必要的人为辅助和管理是帮助植物恢复生长能力的有效方法。

1. 立支柱

较大苗木为了防止被风吹倒，应立支柱支撑。常用的方法是三支柱，即将三根支柱组成正三角形，将树围在中间，用草绳或麻绳把树和支柱隔开，然后用麻绳捆紧。特别是较高的绿化苗木，种植后应立即用正三角桩支撑固定，谨防倾倒。支撑点以树体高的 2/3 处左右为宜，并加垫保护层，以防伤皮（图 6-2-3）。

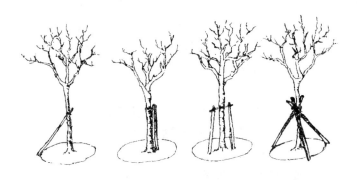

图 6-2-3 支柱支撑大树

2. 浇水与控水

新移植绿化苗木，根系吸水功能减弱，对土壤水分需求量较小，因此在苗木栽好后、灌水之前，先用土在原树穴的外缘培起高约 15cm 的圆形土堰，并用铁锹将土堰拍打牢固，以防漏水。苗木栽好后 24h 内必须浇上水，第一遍水必须浇透，10 天之内必须连浇三次水，以后视土壤墒情确定浇水次数，但必须保证土壤湿润，直至确定树苗已成活。同时，要进行浇水后的养护管理，例如：苗木扶直，第一遍水渗透后的次日，应检查树苗是否有歪倒、倾斜现象，发现后及时扶正，并用细土将堰内缝隙填严，将苗木稳定好。三遍水之后待水分渗透后，用细土将灌水土堰填平，封堰土堆应稍高于地面。秋季植树应在树的基部堆成 30cm 高的土堆，以保持土壤水分，并保护树根，防止风吹摇动。水是保证苗木成活的关键，应保持土壤适当湿润即可，土壤含水量过大，反而会影响土壤的透气性能，抑制根系的呼吸，对发根不利，严重的会导致烂根死亡。为此要严格控制土壤浇水量。移植时第一次浇透水，以后应视天气情况、土壤质地，检查分析，谨慎浇水。同时，要慎防喷水时过多的水滴进入根系区域。同时，要防止树池积水。在地势低洼易积水处，要开排水沟，保证雨天能及时排水。另外，要保持适宜的地下水位高度（一般要求 –1.5m 以下）。在地下水位较高处，要做网沟排水，汛期水位上涨时，可在根系外围挖深井，用水泵将地下水排至场外，严防淹根。

3. 土壤通气

保持土壤良好的透气性能有利于根系萌发。为此，要做好中耕松土工作，以防土壤板结。

4. 病虫害防治

坚持以防为主，根据树种特性和病虫害发生发展规律，勤检查，做好防范工作。一旦发生病情，要对症下药，及时防治。

5. 施肥

根系萌发后，根系吸肥力低，宜采用根外追肥，要求薄肥勤施，慎防伤根。一般半个月左右一次，根据土壤酸碱度选用尿素、硫酸铵、磷酸二氢钾等速效性肥料配制成浓度为 0.5%~1% 的肥液，于早晚或阴天喷施。

6.3 大树移植

在城市化步伐加快的今天，一些重点城市建设工程不免要占据一些古老、珍稀、奇特树种原来生存的位置，进行大树移植，是保存这些古老、珍稀、奇特树种的重要手段。另外，由于生态的破坏，环境条件的变化，有些大树原来的生存环境已不适应其生长，移植到适合的生存环境，采用大树移植仍是一种好的解决办法。

大树移植是指移植胸径 15cm 以上的常绿乔木或胸径 20cm 以上的落叶乔木，多数树种此时正处于树木生长发育的旺盛期，其适应性和再生能力都较强，移植一旦成活，能在最短时间内改变一座城市或小区的自然面貌，较快地发挥绿色景观效果。根据不同的需求，选择不同的树形，如行道树应选择干直、冠大、有良好遮荫效果的树木，而用于庭院观赏时，应选择造型奇特的树木，大树移植应遵循适地适树的原则，符合改善环境、美化景观的目的，必须具备有关部门批准迁移的文件，大树移植应建立技术档案，包括移植方案、移植时间、地下情况、根部情况、施工记录、养护管理技术措施、验收资料、照片或影像资料。程序包括前期准备工作、移植时间、树冠和根系的修剪方法及修剪量、起苗、运输、装卸、定植。质量保证措施包括根系保护、促根技术、运输保护、支撑与固定、后期养护管理。

6.3.1 大树移植的意义

大树能缩短树木在城市中由小苗到大树的生长年限，让城市居民提前享受到大规模乔木带来的生态效益和景观效益，同时优化城市绿地的植物配置和空间结构，最大限度地发挥城市绿地的生态效益和景观效益，改善城市生态环境。大树具有较高的叶面积指数和改善生态的功能，在大树移植恢复后，其生态效益将会发挥得更好。大树的移植同时会给下层的植物提供较好的水湿及庇荫条件，有利于中下层次景观植物的发育，提高叶面积指数，并最大限度地发挥有效土地面积的生态效益。大量耐阴植物如常春藤类、洒金珊瑚、八角金盘、吉祥草、虎耳草等在枝叶未茂的小树下生长不良，而在大树浓荫下则可茁壮成长，发挥出较好的立体景观和生态效益。

1. 景观意义

树木特别是大规格的乔木，能在短期内提高绿地景观的时空价值，在城市绿化中起着举足轻重的作用，是城市绿化的骨架，直接关系到城市的景观效果。大树都有几十年生长期，移植后经精心养护并恢复生机可以使新建的绿地历史提前几十年。在景观的空间层次上，高大的树木构成了绿地景观空间的主导者，把景观重点向高层扩展，对扩大绿地的内部景观和提高外部景观均有十分重要的意义。一般合理的乔、灌、地被（草）平均比例应为 4：3：3，目前大多数城市绿地离这一要求有一定的差距。

2. 生态意义

大树移植的生态意义是指对发达城市绿地的生态而言。城市属于生态脆弱地带，因为城市建设多为硬质景观所占据，自然生态遭到破坏，因此大树进城对在短期内恢复城市生态具有积极意义。城市绿地改善城市生态环境的作用是通过园林植物的物质循环和能量流动所产生的生态效益来实现的。生态效益的大小取决于绿量，绿量的大小则取决于园林植物总叶面积的大小。因此，应着手于改善城市绿地的植物配置和空间结构，坚持以乔木为主体，乔灌草结构合理，提高绿地的空间结构，增加城市的绿量，使有限的城市绿地发挥最大的生态效益。树木特别是大规格的乔木，产生的生态效益远远大于灌木和草坪等产生的生态效益。据有关树木产生生态效益的测算资料介绍，每平方米树木每年可吸收二氧化碳 16t，产生氧气 12t；可吸收二氧化硫 300kg；滞尘量可达 0.9t；蓄水 1500m³；蒸腾水分 4500~7500t。成片树林在调节气温方面，夏季比空旷地低 2~3℃，降低噪声 26~43dB，削弱风速 40%~60%；使空气中的含菌量减少 29%~65%。经粗略测算，一个中等城市每年城市绿地生态系统产生的生态效益折算为人民币接近 100 亿元。据有关资料介绍，乔木与草坪或"大色块"的投资比例约为 1：10，而产生的生态效益之比为 30：1。

6.3.2 大树移植前的预掘方法

大树在移植前，一般都需要有一个移植的方案。尤其针对特大树或古树名木，还要采取一些特殊的技术措施来提高树木移植的成活率，移植前的预掘是重要的园林技术措施，为了保证树木移栽的成活率，在移栽前采取一些措施，以促进树木的须根生长。常用的做法有：预先断根、多次移植、根部环状剥皮等。

1. 断根处理

适用于一些野生大树或一些具有较高观赏价值的树木的移植，树木回根属大树预掘工序，在时间允许的情况下，一般是在移植前1~2 年的春季或秋季，以树干为中心，以 2.5~3 倍胸径为半径划一个圆或方形，在其外测挖 30~40cm 宽的沟（其深度则视根系分布而定，一般为 50~80cm），较粗的根采用锋利的锯或剪切断，然后回填表土，分层踩实，浇水，经过 1~2 个月便会在沟内长出许多须根。回根要分两次进行，以免一次断根使树木生命受影响或出现死亡现象，通常在第 1 年春季选择树木的东、西两方位挖掘、断根，秋季再以同样的方法挖掘、断根另外的两面，到第 2 年时，在四周沟中均长满了须根，这时便可移走（图 6-3-1）。大树由于被切断大根，所以必须加三角桩以巩固其支撑，避免被风吹倒。

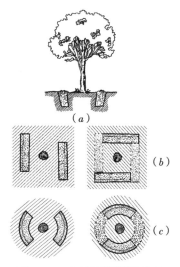

图 6-3-1　大树的分期断根处理
（a）断根挖掘状；（b）第一年挖掘；
（c）第二年挖掘

2. 多次移植

对较为名贵和较难移植的树木，或距离较远的地方，还可采用 5~8 年的时间就近多次移植的方法（称为熟货），或逐步向移植地过渡移植的办法，以进一步促进须根发展和适应定植地环境，确保成活后再行定植。

3. 根部环状剥皮

这个方法和断根法类似，但不切断大根，采用环状剥皮方法，剥皮宽度为10~15cm，这样也能促进须根生长，这种方法由于大根未断，树身稳固，可以不加支柱。

6.3.3 大树移植的方法

大树移植是种植工程中的重要内容，是整个工程立体框架中的最重要成分，也是体现设计者的空间构想和设计预想效果实现的重要保证，在完成大树移植的诸多前期工作后，必须严格按照大树移植的技术规范，分步骤地进行工作：

（1）种植穴挖掘前，应了解地上和地下管线及隐蔽物埋设情况。应对栽植地作土壤的理化性质、地下水矿化度分析。土壤应达到全盐含量低于 0.3%，pH 值在 6.5~8.5 之间。若土壤不符合以上条件，应对栽植土采取下列措施。当 pH 值小于 6.5 或大于 8.5 时，必须采取土壤改良措施。土壤全盐含量在0.3%~0.5% 时，应换土及扩大树穴。土壤全盐含量在 0.5% 以上时，应采取综合改土措施。土壤密度在 1.45g/cm³ 以上时，应改土或加入疏松基质。种植穴土壤含有建筑垃圾、有害物质时，均应采取客土或改良土壤措施。

（2）市政、通信、电力等部门应配合做好大树移植工作，树木与地上地下管线以及建筑物等按要求保持一定距离。挖穴时应符合下列规定：大树定植时应与其他树木保持 8~10m 的距离。380V 的输电线路，树枝至电线的水平距离与垂直距离均不小于 100cm。6300~10000V 的输电线路，树枝至电线的水平距离及垂直距离均不小于 300cm。大树中心与热力管道边缘的水平距离不小于 200cm，与其他各种地下管线边缘的水平距离均不小于 150cm。树木与建筑物、构筑物的水平距离宜符合规定。

（3）根据大树习性，选择最适宜时期起苗。

移植适宜期如下：①早春，土壤解冻后，树木展叶前。②深秋，秋梢停止生长，进入休眠期以后。③初冬，土壤冻结以后。

移植方法选择：①生长正常、易成活的落叶树木，在正常移植季节可用带土球或裸根法移植。②常绿树木、生长较弱和较难移植的落叶树木，应采用带土球法移植，必要时放大土球并用硬材料包装法移植。③生长正常的落叶树木在非适宜季节移植的应采用带土球法。

大树起苗前应喷洒抗蒸腾剂，并用草绳或麻布包扎树干及主枝。起苗前应做好树冠扎缚和支撑。可用三角支撑，辅以垫层固定在树木的大侧枝或主干上，防止树体倾斜、摇动；或用三根绳固定树体，其中一根必须在主风向上位，其他两根均匀分布。挖掘前，在树干上作阳面标记。裸根苗应按胸径的 8~10 倍保留根系，带土球移植的树木按照胸径的 6~8 倍。

对土球定点放线，并以白灰和木桩加以标识。在标识线外开沟挖掘，沟宽 1m，深 1.3m，遇有 3cm 以上侧根时锯断。挖沟出现积水时，应先在四周挖排水沟和收水井，排除积水。挖土球时，必须挖到根系分布层以下，如需放倒树木，必须先切断所有主根。修整土球去表土，土球形状根据不同树种和根系发育情况，可挖高球或扁球。遇大根必须用利铲铲断或手锯锯断，做到切口平滑，不损伤根皮，少伤断根后新萌的嫩根，根系截口直径大于 2cm 的，应涂防腐剂。

（4）修剪树冠的修剪量应根据树种习性、树冠生长状况、移植季节、运输条件、挖掘方式、栽植地条件等因素确定，修剪后宜保留原有树形。根系修剪应保持树体根冠比平衡，将劈裂根、病虫根、过长根剪除。修剪应符合下列规定：①落叶树的修剪，在保持原有树形的情况下，去除病虫枝，适当疏枝，对二级以下分枝作疏剪或短截，多留生长枝和萌生的强枝。修剪量可达树冠的 30%~60%。未采取移植前断根处理或在非适宜季节移植的树木修剪，应采用去其枝桠、保留主枝的修剪方式。②针叶树以疏剪为主，剪除病虫枝、枯死枝、弱枝、过密枝。修剪量不超过 20%~40% 或不修剪。剪口不得劈裂，不留毛槎，修剪直径 2cm 以上大枝及粗根，截口削平，并涂防腐剂。小枝短截时应保留外向芽。

（5）绑扎土球要根据土球大小、土质情况、吊运条件而定，绳子必须用松三股或紧三股麻绳，严禁用草绳，绳距不大于 5cm，并收紧。扎腰箍，宽度为土台腰度的 2/3 处，并以 45° 角收底。然后将草绳一头系在树干（或腰绳）上，

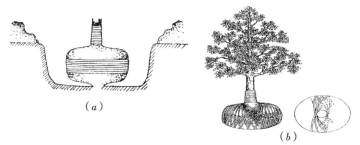

图 6-3-2　土球绑扎

（a）缠好腰绳的土球；（b）包扎好的土球和包扎顺序

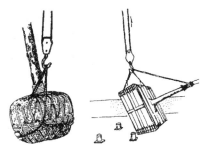

图 6-3-3　土球与图箱的吊运

再在土球上斜向绕圈，形成网络状，俗称橘子式（图 6-3-2）。也有包扎成井字式和五角形式的。

　　还可选用外部规格与土球规格一致的木板或钢板作箱板，箱板必须能承受带土台树木的重量。箱板固定时，土台底部必须封底，四周贴紧土台。大树吊装和运输的机械必须具备足够承载能力。起吊部位必须选在重心部位，在受力的主干部位加厚垫层或在软包装的土球与起吊绳之间垫木板以避免树皮损伤和土球散落（图 6-3-3）。

　　（6）起苗后当天运输，当天栽植，如当天不能栽植的，应将移植树木卸载到种植穴并固定。大树装卸应缓慢起吊，缓慢卸吊，不得损伤树体和造成土球散落。装运过程中应固定树干，树冠向后，将土球垫稳，用绳索将树木与车身紧紧拴牢，避免损坏土球和损伤树皮，并采用保水措施。运输时车上必须有人押运，遇有电线等影响运输的障碍物，必须排除后，方可继续运输。

　　（7）种植穴的定点应符合下列规定：位置准确，标明中心位置和栽植穴边线。种植穴大小、深浅，应根据大树规格、土球大小、形状和土壤情况而定，穴的直径比土球大 30~40cm，深度比土球高度深 20~30cm。种植穴应施足底肥，并准备足量的栽植土用于定植。种植穴地下水位过高时，应埋设排水管道或抬高地面。

　　（8）大树的栽植应符合下列要求：植入种植穴前，应检查种植穴大小及深度，使其符合根系生长要求。土球底部有散落的，应在树穴相应部位填土，以避免树穴空洞。视土球的高度回填树穴，保持根茎部位高出地面 5cm 左右。在吊装就位时，应保持大树原栽植方向。不易腐烂的包装物必须拆除。用木棍或绳索支撑、固定树体，拆除箱板，对树根喷施生根激素。将事先准备的表层土，加适量有机肥或加适量粗砂均匀拌合，填入树穴，边填入边夯实，避免根系周围出现空隙，回填至高于根茎 5cm 左右，做好水圈。栽植后当时浇透第一遍水，三天内浇第二遍水，浇足浇透。该期间注意填平树穴周围出现的下沉部位。

6.3.4　大树移植后的养护管理

　　由于大树移植需投入较多的人力、物力、机械设备和资金，同时新植后的绿地由于施工完成，如产生大树移植后植株死亡，往往很难再进行补植，且对绿地景观效果带来影响，也较易产生社会上的负面影响，加上大树移植后的再生能力明显弱于幼年树，相对较难成活。因此，养护管理移植后的大树十分重要，树木定植后必须精心养护管理二年，做好养护管理日志。新植大树的养护管理应重点抓好以下两大方面工作。

1. 保持树体水分代谢平衡，促使新芽萌发

大树，特别是未经移植和提前断根处理的大树，在移植过程中，根系会受到较大的损伤，根部吸水能力大大降低。树体常常因供水不足，水分代谢失去平衡而枯萎，甚至死亡。因此，栽植后应保持至少一个月的树冠喷雾和树干保湿。树干保湿可采用草绳将树干全部包扎起来，每天早晚各喷水一次。

保持树体水分代谢平衡是新植大树养护管理，提高移植成活率的关键。为此要具体做好以下几方面工作：

（1）部分保湿：用草绳、草包、苔藓等材料严密包裹树干和比较粗的分枝，上述包扎材料有一定的保湿性和保温性。树枝经包干处理后，可避免强光直射和干风吹袭，减少树干、树枝的水分蒸发；还可储存一定量的水分，使树干经常保持湿润；同时能调节枝干温度，减少高温和低温对树枝的伤害，效果较好。目前，有些苗圃和地方采用塑料薄膜包干，此法在气温不是很高和树体休眠阶段效果是可以的，但在树体萌芽前应及时撤换，因为塑料薄膜透气性能差，不利于被包裹枝干的呼吸作用，尤其是高温季节，内部热量难以及时散发会引起高温，灼伤树干、嫩芽或隐芽，树皮霉变脱裂，对树体造成伤害。

（2）喷水保湿：树体地上部分（特别是叶面）因蒸腾作用而易失水，必须及时喷水保湿，喷水要求细而均匀，喷及地上树干分枝的各部位和周围空间，为树体提供湿润的小气候环境，但要防止大树根部区域由于喷淋滴水过多，防止树根发霉。喷水方法可采用高压水枪喷雾，或可根据树冠大小，安装若干个细孔喷头，连接水管控制，进行雾喷，效果较好，但较费工费料。也可采用"吊盐水"的方法：即在树枝上挂上若干个装满清水的盐水瓶，运用吊盐水的原理，让瓶内的水慢慢滴在树体上，并定期加水补充，较为省工节资，但此法水量较难控制，且水分渗透不太均匀，一般只用于去冠移植的粗杆树体保湿，在抽枝发叶后，仍需进行喷水保湿。当空气干燥时，应对树干、树冠、树干包扎物早晚各喷雾一次以增加树体湿度；在干旱季节可向树冠喷施抗蒸腾剂，降低蒸腾强度。

（3）遮荫防（避）晒：大树移植初期或高温干燥季节，要搭制荫棚遮荫，以降低植株周围温度，减少树体的水分蒸发。较为常用又较节省材料的方法是采用毛竹片弯成伞状固定于六角直立桩上，上遮盖荫网，大树下部（一般离地0.5~1.5m）均应通风，以利棚内空气流通，防止"闷叶"现象产生。遮荫度一般为70%左右，也可根据大树生长情况来逐步提高透光度，让树体接受一定的散射光，以保证树体光合作用的进行，以后视树木生长情况和季节变化，逐步去掉遮荫网。

（4）促发新根：新芽萌发，是新植大树进行生理活动的标志，是大树成活

的希望。更重要的是，树体地上部分的萌芽，对根系具有自然而有效的刺激作用，能促进根系的萌发。因此，在移植初期，特别是移植时进行重修剪的树体所萌发的芽要加以保护，让其抽枝发叶，待树体成活后再进行修剪整形。同时，在树体萌芽后，要特别加强喷水、遮荫、防病治虫等养护工作，保证嫩芽与嫩枝的正常生长。

（5）土壤通气性：保持土壤良好的透气性能有利于根系萌发。做好中耕松土工作，以防土壤板结；经常检查土壤通气性，如局部松土，以保持良好的通气性能。

2. 保护和防范措施

（1）支撑保护。树大招风，大树种植后应立即支撑固定，慎防倾倒。大树的支撑宜用三角支撑，并在树干的分枝点以上部位用粗麻绳固定。三角撑的一根必须支撑在迎风方向，三根支撑均匀分布。正三角支撑最利于树体稳定，支撑点以树体高度的 2/3 处左右为好，并加垫保护层，以防伤皮。当移植树木随地面下沉时，应及时松动支撑，避免吊桩。

（2）防病治虫。坚持以防为主，根据树种特性和病虫害发生发展规律，勤检查，早预防，一旦发生病情，要对症下药，及时防治。

（3）施肥促生。施肥有利于恢复树势，大树移植初期，根系吸肥力低，宜采用根外追肥，一般宜施淡肥，并视大树的生长情况酌情掌握，薄肥勤施，慎防伤根，也可配置液肥（用尿素、硫酸铵、磷酸二氢钾等速效性肥料，浓度 0.5%~1%），选早晚或阴天进行叶面喷洒，遇雨应重喷一次。

（4）中耕除草与修剪。定期中耕除草，适时进行修剪，修剪的原则是以修剪病虫枝、受伤枝、枯死枝、过密枝为主，保持大树的自然树形和树势均衡。树木成活后的第二年开始抹芽。留芽应根据树木生长势及今后树冠发展要求进行，多留高位壮芽，疏掉密生丛芽。截干的大树应培养定形主枝。

（5）保暖防冻。新植大树的树梢，根系萌发迟，年生长周期较短，积累的养分少，因而组织不充实，易受低温危害，应做好防冻保温工作。入秋后，要控制氮肥，增施磷、钾肥，并逐渐延长光照时间，提高光照强度，以提高新发树枝的木质化程度；提高自身抗寒能力。在入冬寒潮来临之前，做好树体保温工作，可采用覆土、地面覆盖，设风障，树干包扎保温材料如草绳、稻草等加以保护。常绿乔木的越冬防寒，应架设风障，在大树的西北方向距树 0.5m 处架设风障，风障高度超过树高 30cm 以上。落叶乔木应在冬季采用培土、主干密实缠绕草绳或防寒布，树干涂白等措施进行防寒。

（6）季节性施工防范措施（旱季、台风、雨雪天气）。高温防旱除及时浇灌外，还应搭棚遮荫，并进行叶面喷水。防风防台，加强支撑，迎风面过大树冠应适当疏枝，风暴后及时扶正倒伏树木，加固支撑，定期检查树木支撑设施，出现松动时及时加固或设立风障，避免风倒等事故发生。修整树冠，清理残枝。冬季防寒，寒冬来临前，根际培土、主干包扎工作宜于 11 月进行，12 月上旬完成，翌年 4 月上旬解除包扎，如遇大雪应及时清除树冠积雪，但不损伤树冠。

落叶乔木出现大量落叶时，及时查明原因，采取有效措施，树木周围不得堆物或进行影响树木成活的作业，防止人为损坏，临近建筑工地的移植树木，应在树冠外 2m，设围栏保护。

6.4 草坪工程

草坪是指以禾本科草及其他质地纤细的植物为覆盖并以它的根和匍匐茎充满土壤表层的地被。由人工建植或人工养护管理，起美化环境、园林景观、净化空气、保持水土、提供户外活动和体育运动场所的作用。它是一个国家、一个城市文明程度的标志之一。18 世纪中叶，英国自然风景园中出现大面积草坪。中国近代园林中也出现草坪。

草坪是在园林中采用人工铺植或草籽播种的方法，培养形成的整片绿色地面，是园林风景的重要组成部分，同时也是休憩、娱乐的活动场所。现代的草坪已不局限于园林上的应用，它已广泛用于运动场、水土保持地、铁路、公路、飞机场和工厂等场所。从广义上讲，草坪是人们用草建成的一定面积的绿色体，代表着一个高水平的生态有机体。构成草坪植被的草本植物是建植草坪的基本物质材料。

按植物材料的组合可分为：①单播草坪。用一种植物材料的草坪。②混播草坪。由多种植物材料组成的草坪。③缀花草坪。以多年生矮小禾草或拟禾草为主，混有少量草本花卉的草坪。

按照气候类型可分为：冷季型草和暖季型草两大类。冷季型草多用于长江流域附近及以北地区，主要包括高羊茅、黑麦草、早熟禾、白三叶、剪股颖等种类；暖季型草多用于长江流域附近及以南地区，在热带、亚热带及过渡气候带地区分布广泛，主要包括狗牙根、百喜草、结缕草、画眉草等。

6.4.1 草坪的建植

草坪的建植方法有种子和营养繁殖两种，建植时根据当地的条件和要求成坪的时间以及草坪草的形态、生长特性而选择不同的建植方法。种子繁殖法建植草坪成本低、劳力消耗少，但成坪所需时间较长。营养繁殖法包括铺草皮块、塞植、蔓植等，其中铺草皮块成本高，但建植速度快。

管理草坪的基本措施与建植步骤如下。

1. 坪床准备

土壤测定：在建坪前必须对种植场地进行调查和测定，掌握该施工地区的气候、地形、土壤质地、肥力、酸碱度等。根据不同的测量结果对不同的土壤进行相应的改良，适当地施入有机肥或使用土壤改良剂（富利禾 A）（富利禾 F）使土壤 pH 值保持在 5.5~7.5 之间，改善土壤的通透性，提高土壤保水保肥的能力。

土壤改良规定：对 pH 值大于 7.5 的土壤，应采用草灰土或酸性栽培介质进行改良。

对相对密度大于 1.30，总孔隙小于 50% 的土壤，必须采用疏松的栽培介质加以改良。

对有机质低于 2.0% 的土壤，应施腐熟的有机肥或含丰富有机质的栽培介质加以改良。

2. 坪床整理

应全面翻耙土地，深耕细耙，翻、耙、压结合，清除杂草及杂物。翻地时期以春秋两季为宜，整地深度为 20~25cm。严禁在土壤含水量过高时操作。当土壤含水量为 15%~20% 时，对地面、土层、杂草进行清理和清除，其中对杂草的清除工作若用化学药剂（杜邦巨星）效果也较明显。坪床的翻耕也是一项很重要的工作，通过耕翻、耙压等措施，可以使因人畜践踏、机械滚压、灌溉和降雨等而紧实板结的土壤，变成具有适当松紧度的土壤。使其总空隙度和毛管空隙增加，从而加强土壤的透水性、通气性，保持土壤温度，使微生物增加，提高有效养分的含量。翻耕进行完后，对坪地及时进行平整，做到整齐一致、排水性良好。可结合翻地将肥料施入，基肥以有机肥为主，必须充分腐熟。基肥施用数量每公顷宜 75~110t，过磷酸钙宜 300~750kg。

3. 喷灌系统的安装

喷灌系统用水节约，供水均匀。它是用来平衡草坪用水的供给，保持良好的观赏效果。在坪床清理、平整后应及时配置喷灌系统。需要说明的是，在对管道进行起挖时，对表层和其他土分开放置，以保证回填时表层土仍保留在最上面。

排灌设施准备的规定：①面积在 2000m² 以上的草坪必须有充分的水源和完整的灌溉设备，给水管应在排水管之下。必须及时排除积水。②面积不大于 2000m² 的草坪，利用地形自然排水，比降为 3‰~5‰。面积 2000m² 以上的草坪，可建永久性地下排水管路，与市政排水系统连接。

4. 正确选择草种

既要根据气候条件（如北疆气候条件夏季日平均温度达 20~26℃，日最高可达 41~44℃。冬季日平均温度为 –13~43℃，年降水量为 110~220mm。这就要求草坪品种必须抗旱性强、抗寒性强、抗逆性强，才能在北疆地区健壮成长）又要根据草坪的功能（如休息草坪、观赏草坪、运动场草坪、护坡草坪、疏林草坪、飞机场草坪等类型）。正确选择草坪品种，才能满足气候要求、功能要求和观赏性状上的要求。

5. 草坪种植与铺设

草坪种植的方法有很多种，要根据不同气候、功能和观赏要求进行选择。

（1）直接播种草籽：一般在春、秋季进行。冷地型草坪多用此法。

（2）直接栽草：一般在春、夏季进行。中国北方地区多用此法。

（3）用茎枝段繁殖：一般在夏季或多雨季节进行。暖地型草坪多用此法。

（4）直接铺砌草块：温暖地区四季都能进行，中国北方夏、秋季用此法铺砌运动场草坪。

（5）用喷浆播种法把草籽、粘胶、肥料混合物喷到岩坡上强制种草。

（6）把草籽预先放到无纺布上发芽、生长成草坪植生带，然后铺到地上形成草坪。

各种方法都有其长处：直接播种法的优点是草籽用量少，分布均匀，出苗整齐，能够防止杂草滋生，种在坡地上不致被水冲走，可以组成各种图案。用种子或茎枝段预先在无土或薄土的情况下生产出草块，或是把带状草块卷成草卷，可供室内、室外随时铺设草坪，铺好后可立即成形。

草坪铺植方法有密铺、间铺、点铺、茎铺，其技术要求分别为：

（1）密铺技术要求：应将选好的草坪切成 300mm×300mm、250mm×300mm、200mm×200mm 等不同草块，顺次平铺，草块下填土密实，块与块之间应留有 20~30mm 的缝隙，再行填土，铺后及时滚压浇水。若草种为冷地型则可不留缝隙。

（2）间铺技术要求：铺植方法同密铺，$1m^2$ 的草坪宜有规则地铺设 $2~5m^2$。

（3）点铺技术要求：应将草皮切成 30mm×30mm，点种。用 $1m^2$ 草坪点种 $2~5m^2$。

（4）茎铺技术要求：暖地型草种茎铺时间以春末夏初为宜；冷地型草种茎铺时间以春秋为宜。方法是应选剪 30~50mm 长的枝茎，及时撒铺，撒铺后滚压并覆土 10mm 厚。

6.4.2　草坪的养护管理

建植草坪质量上要求各类草坪的覆盖度应达到 95%，集中空秃不得超过 $1m^2$，达到覆盖度 95% 所需的时间是满铺草坪应为一个月，其他方法建植的草坪应为三个月。草坪并非铺设完成后就能一劳永逸，它需要精心照料。不少草坪建植者正是忽视了这一点，结果没有达到预期的效果。在草坪建植完成后，根据其各方面的情况必须对草坪进行养护和管理，其基本措施是如下。

1. 修剪

修剪是最重要的管理措施之一。原则上每次修剪量不能超过草长的 1/3。修剪的目的不仅仅是为了美观，更重要的是，通过修剪可以促进禾草分蘖，增加草坪的密集度、平整度和弹性，增强草坪的耐磨性，延长草坪的使用寿命。及时的修剪还可以抑制草坪杂草开花结籽，使杂草失去繁衍后代的机会。修剪的一般要求：①第一年要不断清除杂草。②及时修剪。草长到 4~10cm 高时进行修剪，每次修剪量不宜超过草高的一半。③草坪一般保持 2~5cm 高。

2. 施肥

施肥是为草坪草提供养料的重要措施，能改善草坪的持久性和提高草坪的质量。在北疆地区草坪草每年施两次肥较为适宜，分别于早春和早秋。在 4 月初第一次施肥（施肥要适量），不仅可以使草坪提前返青，还有利于冷季性草坪草在一年生杂草萌生之前恢复损伤和加厚草皮；在 9 月份进行第二次施肥，除了能延长绿期至晚秋、冬季外，而且能促进第二年新分蘖枝与根茎的生长。为保持草坪具有良好的景观状态、持久的绿色、较高的抗病虫害能力，就必须维持一定量的营养水平。因而需要加强根外追肥，补充除氮、磷、钾外的其他微量元素，满足其生长的需要。追肥：草坪追肥可用化肥或有机肥，生长季节宜施氮、磷、钾颗粒状混合肥料。一般在修剪后、喷灌前施用。

施用化肥要注意以下几点：①氮、磷、钾的比例控制在 5∶4∶3 为宜；②一般土壤施用量为 20kg/ 亩，正常情况下，南方秋季施肥，北方春季施肥；③施肥和浇水应密切配合，以防使用不当对草坪造成损伤，有条件的最好使用配比好的液肥。有机肥多在草坪休眠期施用，用量一般为 1000~1500kg/ 亩，每隔 2~3 年施用一次。有机肥的施用不仅能够改进土壤疏松度和通透性，而且有助于草坪安全越冬。

3. 浇水

浇水不仅可以维持草坪草的正常生长，而且还可以提高茎叶的韧性，增强草坪的耐践踏性。草坪的灌水应在蒸发量大于降水量的干旱季节进行，冬季草坪土壤封冻后，无须浇水。就天气情况而言，有微风时是浇灌的最好时间，能有效地减少蒸发损失，利于叶片的干燥。在一天中，为提高水的利用率，早晨和傍晚是浇水的最佳时间，不过晚上浇水不利于草坪草的干燥，易引发病害。在草坪草生长季的干旱期，为保持草坪草的鲜绿，大约每周需补充 3~4cm 水，在炎热干旱的条件下，旺盛生长的草坪每周需补充 6cm 或更多的水。需水量的大小，在很大程度上决定于坪床土壤的质地。

保证草坪草水分的供给，是产生优质草坪的必备条件。一般情况下，草坪缺水时，草坪草有不同程度的萎蔫，颜色由青绿色变成灰绿色，此时就需要灌水。

灌水的时间应由草坪的生长情况和天气状况来定。一般来说，早晨或傍晚浇水，蒸发损失小，有利于草坪草生长。在草坪生长季的干旱期，大约每周补充 5cm 左右的水，才能保证草坪草的健康成长。

浇水可采用喷灌、滴灌、漫灌等多种方式，可根据不同程度的养护管理水平以及设备条件采用不同的方式。在秋季草坪草停止生长前和春季返青前应各浇一次水，要浇足、浇透，这对草坪草越冬和返青是十分有利的。

4. 病虫害防治

病虫害的防治是园林植物养护过程中的重要工作，也是科技人员需要不断研究的重要课题。只有对病虫害的发生发展有了准确的了解和把握，才能从防出发，管理好园林，草坪也不例外。病虫害根据其造成危害的主体来说，可分为虫害和病害两类。

造成草坪草害虫危害的主要原因：

（1）草坪建植前土壤未经防虫处理。

（2）施用的有机肥未经腐熟，早期防治不及时或用药不当、失效等。

草坪草虫害综合防治：

（1）适地适草、播前深翻晒地、随挖拾虫除虫、施用充分腐熟的有机肥、适时浇水管理等。

（2）灯光诱捕、药剂毒土等触杀、人工捕捉等。

（3）利用天敌或病原微生物防治。

（4）虫剂以有机磷化合物为主。一般施药后应尽可能立即灌溉，以促进药物的分散，避免光分解和挥发的损失。

对地表害虫常用喷雾法，但有些害虫，如防治草坪野螟等施药后灌溉至少应在施药 24~72h 后进行。常用方法是药剂拌种、毒饵诱杀或喷雾。

根据病原的不同可将病害分为两类：

（1）非侵染性病害和侵染性病害。非侵染性病害的发生在于草坪和环境两方面的因素。如草种选择不当、土壤缺乏草坪草生长必需的营养、营养元素比例失调、土壤过干或过湿、环境污染等。这类病害不传染。

（2）侵染性病害是由真菌、细菌、病毒、线虫等侵害造成的。这类病害具有很强的传染性，发生的三个必备条件是：感病植物、致病力强的病原物和适宜的环境条件。

防治方法如下：适地适草，尤其是要选择抗病品种、及时除去杂草、适时深耕细耙、及时处理病害株和病害发生地、加强水肥管理等。喷施农药进行防治，一般地区可在早春各种草坪将要进入旺盛生长期以前，即草坪草临发病前喷适量的波尔多液 1 次，以后每隔 2 周喷一次，连续喷 3~4 次。这样可防止多种真菌或细菌性病害的发生。病害种类不同，所用药剂也各异。但应注意药剂的使用浓度、喷药的时间和次数、喷药量等。一般草坪草叶片保持干燥时喷药效果好。喷药次数主要根据药剂残效期长短而确定，一般 7~10 天一次，共喷 2~5 次即可。雨后应补喷。此外，应尽可能混合施用或交替使用各种药剂，以免产生抗药性。

6.5 花坛工程

花坛是一种古老的花卉应用形式，源于古罗马时代的文人园林，16 世纪在意大利园林中广泛应用，17 世纪在法国凡尔赛宫达到了高潮。

花坛是将同期开放的多种花卉，或不同颜色的同种花卉，根据一定的图案设计，栽种于特定规则式或自然式的苗床内，以发挥其群体美的效果。花坛具有规则的、群体的、讲究图案（色块）效果的特点，以几何形为主。它是公园、广场、街道绿地以及工厂、机关、学校等绿化布置中的重点。

6.5.1 花坛的概念

对于花坛的概念，历来有种种大同而小异的理解，早在 1933 年商务印书馆发行的《万有文库》中的《花坛》一书中，认为花坛的特征是专为观赏，自乐其美，综合各种色彩，制成若干轮廓，锐意配置，以博新奇。在同年出版的农学小丛书《造园法》中则认为花坛是"在室外用丛生草花与观赏植物，依其色泽作种种配合，以为园景上的重要点缀品。"而在新中国成立以后所编辑的辞书中，有的认为花坛是园林绿地中成丛种植花卉的地面或土坛，它可以种植一种或多种花卉形成各种图案，或根据花卉植株的高低而有不同的花坛形式。在《大百科全书》中则认为花坛是"在一定范围的畦地上，按照整形式或半整形式的图案栽植观赏植物，以表现花卉群体美的园林设施。"农业大百科全书《观赏园艺卷》中对花坛也持相同的看法，但更为简练，认为花坛是："按照设计意图在一定形体范围内栽植观赏植物，以表现群体美的设施。"

有人则从科学概念及功能方面来理解花坛：认为花坛应是"集中栽植低矮草本花卉于一定形体的地段上，用以装饰环境，分隔地面或空间，进行美育或组织交通等多种功能的植床"。还有人认为，花坛是在园林绿地中划出一定面积、较精细地栽种草花或木本植物，不论赏花或观叶的均可称为花坛，并且认为，为了同时加强花坛的色彩与形态，用建筑材料砌边，形成明显的轮廓，故"花坛是建筑材料与植物材料的混合体"。

6.5.2　花坛工程的施工

施工是设计意图充分表现的重要环节。通过施工这一环节，才能使设计所要表达的意境以及艺术处理手法得到预想的效果。不论是在公园、街心、机关、工厂、学校，还是在节日期间，都能给人们提供美的享受。施工的细致与否，不但对植物材料的表现会起到重要的作用，更关系到设计者的意图、构思的成败。因而，在花坛布置实施中，施工这一环节是不能忽视的。一般情况下，为了充分体现设计意图，设计人员必须是施工过程中的指挥者和合作者。即设计与施工紧密结合，才能获得良好的效果。

1. 花坛土壤处理

整地是花坛施工的基本步骤，是重要的一道不可缺少且不能马虎的工序。首先要翻整土地，将石块、杂物拣除或过筛剔出。花坛内土壤中的土块必须砸碎，以免在土壤中形成空隙，栽种后花苗的根系不能与土壤紧密结合，根系的毛细管作用不能正常进行，影响根部充分吸收水肥，从而使刚刚移入的花苗吸收不到所需水肥，而拖延了缓苗这一重要环节，影响花苗的继续生长。若土质过劣则换以好土，如土质贫瘠则应施足基肥，能改善土壤的物理性能，使土质轻松，空气流通，有利于土壤中有益微生物的活动，又能使花卉能得到这种由基肥所产生的、源源不断供应的肥料，使开花繁茂而持久。土壤改良时，必须采用充分发酵的有机物质。土地按设计要求平整后，四周最好用花卉材料作边饰，不得已的情况下也可用水泥砖、陶砖砌好边缘，以免水土流失和防止游人践踏。

2. 花坛植物的选择

花坛栽植的花卉应符合下列质量要求：

（1）花卉的主秆矮，具有粗壮的茎秆。

（2）基部分枝强健，分蘖者必须有 3~4 个分叉。花蕾露色。

（3）花卉根系完好，生长旺盛，无根部病虫害。

（4）开花及时，用于绿地时能体现最佳效果。

（5）花卉植株的类型标准化，如花色、株高、开花期等的一致性。

（6）植株应无病虫害和机械损伤。

（7）观赏期长，在绿地中有效观赏期应保持 45 天以上。

（8）花卉苗木的运输过程及运到种植地后必须有有效措施保证其湿润状态。

3. 一般平面花坛的放样、栽植

（1）放样

一般花坛设计图的比例，多采用 1/50 的规格，要将设计图的线条，画到花坛的土表，用尺或绳放大样。模纹花坛的连续图案可按图案的单元用竹子、镀锌钢丝制成模板，再将花坛分隔成若干单元，按模板纹样逐个放出灰线，既方便，又不会走样。纹样的绘制，由中心开始，渐渐向外推移，放大样时，不要求分毫不差，但不能误差过大，小的误差可利用花苗冠幅大小进行调整。

（2）栽植

施工栽植前，可根据用苗计划到花苗地起挖花苗或购苗。起挖小苗注意勿伤根系，大苗应带土球起挖，以防土球松散，盆花应带盆运送到施工现场后再脱盆，以保证有较高的移栽成活率。花苗在运送过程中，要用篷布或其他物品遮盖，以防日晒和风吹。花苗要随起挖、随栽植，不能及时栽完的花苗也要注意保护，放置屋内或树荫下，不能在烈日中曝晒。

花坛的栽植一般按由内向外、由上向下的顺序进行。栽植距离应根据各种花卉植物的生长规律确定，以花卉在盛花期时的花径直径为依据，要求花坛中的花卉植物达到盛花期之时，土面不裸露。栽植过密，对花卉生长不利，且浪费花苗；栽植过稀，黄土裸露，影响美观和艺术效果。模纹花坛可先栽植边缘部分，然后填心；浮雕花坛先栽植凸出的阳纹部分，然后栽植凹下的阴纹，可使栽植的花卉更加整齐，图案清晰。花卉栽植应根据花苗或盆花的大小酌情植入，因每株花苗或盆花的大小不完全一致，因此切忌成行成排或规整梅花形栽植，那样不但耗工多，而且不自然。较大面积的花坛栽植施工时，为避免操作时人为踩实已经整平的土壤，可用较长的跳板搁置在花坛上，操作者可蹲在木板上栽植。

花坛栽植完毕后，应进行清场，并浇足透水，使新栽花卉及时恢复生长。浇水时，不能用皮管直冲，应该安装喷雾装置均匀浇灌，直至土壤中水分饱和为止，以后可根据天气情况酌情浇水。

4. 立体花坛的放样、栽植

立体花坛的施工较一般平面花坛复杂。造型工艺复杂的可先做模型，然后根据设计图纸及模型按一定比例放大样。若立体花坛为钢材结构，即按照图纸上标明的型号、材料下料、烧焊，焊接要严密，不能有砂眼。大型花坛也可分片分部烧焊，然后再到现场拼装。事先要在现场浇筑好混凝土基础，基础上设有预埋铁件，以便地上部分与地下基础的连接固定。也可用螺母与基础上的预埋铁件连接，此方法施工安装均较方便，也可根据需要随时拆装。在制作立体花坛时，一定要计算好花坛的总重量及地面的荷载，处理好与基础的连接。

（1）丝网及木板、木条混合结构的框架制作

形体较小，线条简单的立体花坛，如高度不超过 1.5~2m 的花瓶或其他线条简单的造型，可利用钢丝网、蒲包作为形体表面的外膜，中央填土的方式，为了整体垂直，中心需立 1 根立柱；在中心立柱的上、中、下部位，钉数层横木作支撑，然后在横木上用板条有间距地竖向钉牢，形成立体形象的外部轮廓，然后将蒲包用镀锌钢丝固定在板条外面，由于蒲包质地柔软，不能承受内部填满土壤后的压力，在蒲包外围加一层镀锌钢丝网作为蒲包支撑土壤强度的护网，然后用土壤填满立体框架的中心，填土时从基部层层向上填充，而蒲包和镀锌钢丝网随着由下往上必须一层层包扎固定在板条或骨架上，每固定一层，往中心填土、夯实，并用木槌在网外拍打，调整立体形状的轮廓。达到中心土壤紧实的程度，又通过拍打，使形象逼真。这种框架宜于栽种以五色草为主材的立体花坛，各种色彩的小苗都是通过一头削尖的圆木棒（长约 15~20cm，直径约 3cm），按照在蒲包上绘好的花纹，穿过蒲包扎入土壤，然后将苗顺着尖棒栽入土壤，用尖棒压紧苗根，使之与土壤密切结合。

（2）立体花柱框架的制作

近年来垂直的立体花柱，为节日、为城市环境增色不少。根据设计所需高度及圆形柱的直径或方形柱的边长，制作牢固的钢架，钢架的外围为方格或圆形孔隙排列，作为小盆花（方形盆或圆形盆）依次横向或斜向（上斜）置入的孔隙，盆与盆之间紧密排列，按照设计的色彩和纹理进行，顶部同样为可以将花盆架设在上的方形或圆形排列孔，孔的形状、大小、稀密依设计时选用花卉种类及花卉的冠幅，用盆的种类和大小而定，总之，柱形框架的制作，必须考虑能承受盆栽花卉的总重量，加上喷水后的总重量。因此，基底必须牢固稳重，避免倾斜坍塌。圆柱形的高度应与圆直径取得比例协调的效果。

（3）异形塑体物框架的制作

如"孔雀开屏"、"双龙戏珠"、"飞龙"等不同形体的立体形象，有时是腾空而起，体量也很长大，这一类的造型花坛，一般均用钢材制作成一与形体相同的空心框架，将盆花按设计置入框架之内，让花卉的色彩紧贴框架，使色彩与形体明显突出。

6.5.3 花坛的养护管理

1. 浇水或喷水

根据天气情况，保证水分供应，宜清晨浇水，浇水时应防止将泥土冲到茎、叶上。供水的时间以及供水量的多少，视花坛所在地的环境条件而定，如向阳迎风处水分蒸发快，天气炎热水分蒸发快，气温低或阴天水分蒸发慢，花苗本身也因生长习性不同，存在着需求不同的特点，因此水分的提供，要根据现实情况以及对花材生长的特性进行，难以统一规定，而五色草花坛，尤其是立体花坛，必须采用喷水的方式进行，盆花装饰的花柱、特定造型花坛，都应以喷水方式补足所需水分。当前，一些主要景点的主体花坛也可安装滴灌线路于各

个部位，实行滴灌，保持土壤湿润，又能避免喷水引起的因强度大小不易掌握而发生的不均匀，或冲刷土壤的弊端。同时，还应做好排水措施，严禁雨季积水。

2. 补肥

一般花坛土壤内已施有供花苗在观赏时间内所需的肥料，但某些花卉，如用作花柱的四季海棠、矮牵牛等，可以用营养液利用滴灌的手段，使之长时期接受补肥，以延续花期。花坛内的观叶植物，则可用叶面喷肥的方法进行补肥，使叶色保持正常状态。施肥后宜立即喷洒清水，严禁肥料沾污茎、叶面。

3. 病虫害防治

由于花苗在花坛内观赏时间有限，整地时严格掌握用充分腐熟的肥料。一般情况下，无须进行病虫害防治工作。但也有些花卉，后期易发生白粉病，叶上布满白粉，宜及时拔除、更换，避免在观赏处喷药，造成环境污染。

4. 更新

花坛的更新是保证重点景观完美的一项措施。花坛内应及时清除枯萎的花蕾、黄叶、杂草、垃圾；及时补种、换苗。而且，要避免种子落入花坛土壤，萌发小苗，影响下一轮花坛的质量，如已出现还必须人工拔除，以免搅乱了花坛纹理的清晰度。一级花坛内应无缺株倒伏的花苗，无枯枝残花（残花量不得大于 10%）；二级花坛内缺株倒苗不得超过 3~5 处，无枯枝残花（残花量不得大于 15%）。

5. 植物的更换

由于各种花卉都有一定的花期，要使花坛（特别是设置在重点园林绿化地区的花坛）一年四季有花，就必须根据季节和花期，经常进行更换。每次更换都要按照绿化施工养护中的要求进行。花坛换花期间，每年必须有 1 次以上土壤改良和土壤消毒。一级花坛每次换花期间白地裸露不得超过 14 天；二级花坛每次换花期间白地裸露不得超过 20 天。

现将花坛更换的常用花卉介绍如下，仅供参考。

（1）春季花坛：以 4~6 月开花的一、二年生草花为主，再配合一些盆花。常用的种类有：三色堇、金盏菊、雏菊、桂竹香、矮一串红、月季、瓜叶菊、旱金莲、大花天竺葵、天竺葵、筒蒿菊等。

（2）夏季花坛：以 7~9 月开花的春播草花为主，配以部分盆花。常用的有：石竹、百日草、半枝莲、一串红、矢车菊、美女樱、凤仙、大丽花、翠菊、万寿菊、高山积雪、地肤、鸡冠花、扶桑、五色梅、宿根福禄考等。夏季花坛根据需要可更换一两次，也可随时调换花期过了的部分种类。

（3）秋季花坛：以 9~10 月开花的春季播种的草花并配以盆花。常用花卉有：早菊、一串红、荷兰菊、滨菊、翠菊、日本小菊、大丽花及经短日照处理的菊花等。配置模样花坛可用五色草、半枝莲、香雪球、彩叶草、石莲花等。

（4）冬季花坛：长江流域一带常用羽衣甘蓝及红甜菜作为花坛布置，露地越冬。

6.6 花境工程

花境（flowerborder）是园林中从规则式构图到自然式构图的一种过渡的半式的带状种植，它利用露地宿根花卉、球根花卉及一、二年生花卉，栽植在树丛、绿篱、栏杆、绿地边缘、道路两旁及建筑物前，以带状自然式栽种，表现植物个体所特有的自然美以及它们之间自然组合的群落美为主题。它是根据自然风景中林缘野生花卉自然分散生长的规律，加以艺术提炼，而应用于园林景观中的一种方式。它一次设计种植，可多年使用，并能做到四季有景。另外，花境不但具有优美的景观效果，尚有分隔空间和组织游览路线之功能。

6.6.1 花境的种植施工

1. 整地及放线

由于花境所用植物材料多为多年生花卉，故第一年栽种时整地要深翻，一般要求深达 40~50cm，对有特殊土壤要求的植物，可在某种植区采用局部换土措施。花境所需要的最好的土壤是沃土。土壤的类型是可以改变的，所以完全可以通过改变土壤类型的方法来获得沃土。沃土由部分黏土、部分砂粒、部分有机物质组成。它是一种优质的，易于栽种的土壤。淤泥性土壤是黏土和砂粒的混合物，可以用有机质来改善它们的质量。黏土的特点是比较重，质地硬，而且黏性大。冬季，黏土较湿，到夏天就变得干燥些，而且像混凝土一样硬。在黏土中加入大量腐熟有机质或者砂石都可以提高黏土的质量。这些方法有助于调节黏土的结构，并增强排水性。相反，砂土则比较轻并且排水通畅。这种特点对于不耐涝的植物有缓冲作用，但过度排水就意味着脱水，同时，不管是雨水还是人工浇灌的水，它们在流经土壤时会溶解土壤中的有机成分，这些养分还没来得及被植物吸收就随水流走了。正因为这个缺陷，砂土要经常施肥和增加水分。此外，添加腐熟的有机肥是最好的解决方法。对某些根蘖性过强，易侵扰其他花卉的植物，可在种植区边界挖沟，埋入砖或石板、瓦砾等进行隔离。

当准备建造花境时，若土壤过于贫瘠，要在土壤中加入足够的有机质。一旦花境栽种后，至少每逢春天还要在上面覆盖一层有机肥。当然，最好是每个秋天也能加一次。这些肥料不仅作为地面覆盖料，而且还将渗透到土壤中，从而提高土壤的质量。若种植喜酸性植物，需混入泥炭土或腐叶土。

栽植地准备好后即可按平面图纸用白粉或砂在植床内放线。

2. 栽植

栽种时，需先栽植株较大的花卉，再栽植株较小的花卉。先栽宿根花卉，再栽一、二年生草花和球根花卉。大部分花卉的栽植时间以早春为宜，尤其要注意春季开花的尽量提前在萌动前移栽，必须秋季才能栽植的种类可先以其他种类，如时令性的一、二年生花卉或球根花卉替代。

栽植密度以植株覆盖床面为限。若栽植成苗，则应按设计密度栽好。若栽种小苗，则可适当密些，以后再行疏苗，否则过多地暴露土面会导致杂草滋生并增加土壤水分蒸发。

6.6.2　花境植物的养护管理

花境虽不要求年年更换，但日常管理非常重要。为了使花境处于最佳的观赏状态，有必要对花境进行有规律的养护。如果花境在一开始就经过细致的准备，那么养护工作该是举手之劳。花境种植后，随时间推移会出现局部生长过密或稀疏的现象，需及时调整，早春或晚秋可更新植物（如分株或补栽），以保证其景观效果。

清除杂草工作是花境养护工作中较为重要的，有几种方法是清除杂草工作中较为有效的。第一种是通过彻底的地面处理来清除所有的多年生杂草。第二种是尽早抢在季节前期对每一花境进行处理。若有可能，可以在天气和土壤条件允许的情况下在冬季工作，也就是说，在前一年遗留下来的杂草及其他草本植物开始肆虐之前就将它们加以清除。如果拖到气候转暖，除草任务就成了一场艰辛的工作，尤其是在同时管理几个花境的情形时。另一种减轻除草负担的办法是采用某种形式的地面覆盖。这一工作可以在冬季和早春除草之后进行，铺盖一层厚厚的树皮片或是腐熟厩肥，可以防止大多数杂草萌发。

在花境养护中使用化学除草剂决不值得推崇。因化学除草剂的喷洒不可避免地会使药剂流到或滴落到植物上，并进而造成许多意外的损害。在较为密植的花境中使用锄头除草比较困难。这种工具必然会时而割断植物刚刚抽生的嫩枝，而且在比较稠密的种植区很难发现工作中的失误。最好是使用小铲子或是手耙进行除草，或是使用花境专用耙轻轻挖掘花床。

每年植株休眠期必须适当耕翻表土层，并施入腐熟的有机肥，每平方米1.0~1.5kg。

对于枝条柔软或易倒伏的种类，必须及时搭架、捆绑固定。一般使用支架对于防止较高的植物坍塌至关重要，坍塌的原因可能是植物过于脆弱或大风损害，雨水也有可能使得花，尤其是重瓣花过于沉重而压弯植物。在上述危险发生前为植物做好支撑，这件工作可在植物长到一半时进行，将支架按照该植物长成时高度的2/3来安置。也就是说，支架此时应高于植物。该植物将顺着支架来生长。方法之一就是将栽在地里的豆类植物茎秆或灌木丛的顶部枝条弯曲交叉成水平状。另一种方法是在植物的四周安放数根短杆并用线绳编制网状结构。第三种办法是购买专业支架，它们形式各异，包括环状金属结构。单茎类植物只要在其附近的土壤里插入一根杆柱并加以系扣就完成了支撑工作。

花期过后及时去除残花及枯萎落叶，这不仅由于植物无须结籽而节省营养，而且使花境看上去更加整洁，从而更好地衬托出其余的花朵。某些植物在花开过后可将花朵摘除，而另有一些植物可以修剪至地表，这样，长出的新叶可以取代看上去开始枯萎的叶子。一旦茎叶开始变成棕色，也应加以剪除。同时，还应及时做好病虫害防治工作。

精心管理的花境，可以保持 3~5 年的观赏效果。灌木花境当然可以更长。一级花境全年观赏期不得少于 200 天，三季有花，其中可以某一季为主花期。二级花境全年可以某一季为主花期，观赏期不得少于 150 天。三级花境的花卉生长与观赏期生长良好，一季观赏期不得少于 45 天。

6.7 其他绿化工程

种植工程还包括一些特殊的种植，如垂直绿化、绿篱、水生植物、花坛布置等，这些种植从平面到空间补充和丰富了绿地内容，与大树种植起框架骨干作用相比较，它们更多的是组织空间、变化绿地线条，起到了画龙点睛的作用。由于作用特殊，这些绿化元素经常被设计者运用在其绿地设计中，但这些种植条件都发生了变化，各自都有着自身的种植特点和技术要求，所以研究和学习这些种植特点和种植技术，是绿地种植工程能全面完成的重要保证。

6.7.1 垂直绿化

垂直绿化是指在基本不占用地面积的情况下，充分利用立体空间进行的一种绿化方式。

垂直绿化又称为立体绿化，它是摒弃人们在水平绿化基础上的绿化观念，赋予其具有生态性、可持续性、能发挥特殊作用的一种绿化形式。

随着科技的进步，垂直绿化技术的不断优化，现在提出了标准垂直绿化的概念，即强调"立体化"、"标准化"和"自动化"。"立体化"就是指在三维空间中实施绿化；"标准化"就是将绿化材料单元化，以适应产业化生产；"自动化"是指自动灌溉、自动施肥等自动供给系统的设置。

标准垂直绿化实现能够产生的作用是：

（1）高效利用不同空间，标准化施工迅速，对周围环境无影响。

（2）产品标准化、产业化和职能化，可实现全自动系统控制。

（3）专业植物配搭设计，可组成各式各样的美丽图案，明快鲜明。

（4）可用雨水循环回用，节约资源。

（5）植物本土化，生长期长，四季都保持观赏效果。

（6）采用环保材料，无毒无害并可回收。

这无疑给垂直绿化创造了进一步发展的可能。

垂直绿化在城市绿化中有着其他绿化无法比拟的优势，其不仅不占用土地，又能增加城市的绿地面积，同时发挥环保功能、景观功能等多方面的作用。如垂直绿化不仅披绿装饰楼，还可使墙体大幅降温，降温幅度达 7~8℃。根据最新的调查研究，证实在强烈阳光的照射下，非垂直绿化屋顶外表温度为 40℃，房屋室内温度为 32.5℃；而垂直绿化后的屋顶外表温度只有 32.6℃，房屋室内温度是 28℃。不仅如此，在强烈日光的照射下，屋顶结构较易遭到破坏，而绿化后，大部分太阳辐射热量消耗在水分蒸发上或被植物吸收，其结构不易被破坏。因此，合理的垂直绿化设置将有利于保护、稳定住宅区的生态效益。

　　传统应用于垂直绿化的植物主要是攀缘植物。垂直绿化的立地条件都比较差，所以选用的植物材料一般要求具有浅根性、耐贫瘠、耐干旱、耐水湿、对阳光有高度适应性等特点。例如，属于攀缘蔓性植物的有爬墙虎、牵牛、常春藤、葡萄、茑萝、雷公藤、紫藤、铺地柏等；属于阳性的植物有太阳花、五色草、鸢尾、景天、草莓等；属于阴性的植物有虎耳草、三叶草、留兰香、玉簪、万年青等。

　　垂直绿化的设计，要因地而异。如常在大门口处搭设棚架，再种植攀缘植物；或以绿篱、花篱或篱架上攀附各种植物来代替围墙。阳台和窗台可以摆花或栽植攀缘植物来绿化遮荫。墙面可用攀缘蔓生植物来覆盖，下面介绍几种垂直绿化的形式。

　　1. 攀缘绿化

　　应用爬山虎、地锦、络石、薜荔、凌霄等具有吸盘或气根的藤本植物，沿墙面、石壁、篱笆攀爬。这些植物不需要任何支架和牵引材料，栽培管理简单，其绿化高度可达五六层楼房以上。应用葡萄、紫藤、金银花等具有缠绕性能和蔓性月季、木香等长蔓性的藤本，在略加牵引扶持的情况下，攀爬在园林花架、简易棚架及与墙面保持一定距离的垂直支架上，点缀装饰小游园和庭院等。用茑萝、牵牛、丝瓜、扁豆、观赏瓜、葫芦等草本的蔓生植物，在钢丝、绳索、枝条的牵引下，绿化墙面或攀缘简易棚架等。这种方式不仅简单易行，而且藤本植物生长迅速，容易见效，并可根据喜好每年更换绿化材料。

　　2. 阳台绿化

　　城市越来越多的高层建筑拔地而起，其阳台和窗台是楼层的半室外空间，是人们在楼层室内与外界自然接触的媒介，是室内外的节点。在阳台、窗台上种植藤本、花卉和摆设盆景，不仅使高层建筑的立面有着绿色的点缀，而且像绿色垂帘和花瓶一样装饰了门窗，使优美和谐的大自然渗入室内，增添了生活环境的生气和美感。阳台绿化不同于地面，由于其特殊的位置界定，形式上有凸、凹、半凸半凹三种，日照及通风情况各不相同，具有种植营养面积小、空气流通强、墙面辐射大、水分蒸发快等特点，给管理带来了很大的不便。因此，需要做种植箱和盆景架等。阳台绿化的方式也是多种多样的，如可以将绿色藤本植物引向上方阳台、窗台构成绿幕；可以向下垂挂形成绿色垂帘（也可附着于墙面形成绿壁。应用的植物，可以是一、二年生草本植物，如牵牛、茑萝、豌豆等，也可用多年生植物，如金银花、蔓蔷薇、吊金钱、葡萄等；花木、盆景更是品种繁多）。但无论是阳台还是窗台的绿化，都要选择叶片茂盛、花美鲜艳的植物，使得花卉与窗户的颜色、质感形成对比，相互衬托，相得益彰。

　　3. 屋顶花园

　　在世界七大奇观中有巴比伦王国的空中花园，为世人所垂慕。在当今许多园林绿化先进国家或一些建筑密度过大的城市，除了尽量扩大绿地面积进行高标准的园林建设外，还利用广大的楼顶面积，进行精雕细刻的园林布置，以优美的园林植物和精巧的亭廊、花架、假山、喷泉、水池等园林建构物和雕塑小品，构成美丽的空中花园。在我国的上海、广州、合肥、成都、大连等城市，也有一些屋顶花园。屋顶花园的建设方式也是多种多样的，如用盆景、盆栽花草等合理摆设，形成盆景观赏园；结合场地情况，设置固定的种植坛和藤架，种植攀缘植物和花木；全面铺垫种植土，植树、栽花、种草；参照地面小型庭园、游园的布局，修筑水池，堆叠山石，设置喷泉、亭廊花架、雕塑小品和其他技术装饰，并开辟小径，安置桌凳，供人们在楼顶花园观景、交往、休憩。植物配置做到疏密有致，色彩、季相富于变化，使人赏心悦目，流连忘返。

屋顶花园的建设不同于其他两类垂直绿化形式，在建筑设计和结构上有一定的技术要求，在建筑设计和结构上，必须将屋顶绿化的总体重量计入，得出屋架承重。如原建筑设计未考虑绿化荷载，则不宜进行绿化，否则会引起建筑安全问题。一般地，地被式绿化土层需 6~10cm 厚，荷载达 200kg/m²，如种植草皮\地被植物等；种植式绿化土层需 20~30cm 厚，荷载达到 200~350kg/m²，如种植花卉等；花园式绿化土层需 30~50cm 厚，局部达到 70~80cm 厚，荷载达到 750kg/m²。防水渗透措施需周密设计，一般植床底应铺一层直径 2~3cm 的陶粒或石砾、焦碴等，陶粒上铺玻璃纤维层，以便通气和渗水。

屋顶花园绿化种植床内的土壤必须人工调配，土壤配比一般以一份园土、一份塘泥、两份砂土为宜，并适当配有机肥料。经验证明，这样配置的土壤的透气、透水、肥力效果好，有利于植物生长。

屋顶绿化树种，包括一些乔木树种的矮化种，要选用苗圃培育的树干矮小、树冠较大、水平根系分布广的乔木、花灌木等浅根植物。草皮应选用适应性强、管理方便的草种。

堆石、桌椅、花台、亭廊花架、雕塑小品等，宜选用轻质材料制作，尺度不宜太大，亲切可人为佳。

在科技高速发展的今天，传统的垂直绿化材料已经被突破，而且在施工工艺上也有了很大的进步，以下介绍几种城市垂直绿化新技术：

（1）用于垂直或倾斜的墙体表面绿化的植物种植技术。其主要组成部分是一个具有一定的弹性、通气性和不透水性的软性包囊，包囊由一片非纺织而成的材料做成，如聚酯、尼龙、聚乙烯、聚丙烯等。包囊可以并列地分成多个格，每个格开若干裂缝，数量和间距根据绿化的需要而定。绿化时，将包囊水平放置，将泥土倒入缝隙内，再种上植物，种植后将包囊沿墙体表面吊起，植物向外。最后加入适量的水，以促进植物的生长。这种绿化方式可以根据墙体的具体情况，精细地对墙体绿化，达到理想的绿化效果。

（2）垂直面绿化的构件。垂直面绿化构件的垂直面有排列有序、向上倾斜的花草导出管和与花草导出管相连通的空腔，构件的上方有弯钩，有凹口，下方有凸片，便于施工安装。在空腔中植入培植基，通过花草导出管植入花草即能起到垂直绿化的目的。

（3）组合式直壁花盆。它包含底盆托架和多单元连体花盆，该连体花盆是由多只盆口向上的单元花盆依次固定在一直壁上而成，连体花盆以最末一个单元插嵌在底盆托架的托盆中。根据柱形建筑物的高度，可用多组多单元连体花盆叠置至所需高度，以上一组多单元连体花盆的最末一个单元插嵌在下一组多单元连体花盆的最上一个单元内，任意调节高度。

（4）可以种植植物的水泥防护墙。这种防护墙为钢结构，基部 H 钢与地面平行，而悬空 H 钢则与地面成一个角度。在钢结构上加上钢丝和透水性水泥层、人造绿化土壤，就可以在上面种植植物了。

为了促进我国城市垂直绿化事业的进一步发展，必须打破思想上的束缚，不要认为垂直绿化只能用攀缘植物，研究也只是局限于攀缘植物的选种，还应对垂直绿化技术进行革新，因地制宜地开展多种垂直绿化。

6.7.2 绿篱

凡是由灌木或小乔木以近距离的株行距密植，栽成单行或双行，紧密结合的规则种植形式称为绿篱。因其可修剪成各种造型并能相互组合，从而提高了观赏效果。此外，绿篱还能起到遮盖不良视点、隔离防护、防尘防噪等作用。

绿篱是园林绿化中常见的绿化方式，对改善生态环境、美化景观有着重要作用，绿篱是组织绿化景观的元素之一。一般采用耐寒，对尘土、烟煤污染、外界机械性损伤抗性强，枝叶茂盛，四季常绿的灌木或小乔木。

1. 绿篱的修剪

对于需要修剪的绿篱，可营建成以下几种形式：①修剪成同一高度的单层式绿篱。②由不同高度的两层组合而成的二层式绿篱。③二层以上的多层式绿篱。

从遮蔽效果来讲，以二层式及多层式为佳，多层式在空间效果上更富于变化。通过刻意修剪，能使绿篱的图案美与线条美结合，还能使绿篱不断更新，长久保持生命活力及观赏价值。

绿篱每年冬季应彻底修剪一次枯枝、弱枝，并在开春前将高度压到定高点重剪一次。春夏生长季节应平均每 25 天修剪一次，平时对个别长枝进行局部修整。

修剪目前多采用大篱剪手工操作，要求刀口锋利，修剪时紧贴篱面，不漏剪、少剪、重剪，旺长突出部分多剪，弱长凹陷部分少剪，直线平面处可拉线修剪，造型（圆形、蘑菇形、扇形、长城形等）绿篱按形状修剪，顶部多剪，周围少剪。

当绿篱生长达到设计要求定型以后，则每次把新长的枝叶全部剪去，保持设计规格形态即可。修剪除手工操作外，也有使用绿篱机进行修剪的。

2. 绿篱机修剪的方法与步骤

（1）按比例（一般机油与汽油比例为 1 : 20~1 : 25）配好混合油，加油，修剪前检查机器运转正常。

（2）确定修剪高度，一般不低于上一次剪口。

（3）先剪正侧面，再剪水平面，然后是次侧面。

（4）反复找平剪过的地方，修脚部。

（5）清理剪下的枝叶，不能有枝叶挂于绿篱上。

（6）操作完后离场，做好相关工作记录。

3. 绿篱机修剪的注意事项

（1）机油与汽油的配油比例准确。

（2）冷机启动时先泵3次油，启动时绿篱剪口不能向着人，刚启动时不能加太多油，启动并拿好机器后逐渐加大油门。

（3）手握开动着的绿篱机应遵守横平竖直的原则，严禁剪口朝向自己身体任何部位。

（4）绿篱定高原则上不能低于上次修剪的高度，剪后应彻底清理剪下的枝条。

（5）修剪时身体不能压着绿篱，若绿篱太宽可分别在绿篱的两边修剪。

（6）绿篱修剪、喷药、施肥或更换后应及时进行登记。

一般的绿篱设计高度为60~150cm，超过150cm的为高大绿篱（也叫绿墙），作隔离视线用。始剪修剪的技术要求是：绿篱生长至30cm高时开始修剪。按设计类型3~5次修剪成雏形。修剪的时间：当次修剪后，清除剪下的枝叶，加强肥水管理，待新的枝叶长至4~6cm时进行下一次修剪，前后修剪间隔时间过长，绿篱会失形，必需进行修剪。中午、雨天、强风、雾天不宜修剪。

4. 绿篱的养护管理

（1）肥料管理：初植绿篱，按设计要求的篱宽，挖40cm深的沟，填上纯净肥沃的客土，或在客土中拌入适量腐熟的有机肥或复合肥，这样绿篱种植后生长快。施肥原则是基肥足追肥速，以氮为主，磷钾结合，群施薄施，剪后必施。必要时还须进行根外施肥，保证肥水供应，使绿篱茂盛生长，修剪成篱成墙成形，达到观赏和隔离的作用。

（2）水分管理：以保湿为主，表土干而不白，雨后排水防渍，以免引起烂根，影响生长。

（3）常见病害及防治：

白粉病：白粉病发作时使用粉锈灵防治。

黑斑病：黑斑病发作时用甲基托布津、代森锰锌、百菌清防治。

煤污病：防治煤污病要清疏植株，增强光照。

（4）常见虫害及防治：

蚜虫：蚜虫发作时用氯氰菊酯类、万能粉防治。

螨虫：螨虫发作时用克螨特、速螨酮、三氯杀螨醇等防治。

蚧壳虫：蚧壳虫发作时用速扑杀、乐斯本等防治。

（5）绿篱养护质量要求：造型绿篱轮廓清晰，棱角分明；墙状修剪绿篱侧面垂直，平面水平，无明显缺剪漏剪，无崩口，脚部整齐；每次修剪原则上不超过上一次剪口，已定型的绿篱新枝留高不超过5cm；片植绿篱修剪应有坡度变化，但坡度应平滑，不能有较明显接口；绿篱内生出的杂生植物、爬藤等应及时予以连根清除；生长不良或遭受病虫害而严重变形的植株应及时用大小相当的同类植株予以更换；每半个月对绿篱进行一次质量检查,检查结果记入《绿化工作质量检查表》。

6.7.3 水生植物

1. 水生植物概述

能在水中生长的植物，统称为水生植物。广义的水生植物包括所有沼生、沉水或漂浮的植物。依据植物旺盛生长所需要的水的深度，水生植物可以进一步细分为深水植物、浮水植物、水缘植物、沼生植物或喜湿植物。

水生植物是那些能够长期在水中正常生活的植物。它们常年生活在水中，形成了一套适应水生环境的本领。它们的叶子柔软而透明，有的形成丝状（如金鱼藻）。丝状叶可以大大增加与水的接触面积，使叶子能最大限度地得到水里很少能得到的光照和吸收水里溶解得很少的二氧化碳，保证光合作用的进行。

水生植物的另一个突出特点是具有很发达的通气组织，莲藕是最典型的例子，它的叶柄和藕节中有很多孔眼，这就是通气道。孔眼与孔眼相连，彼此贯穿形成一个输送气体的通道网。这样,即使长在不含氧气或氧气缺乏的污泥中，仍可以生存下来。通气组织还可以增加浮力，维持身体平衡，这对水生植物也非常有利。

根据水生植物的生活方式，一般将其分为以下几大类：挺水植物、浮叶植物、沉水植物和漂浮植物。

挺水植物：植株高大，花色艳丽，绝大多数有茎、叶之分。直立挺拔扎入泥中生长，上部植株挺出水面。挺水型植物种类繁多，常见的有荷花、千屈菜、菖蒲、黄菖蒲、水葱、再力花、梭鱼草、花叶芦竹、香蒲、泽泻、旱伞草、芦苇等。

浮叶植物：睡莲、荇菜、水鳖、芡实等。

浮水植物：如细叶满江红或凤眼莲，也能通过纤细的根吸收水中溶解的养分。

深水植物：如萍蓬草属和睡莲属植物，它们的根在池塘底部，花和叶漂浮在水面上，它们除了本身非常美丽外，还为池塘生物提供庇荫，并限制水藻的生长。

水生植物应根据不同种类或品种的习性进行种植。选择用于景观布置的，应多从美观角度来选择植物。用于水质治理、生态修复的，则要根据污染源和污染物种类，选择相应对这些污染物富集、降解效果好的植物。在水生植物选择时还要考虑一个重要因素，那就是水体的营养程度，水体富营养的，适应的种类多一些，但当水体贫营养时，许多喜肥植物长势不好，以下植物相对较耐贫瘠，如细叶莎草、花叶芦竹、美人蕉、黄菖蒲、水禾、聚草、旱伞草、千屈菜、香菇草、红莲子草、大花皇冠、小香蒲等。而慈姑、野芋、海寿花、欧洲大慈姑相对不耐贫瘠水。

2. 水生植物栽植技术要点

（1）种植器：水池建造时，在适宜的水深处砌筑种植槽，再加上腐殖质多的培养土。种植器一般选用木箱、竹篮、柳条筐等，一年之内不致腐烂。选用时应注意装土栽бор以后，在水中不致倾倒或被风浪吹翻。一般不用有孔的容器，因为培养土及其肥效很容易流失到水里，甚至污染水质。不同水生植物对水深要求不同，容器放置的位置也不相同。一般是在水中砌砖石方台，将容器放在方台的顶托上，使其稳妥可靠。另一种方法是用两根耐水的绳索捆住容器，然后将绳索固定在岸边，压在石下。如水位距岸边很近，岸上又有假山石散点，要将绳索隐蔽起来，否则会影响景观效果。

（2）土壤：可用干净的园土细细筛过，去掉土中的小树枝、杂草、枯叶等，尽量避免用塘里的稀泥，以免掺入水生杂草的种子或其他有害生物菌。以此为主要材料，再加入少量粗骨粉及一些缓释性氮肥。

用容器栽植水生植物再沉入水中的方法常用一些，因为它移动方便，例如北方冬季须把容器取出来收藏以防严寒；在春季换土、加肥、分株的时候，作业也比较灵活省工。而且，这种方法能保持池水的清澈，清理池底和换水也较方便。

3. 水生植物的养护管理

管理一般比较简单，栽植后，除日常管理工作之外，还要注意以下几点：①检查有无病虫害。②检查植株是否拥挤，一般过 3~4 年时间分一次株。③定期施加追肥。④清除水中的杂草，池底或池水过于污浊时要换水或彻底清理。

复习思考题

6-1. 影响树木移植成活的因素有哪些？

6-2. 树木栽植前准备工作的技术要点有哪些？

6-3. 大树移植的意义何在？

6-4. 大树移植的技术规范是什么？

6-5. 如何对栽植后的树木进行养护？

6-6. 如何进行草坪的建植？

6-7. 如何进行立体花坛的放样与栽植？

6-8. 城市垂直绿化的新技术有哪些？

6-9. 花境种植施工与养护的要点是什么？

实习实训

实训一　某绿地树木栽植工程（习题图 6-1）

1. 目的

通过分析种植图纸，了解此绿地的植物配置情况，并根据图纸进行放样，掌握树木的栽植技术，同时了解栽植后的基本养护要求。

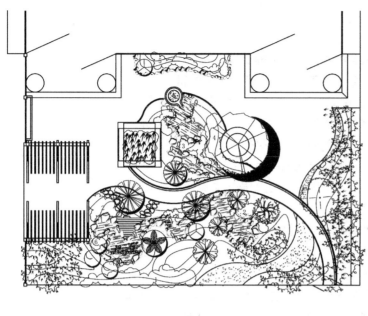

植物配置表

图例	名称	规格	单位	数量
⊗	合欢	15~17cm	株	1
⊕	大叶黄杨球	D120cm	株	2
✳	垂枝碧桃	5~7cm	株	4
★	白玉兰	8~10cm	株	1
⊕	红枫	4~6cm	株	1
◔	腊梅	D150cm, H120cm	株	3
✺	桂花	D120cm, H160cm	株	3
⊛	斑竹	H250cm 以上	丛	220
❀	银杏	6~8cm	株	1
☁	珍珠梅	D40cm, H60cm	株	12
☁	南天竹	D30cm, H40cm	株	35
☁	鸢尾	三年生	株	120
☁	迎春	三年生	株	45
☁	金银花	D40cm, H60cm	株	7
☁	石楠	D40cm, H60cm	株	5
☁	五叶地锦	三年生	株	120
✿	睡莲	三年生	株	3
⋯	细叶麦冬	三年生	m²	密植
❋	毛竹	H400cm 以上, 8cm	株	18

别墅庭院植物设计平面图

习题图6-1　某小庭院种植设计图

2. 材料准备

①某绿地种植施工图；②与图纸面积相仿的场地；③图中要求的植物材料；④种植工具与养护工具。

3. 操作方法

（1）熟悉图纸，并了解场地与周边环境。

（2）根据图纸进行现场放样。

（3）根据放样进行树木种植。

（4）进行种植后的养护。

4. 提交实训报告

树木栽植工程过程中的得失分析与总结。

实训二　花坛种植工程

1. 目的

通过分析图纸，了解花坛设计要点，掌握施工放样的基本操作方法，并熟练掌握花坛植物的种植技术与养护要点。

2. 材料准备

①某花坛种植施工图（习题图6-2）；②与图纸面积相仿的场地；③图中要求的花卉材料；④种植工具与养护工具。

3. 操作方法

（1）熟悉图纸，并了解场地与周边环境。

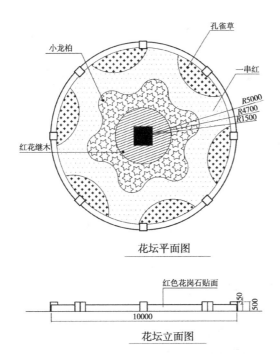

小龙柏

孔雀草

一串红

R5000
R4700
R1500

红花继木

花坛平面图

红色花岗石贴面

350
500

10000

花坛立面图

（2）根据图纸进行现场放样。

（3）根据放样进行花卉种植。

（4）进行种植后的养护。

4. 提交实训报告

花坛栽植工程过程中的得失分析与总结。

附件：案例（摘自：易新军，陈盛彬. 园林工程 [M]. 北京：化学工业出版社，2009）

黄石站前大道延伸段（金山大道）道路景观绿化工程第三标段施工组织设计

第一章　编制依据、指导思想及管理目标

1.1　本施工组织设计的编制依据

（1）工程招标文件及答疑纪要。

（2）工程招标单位提供的施工图。

（3）国家现行的有关技术规范及技术标准，施工及验收规范，工程质量评定标准及操作规程，主要目录如下：

CJJ 82—2012	《园林绿化工程施工及验收规范》；
CJ/T 23—1999	《城市园林苗圃育苗技术规程》；
CJ/T 24—1999	《城市绿化和园林绿地用植物材料　木本苗》；
GB 50300—2001	《建筑工程施工质量验收统一标准》；
GB 50202—2002	《建筑地基基础工程施工质量验收规范》；
GB 50204—2002	《混凝土结构工程施工质量验收规范》；
GB 50205—2001	《钢结构工程施工质量验收规范》；
GB 50206—2012	《木结构工程施工质量验收规范》；
GB 50210—2001	《建筑装饰装修工程质量验收规范》；
JGJ 59—2011	《建筑施工安全检查标准》；
JGJ 46—2005	《施工现场临时用电安全技术规范》；

《湖北省施工现场文明施工管理 50 条》。

1.2　指导思想

我公司针对本工程的特点，结合本企业的实际情况，以"精心组织，科学管理，技术先进，求实守信，创优夺标"为指导思想，以合同为依据，运用项目法施工组织、管理、充分发挥公司集团优势，以质量为中心，按国家相关法规标准建立质量保证体系，并根据投标前的项目管理规划大纲精神组建施工现场项目经理部，充分利用我公司的技术和地域优势，通过精心组织、科学管理，优质、安全、高效、圆满地完成该工程的施工任务。

1.3　管理目标

在市场竞争日益激烈的环境条件下，工程质量是企业的生命和灵魂。项目部严格按质量管理体系标准，科学管理、精心组织、精心施工，充分发挥我公司技术优势，确保实现下列目标。

1.3.1　质量目标

确保工程质量合格达标。

单位工程质量验收合格率 100%。

工程合同工期履约率 100%。

1.3.2 工期目标

根据招标文件在保证质量和安全的前提下，确保工期。

1.3.3 安全施工目标

确保合格，采取有效的安全防护措施，实现安全责任事故率为零。

1.3.4 文明施工目标

确保合格。

第二章 工程概况及特点

2.1 概况

工程名称：黄石站前大道延伸段（金山大道）道路景观绿化工程第三标段

建设单位：黄石磁湖高新科技发展公司

设计单位：上海唯美景观设计工程有限公司

工程概况：黄石站前大道延伸段（金山大道）道路景观绿化工程第三标段，工程编号：S07016—JSDD—C，是黄石金山大道（A9—A21）段道路绿化景观工程（桩号 K2+580——K5+600），其施工范围包括绿化、人行道铺装、园林小品、土方挖填、给水排水安装等施工任务。

2.2 工程特点

（1）工程内容分为绿化、人行道铺装、园林小品、土方挖填、园林给水排水安装等，由于是新建道路，要求施工过程中注意安全和环境保护，安全施工，文明施工，并加强对各个方面的管理和沟通协调，避免造成不良影响。

（2）工期较短，为春夏交接之季施工，雨水较多，施工期间要合理安排施工工序。

第三章 施工组织设计

3.1 施工准备

施工准备的基本任务是为拟建工程的施工建立必要的技术和物质条件，统筹安排好施工力量和施工现场。认真做好施工准备工作，对于发挥企业优势，合理供应，加快施工速度，提高工程质量，降低工程成本，增加企业竞争力，提高企业管理水平，具有重要的意义。具体到本工程，要做好以下几个方面的准备工作。

本工程工作量较大，工期较紧，质量要求高。为此，提高做好前期各项技术准备工作显得十分重要。

3.1.1 技术准备

（1）成立项目技术工作领导小组：明确领导班子、生产技术、材料供应、后勤保卫及施工队伍等人员的任务。

（2）调查有关施工现场的水文、地形、地貌、原有树林等原始材料，调查施工季节气候、气象等信息。组织工程技术人员熟悉施工图纸，充分了解设计意图，对图纸上存在的问题、错误进行汇总。

（3）在业主的组织下进行图纸会审，做好记录，办理图纸会审纪要。

（4）组织相关人员编制施工组织设计，确定主要分部分项工程的施工方法，完成施工组织设计的审批工作。完善施工方案，组织做好技术交底和安全交底工作。

（5）对施工重点、难点部位进行研讨，并结合现场实际情况采取有效措施。

（6）负责编制材料、机械、半成品和劳动力需用计划。

（7）制定项目各项管理制度，编制施工作业指导书。

（8）进行分层次的技术、安全、质量、文明施工、现场管理制度交底。

（9）做好施工图纸预算编制，提出资源计划。

（10）收集与工程有关的规范、规程标准。

负责工程竣工资料的收集、整理，监督工程设计变更的实施。

3.1.2 物资准备

（1）根据设计图纸和招标文件拟订工程苗木和其他材料的采购计划。开工前对大宗材料、特殊材料应事先联系好供货商，并对其社会声誉、材料质量、价格和供应进行了解比较，逐一落实。

（2）苗木的准备。按照种植设计所要求的苗木质量、种类、规格和数量确定苗木来源，制订起苗、运输和栽植计划。

（3）进场材料必须经过监理公司人员，并按规划位置分类堆放，且落实防盗、防火等安全措施。未经监理人员许可不得擅自采用。

（4）所有进场施工机械必须在使用前进行检查、维修，确保完好待命状态。须经有关部门检查验收后，才能获准进入现场。

3.1.3 人力资源准备

（1）监理工程项目的领导机构。

（2）建立精干的施工队。

（3）集结施工力量、组织劳动力进场，向施工队伍、工人进行施工组织设计、计划和技术交底。针对不同工程，把工程设计的内容、施工计划和施工技术要求详尽向工人讲解。要求工人在交底后，弄清关键部位、技术标准、安全措施和操作要领，必要时进行示范。

（4）建立、健全各项管理制度。内容主要包括：工程质量检查与验收制度；施工图纸学习与会审制度；技术交流制度；职工考勤、考核制度；工地及班级经济核算制度；材料出入库制度；安全操作制度；机具使用保养制度等。

3.1.4 施工现场准备

（1）进场后会同业主、监理进行现场坐标点、水准点的交接工作，并做好保护措施，对建筑物进行定位放线，并做好施工场地的控制网测量。

（2）搭设施工临时设施，布置施工用水、用电管线，修临时围墙，标示"五牌一图"等。

（3）做好"三通一精"。确保现场水、电、道路通畅。清理施工场地，去除杂草、建筑垃圾等施工障碍物。

（4）安装调试施工机具，确保设备合格、受控。

3.2 施工组织部署

3.2.1 施工管理机构

为了确保为了高质量、高速度完成本工程，我公司拟派资深项目经理，委派公司骨干及管理技术人员组成项目部，力争把本工程建成公司样板工程。项目经理负责全盘公司；施工员负责具体施工，安排好各作业队的施工工作并写好施工日志，并负责协调好当地居民的关系及其他日常工作，确保施工人员及设备的安全；预算员配合财务部合理调配资金，以确保合同工程的完成；材料员保证各种材料的及时供给，作为全体施工人员的后勤保障；技术部（质检、资料、安全）确保工程质量，做好计量工作，认真做好安装质量记录，在质量方面有一票否决权。施工现场管理机构如附图1所示。

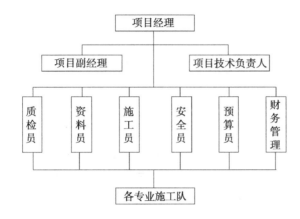

附图1　施工现场管理机构

3.2.2 施工程序

为了确保工程能顺利进行，便于各专业班组交叉作业，各区均作为一个整体流水段。道路铺筑作为一个流水段；园路广场铺装作为一个流水段；园林小品作为一个流水段；苗木栽植作为一个流水段；各流水段以普工、泥工、木工、钢筋工、油漆工、绿化工为主，其他工种按照工作量需要随时配备人员。

本工程施工安排程序是：依照先地下、再地上，先结构、后装饰，先整场、再种植，先维护、后砌筑的原则，结合施工现场特点及工期要求施工。

主要施工流程及施工方法、主要的技术措施如下（以绿化栽植工程的技术措施为例，场地平整及土方工程、园建工程、给水排水安装工程的技术措施略）。

绿化栽植工程的技术措施

绿化栽植施工中遵循先平场整土，后乔木，再灌木，再色块，最后草坪的原则，本工程为平行顺序交叉作业，工程分为八个阶段施工：测量、放线、绿地整理、挖树穴、栽植乔木、栽植灌木及色块、铺设草坪、养护管理。

主要施工方法如下。

一、测量及放线

根据本工程场地特点和工程情况，主要测量仪器和工具有：DJ2光学经纬仪1台，DS3光学水准仪1台，50m钢卷尺2把，5m钢卷尺4把。

根据施工平面图及实际踏勘情况，我们在施工区布设两级控制网对施工区进行控制，即先布设一级控制网对施工区进行整体控制，以一级控制为依据、布设二级控制网满足施工分区的细部施工测量。做好施工场地的控制网测量，了解工程地下管网和电缆线及地下埋设物，落实现场永久性坐标桩、水准点、水电接口、测量控制网的情况。

二、土方工程（绿地整理）

根据现场情况，研究制订合理的现场场地平整、土方开挖施工方案，对于能够利用的土方可以选择回填，不能利用的土方按施工要求清除，并且在需要的地方设立挡土墙；绘制施工总平面图和土方开挖图，确定开挖路线、顺序、范围、底板标高、排水沟水平位置以及挖去的土方堆放地点。

三、苗木栽植

1. 乔木的施工方法

（1）定点放线

根据图纸上的标尺网格确定树木的纵横坐标尺寸，再按此位置用皮尺量在现场相应的位置。

（2）挖种植穴

以所定灰点为中心沿四周向下挖坑，坑的大小依土球规格及根系情况而定，坑与土球间每边应比土球大16~20cm，应保证根系充分舒展，坑的深度应比土球高度深10~20cm。坑的开头一般宜用圆形，且须保证上下径大小一致。

（3）除瓦砾、放基肥

挖穴后，发现瓦砾多或土质差，必须清除瓦砾垃圾、换新土。根据土质情况和植物生长特点施加基肥，基肥必须与泥土充分拌匀。

（4）乔木的起掘

1）选苗：苗木要求干形通直，分叉均匀，树冠完整、匀称；茎体粗壮，无折断折伤，树皮无损伤，土球完整，无破裂或松散；无病虫害。

2）起苗时间：起苗时间在苗木休眠期，并保证栽植时间与起苗时间紧密配合，做到随起随栽。

3）起苗方法：如土壤干燥，起苗前1~3天应适当淋水使泥土松软。起苗要保证苗木根系完整；一般土球直径为胸径的8~10倍，土球的高度是土球直径的2/3。

（5）乔木的修剪、运输及假植

1）苗木修剪：种植前，应对苗木进行适度修剪。修剪时应遵循树木自然形态的特点和生物学特性，在保持基本形态的前提下减去枯枝、病弱枝、徒长枝、重叠或过密的枝条，并适当修剪。

2）苗木运输：苗木的装车、运输、卸车等各项工序，应保证树木的树冠、根系、土球的完好，不应折断树枝、擦伤树皮或损伤根系。

（6）乔木的栽植

1）回填底部种植土：以拌有基肥的土为树坑底部种植土，使穴深与土球高度相符，尽量避免深度不符合来回搬动。

2）摆放苗木：将苗木土球放到穴内，把生长势好的一面朝向视面，竖直看齐后填土固定土球，再剪除包装材料。

3）填土捣实：在接触根部的地方应铺放一层没有拌肥的干净种植土。填入土至树穴的一半时，用木棍将土球四周的松土捣实，然后继续用土填满种植穴并捣实，使种植土均匀、密实地分布在土球的四周。

4）浇定根水、立支架：栽植后，必须在当天浇透定根水。种植后为了保证苗木的正常生长，防止倒伏，所以要采取下列措施：对乔木进行草绳绕树干，减少水分流失；采用毛竹三角撑进行支撑。

（7）非种植季节种植

应采取以下措施：

1）苗木应提前采取修枝、断根或用容器假植处理。

2）对移植的落叶树必须采取强修剪和摘叶措施。

3）选择当日气温较低时或阴雨天进行移植，一般可在下午5点以后移植。各工序必须紧凑，尽量缩短暴露时间，随掘、随运、随栽、随浇水。

4）夏季移植后可采取搭凉棚、喷雾、降温等措施。

2. 灌木、色块的施工方法

（1）定点放线

定点放线应以图纸为准。每隔5株钉一木桩作为定点和种植的依据。定点时如遇电杆、管道、涵洞、变压器等障碍物必须躲开。

（2）灌木、色块的起掘

1）选苗：要求冠幅完整、匀称、符合规格；土球完整，无破裂或松散；无检疫对象的病虫害。特殊形态苗木要符合设计要求。

2）起苗时间：起苗时间宜选在下午4点后，晚上运输，保证栽植时间与起苗时间紧密配合，做到随起随栽。

3）起苗方法：如土地干燥，起苗前1~3天应当淋水使土壤松软，起苗要保证苗木根系完整。裸根起苗应尽量多保留根系和宿土；若掘出后不能及时运走栽植，应进行假植，带土球苗木起苗应根据气候及土壤条件决定土球规格，土球应严密包装，打紧草绳，确保土球不松散、底部不漏土。

（3）灌木、色块的栽植

1）回填底部种植土：以拌有基肥的土为底部种植土，在接触根部的地方应铺放一层没有拌肥的干净种植土，使沟深与土球高度相符。

2）排放苗木：将苗木排放在沟、穴内，土球较小的苗木应拆除包装材料再放入沟内；土球较大的苗木，宜先排放在沟内，把生长势好的一面朝向视面，竖直看齐后垫土固定土球，再剪除包装材料。

3）填土捣实：填入好土至树穴的一半时，用木棍将土球四周的松土捣实，然后继续用土填满种植沟并捣实。

4）浇定根水：栽植后，必须在当天对灌木浇透定根水。

3. 铺设草坪的施工方法

（1）场地准备

场地准备工作的好坏直接影响草坪的品质。场地的准备一般包括杂草灭除、坪床清理、土壤耕翻、平整、设置排灌系统、施肥等工作。

1）土壤准备与处理：建植地 25cm 深的土壤要彻底清除杂草根、甲虫、虫卵、碎石等异物。

2）杂草防除：耕翻土地时用人工拣除和用化学方法在播种前进行灭杂。常用除草剂有草甘膦、五氯酚钠，分别为内吸型和触杀型，可杀灭多年生和一年生杂草，每亩（1 亩 $\approx$ 666.67m^2）用量 250mL。

3）坪床平整：坪床平整工作分粗平整和细平整两步进行，粗平整是在场地施肥并深翻后，即应将场地予以粗平整，粗平整时，应将标准杆钉在固定的坡度水平之间，使整个坪床保持良好的水平面，然后铲除高出的部分，添填低洼部分，填方时应考虑到填土的下陷问题，细土通常下沉 15%~20%。

4）施肥：由于成坪后不可能再在土壤的根区大量施肥，而土壤的质地与肥力好坏直接影响到草坪草的根系生长与发育，从而又影响到建成草坪的质量与寿命。因此，在建坪前应施入足够的有机肥，保证草坪的正常生长和长效性。有机肥必须是经过充分沤熟的粪肥以防止将杂草种子和病虫源带入土壤，每平方米有机肥的用量为 10kg，使肥料与土壤充分混匀，播种前可施入无机复合肥、磷肥，每亩各 20kg，与表层土壤充分混匀。

（2）满铺草坪

本工程选用的满铺草坪的种类是马尼拉，种植后每天浇水至新草芽萌生时，浇水量视天气情况和土壤湿度定。发现草坪出现黄斑等病害植株，一定要尽早清除，以免造成病害扩散。草坪种植后 10 天开始人工拔除杂草，一般过 10 天再拔一次（视杂草生长情况），当草坪长到 10~15cm 时，用剪草机剪草，刈剪去的部分一定要在刈剪前草坪高度的 1/3 以内，一是美观，二是刺激新芽萌生，延长草坪寿命。

4. 养护管理

本工程总体质量目标为合格，为二级养护一年。需要精心组织，全面管理，此项工作也是本工程能否成功的关键。

（1）树木管理

新栽树木成活率 98%。树木生长良好，保持树木自然特征，无明显歪斜（造型植物除外），无牵绳挂物。整形修剪，保持树木整齐美观。及时对未成活苗木进行换植和补栽。

（2）绿地管理

植物生长茂盛，土壤平整，基本无杂草，无积成垃圾，无明显缺株，无渍水及旱象。

（3）病虫害防治

植物无明显病虫害迹象，食叶性害虫不超过 10%，蛀干性害虫不超过 5%。

（4）组织措施

1）本工程保活养护工作由项目经理负责，纳入项目经理业绩考核项目，具体保活养护工作由公司专业养护队承担。

2）保活养护期间，常驻工地进行日常养护的工人数不少于 4 人，集中养护期间（如修剪、病虫害防治、除草）不少于 10 人。

（5）技术措施

1）工程完工后由项目经理、施工员和质检员向养护队负责人及技术人员进行保活和养护技术交底，确保施工期养护和保活养护期无缝交接。

2）保证养护机械的数量、质量和人员到位。

3）高度重视植物病虫害防治工作。植保工程师定期对工程现场苗木病虫害情况进行监测并向项目经理提交监测报告，提出防治方案。

4）建立预报告制度，保活养护期间的苗木一旦出现苗木存活困难的苗头，及时采取技术措施，量多的要制订解决方案。

5）对未存活的苗木或虽然存活但质量达不到要求的苗木要及时进行更换。

6）有针对性地对养护工人，特别是养护工长进行技术培训，使养护工人对养护苗木的特性有较多的理解，使养护工人掌握养护苗木常见的养护问题及解决方法。

（6）养护管理方案

本工程按二级养护执行。

1）乔木的养护管理：乔木养护管理的标准是生长良好，枝叶健壮，树形美观，上缘线和下缘线整齐，修剪适度，无死树缺株，无枯枝残叶，景观效果良好。

①生长势：生长势较强，生长量达到该树种该规格的平均年生长量；枝叶健壮，无枯枝残叶。

②修剪：考虑每种树的生长特点如叶芽、花芽分化期等，确定修剪时间，避免把花芽剪掉，使花乔木适时开花；乔木整形效果要尽量与周围环境协调。

③灌溉：根据不同生长季节的天气情况、不同植物种类和不同树龄适当浇水，并要求在每年的春、秋季重点施肥 1~3 次。

④补植：及时清理死树，在可种植季节内补植回原来的树种并力求规格与原有的树木接近，以保证良好的景观效果。补植要按照树木种植规范进行，施足基肥并加强浇水等保养措施，保证成活率达 95%。

⑤病虫害防治：及时做好病虫害的防治工作，以防为主，精心养护管理，使植物增强抗病虫能力，经常检查，早发现早治理。

2）灌木和色块植物养护管理：灌木和色块植物养护管理的标准是生长良好，花繁叶茂，造型美观，修剪适度，无死树缺株，无枯枝残叶，景观效果良好。

①生长势：生长势中等，生长量达到该种类该规格的平均年生长量；萌蘖

及枝叶生长正常，叶色较鲜艳，无枯枝残叶，植株基本整齐。花卉适时开花，花坛轮廓完美，无残缺，绿篱无断层。

②修剪：考虑每种植物的生长发育特点，既造型美观又能适时开花；花灌木和草本花卉必须在花芽分化前进行修剪，以免将花芽剪除；绿篱和花坛整形要符合造景要求。

③灌溉、施肥：根据植物的生长和开花特性进行合理灌溉和施肥。在雨水缺少的季节，每天的浇水量要求不低于该种类该规格的蒸腾量，肥料不能裸露，可采用埋施或水施等不同方法，埋施要先挖穴或开沟，施肥后要回填土、踏实、淋足水、整平。一般可结合除草松土进行施肥。

④除杂草：经常除杂草和松土，除杂草、松土要保护根系，以浅耕为主，不能伤根及造成根系裸露，更不能造成黄土裸露。

⑤补植：及时清理死苗，并在适当天气和季节补植回原来的种类且力求规格与原来的植株接近，以保证良好的景观效果。补植要按照种植规范进行，施足基肥并加强淋水等保养措施，保证成活率达 95% 以上。

⑥病虫害防治：及时做好病虫害的防治工作，以防为主，精心养护管理，使植物增强抗病虫能力，经常检查，早发现早处理。

3）草坪建成后的常年养护管理：养护管理的主要内容包括：修剪、施肥、灌水。

①修剪：草坪的修剪是草坪管理措施中的一个重要环节。草坪只有通过修剪，才能保持一定的高度和平整洁净的外观。草坪草的修剪应遵循三分之一的原则，一般适宜留草高度为 3~5cm，并且当草坪草生长到约 8cm 时及时修剪。

②施肥：施肥是草坪养护培育的重要措施，适时的施肥为草坪提供生长发育所需养料，改善草坪质地和持久性。已建成草坪每年施肥 2 次，早春与早秋。3~4 月早春肥可使草坪草提前 2 周左右发芽，提前返青，还可使冷季型草坪草在夏季一年生杂草萌生之前恢复损伤与生长，加厚草胚，对杂草起抑制作用。8~9 月的早秋肥不仅可延长青绿期至晚秋或早冬，有助于草坪的越冬，还可促进第二年生长和新分蘖枝根茎的生长。建成草坪的施肥多为全价肥，即含有氮、磷、钾的无机肥，常用的有硝酸铵、硫酸铵、过磷酸钙、硫酸钾、硝酸钾等。施肥宜淡不宜浓，以免灼伤草坪。

③灌水：草坪草组织含水量 80% 以上，水分含量下降就会产生萎芽，下降到 60% 时就会导致草坪死亡。黄昏是灌水的最好时间，灌水量多少以耗水量而定。

第四章　确保工程质量的技术组织措施

4.1　工程质量目标

（1）确保工程质量合格；

（2）符合《园林绿化工程施工及验收规范》（CJJ 82—2012）的要求；

（3）工程质量符合国家及地方相关法规及规范的要求。

4.2　确保工程质量的组织技术措施

本工程是道路景观工程，难点是：物资和人员的合理安排调配及使用问题；重点是：本工程的景观效果至关重要，设计的规格和要求比较高，要求我们从选苗、施工到养护严把质量关；保证安全、文明施工，严格控制工期。

4.2.1　组织措施

建立施工项目质量保证体系，落实各种质量保证制度，主要包括以下内容。

4.2.1.1　职责明确的分工制度

按照公司质量保证体系进行项目经理部质量职能分配，根据确定的项目管理目标，精心挑选各级管理人员，成立"黄石站前大道景观绿化工程施工项目部"，建立以项目经理为核心的管理体系，对工程质量、进度、安全文明施工进行科学化管理，对项目综合效益全面负责，并保证项目质量管理工作符合ISO90000标准，符合公司《质量手册》、《质量体系文件》要求，各职能部门分工明确、横向协作，各业务岗位工作职责具体化、规范化，做到职责到位，接口严密。项目经理、技术负责人、施工员、质检员、材料员均严格按照分工做好本环节的质量控制及管理工作。

4.2.1.2　技术交底制度

坚持以技术进步来保证施工质量的原则。针对工程编制要有针对性的作业指导书。每个工种、每道工序施工前要组织进行各级技术交底，包括项目工程师对工长的技术交底、工长对班组的技术交底、班组长对作业班组的技术交底。因技术措施不当或交底不清而造成质量事故的要追究有关部门和人员的责任。

4.2.2　技术措施

4.2.2.1　质量管理

每天召开现场协调会、调动会、碰头会，每周召开总结会，及时解决实际问题，随时同建设单位、监理单位保持联系，严格按照设计图纸规范化施工，把好每道工序的衔接关，健全"三检四查"制度。

4.2.2.2　进度管理

进度管理方面采取严格的目标管理与阶段目标相结合，总进度控制阶段进度，阶段进度控制月进度、周进度，定期检查，发现问题及时调整。

4.2.2.3　技术管理

具体技术措施（略）。

4.2.2.4　养护管理

针对本工程的重点，为了保证工程景观效果，特详细制定《苗木养护工作月历表》，并长期监督检查实际执行情况。

4.3　工程质量的控制措施

4.3.1　事前控制

（1）进行质量意识的教育，使项目全体人员树立"百年大计，质量第一"的思路。组织有关人员学习、领会园林景观工程建设的相关项目，增强贯彻的自觉性。制定现场的质量管理制度。项目技术负责人组织有关技术人员熟悉、阅读图纸，参加业主主持的图纸会审。通过参加设计交底，技术人员应准确领会设计意图。

（2）根据本工程的特点确定施工流程、工艺及方法。检查现场的建筑物的定位线及高程水准点等。完善计量及质量检测技术和手段，熟悉各项检测标准。编制对原材料、半成品、构配件质量进行检查和控制的计划。对不合格品的预防制订相应措施。在具体的工序施工前，责任工长负责向施工班组进行施工技术、质量、安全、文明施工等方面有针对性的书面交底。

4.3.2 事中控制

（1）在施工中实行"操作挂牌制"，贯彻"谁管生产，谁管质量；谁负责施工，谁负责质量；谁操作，谁保证质量"的原则，落实质量责任到具体的人。

（2）在施工中认真落实质量"三检制"（自检、互检、专业检）。保证只有质量合格的工序产品才能流传到下一道工序。实行质量一票否决制，质量员对不合格品不予验收。对不合格品的纠正：凡不按图纸、施工规范要求施工，违反施工程序，使用不符合质量要求的原材料、半成品的，出现工序质量不合格的，必须暂停施工并予以纠正。

（3）项目部设置一名内业资料员，专门负责质量记录的控制。

4.3.3 事后控制

（1）按质量评定标准，对已完成的分部分项工程进行质量验收，评定质量等级。

（2）对质量资料收集归档。

（3）在保修阶段，对本工程进行质量保修。

4.4 工程质量责任追究制度

4.4.1 发生下列情况的，对责任人罚款100元/次（项）

（1）完不成公司下达的质量指标的责任人。

（2）导致发生重大质量事故的直接责任人。

（3）发生质量事故隐瞒不报的责任人。

（4）对质量问题、质量隐患不及时认真整改的有关责任人。

（5）不实事求是地对工程质量进行评定，导致"优质优价"的结算原则不能体现，加大了项目的质量成本的有关责任人。

4.4.2 出现下列情况的，对责任人罚款50元/次（项）

（1）技术人员不针对特殊工序、关键工序编写作业指导书的。

（2）工长在施工前不向作业班组进行书面交底，施工中不对作业班组进行质量全过程监控管理的。

（3）资料员不能保证资料的收集整理与工程同步的，资料的收集不符合规定的。

（4）每道工序施工完不成"三检"的班组长、责任工长和质检员。

（5）对工序不合格品未及时发现的施工班组长、责任工长。

（6）导致植物生长不良以致死亡的责任人。

4.5 质量保证体系框图（附图2）

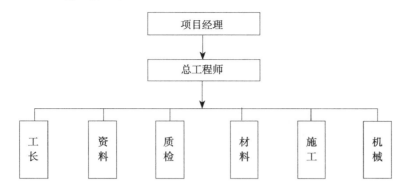

附图 2　质量保证体系框图

附表 1：苗木养护工作月历表。

苗木养护工作月历表　　　　　　　　附表 1

时 间	工作内容	主要措施
1~2 月	1. 病虫害防治 2. 整形修剪 3. 设置养护人员	1. 贯彻"预防为主,综合治理"的防治方法,严禁使用剧毒化学药剂、有机汞化学农药,重点防治 2. 整形修剪以整形为主,根据树势情况可重剪或轻剪,主要剪去徒长枝、病虫枝、下垂枝、扭伤枝及枯枝 3. 养护人员 6~8 人
3~4 月	1. 补栽 2. 设置养护人员	1. 对造林地带枯死、人为破坏等不发芽的苗木及时挖取,并原地及时补栽,同时加强养护管理,确保苗木成活 2. 养护人员 6~8 人
5 月	1. 补栽 2. 浇水 3. 设置养护人员	1. 对绿化地带枯死、人为破坏等不发芽的苗木及时挖取,并原地及时补栽,同时加强养护管理,确保苗木成活 2. 视天气状况适时浇水抗旱 3. 养护人员 6~8 人
6 月	1. 浇水抗旱 2. 施肥 3. 中耕除杂草 4. 病虫害防治 5. 设置养护人员	1. 视天气状况适时浇水抗旱,在雨季来临之前挖好排水沟 2. 施复合肥 3. 中耕除杂草一次 4. 贯彻"预防为主,综合治理"的防治方法,严禁使用剧毒化学药剂、有机汞化学农药,重点防治 5. 养护人员 6~8 人
7 月	1. 浇水抗旱 2. 中耕除杂草 3. 设置养护人员	1. 视天气状况适时浇水抗旱 2. 中耕除杂草一次 3. 养护人员 6~8 人
8 月	1. 浇水抗旱 2. 施肥 3. 中耕除杂草 4. 设置养护人员	1. 视天气状况适时浇水抗旱 2. 施用复合肥一次 3. 中耕除杂草一次 4. 养护人员 6~8 人
9 月	1. 浇水抗旱 2. 中耕除杂草 3. 病虫害防治 4. 设置养护人员	1. 视天气状况适时浇水抗旱 2. 中耕除杂草一次 3. 贯彻"预防为主,综合治理"的防治方法,严禁使用剧毒化学药剂、有机汞化学农药,重点防治 4. 养护人员 6~8 人

时 间	工作内容	主要措施
10月	1. 浇水抗旱 2. 中耕除杂草 3. 设置养护人员	1. 视天气状况适时浇水抗旱 2. 中耕除杂草一次 3. 养护人员6~8人
11月	1. 施肥 2. 中耕除杂草 3. 补栽 4. 设置养护人员	1. 施复合肥 2. 中耕除杂草一次 3. 对造林地带枯死、人为破坏等不发芽的苗木及时挖取,并原地及时补栽,同时加强养护管理,确保苗木成活 4. 养护人员6~8人
12月	1. 病虫害防治 2. 整形修剪 3. 培土防冻 4. 设置养护人员	1. 贯彻"预防为主,综合治理"的防治方法,严禁使用剧毒化学药剂、有机汞化学农药,重点防治 2. 整形修剪以整形为主,根据树势情况可重剪或轻剪,主要剪去徒长枝、病虫枝、下垂枝、扭伤枝及枯枝 3. 对新植苗木进行必要的培土防冻措施 4. 养护人员6~8人

第五章　确保安全施工的技术组织措施

5.1　建立健全安全生产管理体系

5.1.1　建立安全生产管理组织

建立由项目经理任组长,项目技术负责人任副组长,各专业队长为成员的现场安全生产管理领导小组,设专职安全员一人,安全员有因安全隐患责令停工整顿的权利。

5.1.2　制定安全生产管理制度

执行安全生产交底制度。施工作业前,由组长向施工人员作书面安全生产交底,落实后签字报安全备案。

5.2　主要预防及控制措施

(1)进入工地的所有人员必须有纪律地进入场地施工,施工现场设置安全警告牌。

(2)所有机电设备实行专人负责操作,并持证上岗,非专业人员不得动用电气设备,供电设备要遮盖严实,经常检修,所有移动设备均需设置漏电保护器。

(3)现场施工用电要严格遵照《施工现场临时用电安全技术规范》的有关规定及要求进行布置和架设,并定期对闸刀开关、插座及漏电保护器的灵敏度进行常规的安全检查。用电按"三相五线"制架设,现场用电线路及电器安设,由持证电工安装,无证人员不得操作。

(4)随时取得气象预报资料。根据气象预报,提前做好防风防雨措施,并严格按措施执行,并合理安排现场安全施工。

(5)建立严格的安全例检和不定期抽查检测,建立严格的安全惩罚制度和一票否决制,确保工程安全控制的目标顺利实施。

(6)对施工人员进行交通安全教育,确保不出交通安全事故。

（7）严禁在施工工作区互相抛丢材料、工具等物体，作业人员衣着简单，不准穿高跟鞋、拖鞋和赤脚上班，严禁酒后作业。

5.3　安全控制框图（附图3）

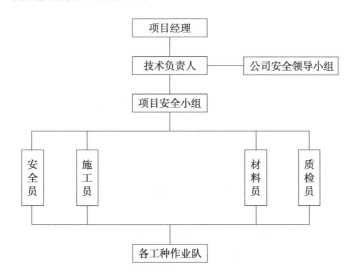

附图3　安全控制框图

第六章　确保工期的技术组织措施

根据以往工作经验，该工程苗木种类虽不多，但换土量相对较大，因此工期较紧。因而合理的进度计划安排、科学周密的组织管理，是此工程按期完工的保证。对施工的全过程进行经常的检查、对照、分析，及时发现施工过程中的偏差，采取有效措施，调整进度计划，排除干扰，保证工期目标顺利实施。

6.1　组织措施

（1）组成强有力的项目领导班子，选派一名优秀的项目经理担任本项目经理，并选派一名具有丰富施工经验的外国专家担任技术负责人。

（2）项目经理部实施项目法管理，对本工程行使计划、组织、指挥、协调、控制、监督六项职能，并选择能打硬仗、技术水平高、具有同类工程施工经验的施工队伍承担本工程的施工任务。

（3）建立生产例会制度，每星期召开2~3次工程例会，围绕工程的施工制度、工程质量、生产安全等内容检查上一次例会以来的执行情况。

（4）执行合理的工期、目标奖罚制度。

6.2　技术措施

（1）采用长计划与短计划相结合的网络计划进行施工进度计划控制管理，通过平面分段的节点控制目标的实现来保证各平面段工程目标的完成，从而进一步通过各区段工期目标的实现来确保总工期目标的实现。

（2）采用园林建设新技术，科学合理地组织施工，形成各分部分项工程在时间、空间上充分利用与紧凑搭接，缩短施工周期。

（3）对可能影响工程进度的因素进行分析，提出对策。根据施工进度优化各项工程的进度安排。严格控制各分项的工期，确保每一项都能如期完成。可采取多段同时施工的方法，保证工期。

6.3 施工进度表

见附表 2~ 附表 6 和附图 4。

第七章 确保文明施工的技术组织措施

文明施工的管理目标：达到市文明合格工地。

（1）总平面管理设专职工长一名，主要负责整个场地工地的平面布置、道路畅通、材料堆放及环境卫生等。

（2）在主要道口、电气机械设备等处，设文明施工标牌，并在每道工序施工前做好技术、质量、安全和文明施工交底，防患于未然。

（3）统一规划与布置现场用水用电管线，做好现场排水系统，控制污水排放。

（4）施工工地入口处设置施工标志牌，管理人员要佩戴身份证卡。

（5）现场配备专职人员日夜值班，严禁闲杂人员进入施工现场。

（6）执行奖罚合同，做好协调工作。

（7）现场设饮水机，工作餐由公司统一派送，尽量避免现场的安全和污染隐患；现场设置垃圾桶，生活垃圾做到日清日洁，并自行清运出场。

（8）竣工前，做好现场清理，只留绿色，不留垃圾。

第八章 环境保护措施

（1）严格按市有关环保规定，本工程所投入的机械产生的噪声不高于《建筑施工场界环境噪声排放标准》（GB 12523—2011）标准。

（2）派专人进行现场洒水，防治灰尘飞扬，保护周边空气清洁，搞好现场卫生。

（3）施工期间合理地安排混凝土的浇筑，尽量安排在白天，不在居民休息时间发出较高的噪声，合理安排作业时间，在夜间避免进行噪声较大的工作；夜间灯光集中照射，避免灯光扰民。

（4）施工现场采用混凝土浇筑硬质地面，堆放体积大、用量较多的材料，防治灰尘飞扬。

（5）施工过程中，用 200 目 /100cm^2 的安全密目网将建筑物全部密封，以防止施工灰尘的飞扬。

（6）浇筑混凝土石子用水冲洗，并采用我公司的循环水成套技术，设置冲洗沉淀池，冲洗的泥浆沉淀后，循环使用沉淀水，节约水资源，减少污水污染。

（7）现场的建筑垃圾采用专门的垃圾通道由楼上运下，并及时远离现场送到指定地点进行堆放；生活污水和施工污水采用专线管道流入城市污水管网。

劳动力安排计划表 附表 2

黄石站前大道延伸段（金山大道）道路景观绿化 工程　　　　　　　　　　　　　　　　单位：人

工　种	按工程施工阶段投入劳动力情况				
	施工准备	整理场地	施工期	清场验收期	养护期
普　工	6	15	10	3	
泥　工	2	2	10	8	4
木　工	1		5		
装修工			10	2	
水电工	1		5		
绿化工			18	5	4
修剪工			7	2	2
草坪工			5	2	1
养护工	10	17	10	5	5
合　计			80	27	16

注：1. 本计划表是以每班八小时工作制为基础编制的。

2. 生产一线作业人员为我公司固定的专业施工队伍，以确保工程质量与进度。

3. 整个工程施工在生产最高峰配备的劳动力达 80 人，另配备技术人员 6 人，管理人员 4 人；如遇抢进度赶工期的突击工作，将及时补充劳动力，并由技术骨干带领作业。

4. 我公司承诺凡列入项目经理部名单的所有管理人员和技术人员一律常驻现场，到岗率100%，绝不擅离岗位。

拟投入的主要施工机械设备表 附表 3

黄石站前大道延伸段（金山大道）道路景观绿化 工程

序号	机械或设备名称	型号规格	数量	国别产地	制造年份	额定功率（kW）	生产能力	用于施工部位	备注
1	经纬仪	DJ$_2$	1	上海	2005 年	—	—	施工期	
2	水准仪	DS$_3$	1	上海	2005 年	—	—	施工期	
3	打药机	160H	2	济南	2005 年	—	—	养护期	
4	绿篱修剪机	TS320	4	青岛	2006 年	—	—	施工及养护期	
5	草坪修剪机	SGA33E	2	上海	2006 年	—	—	养护期	
6	洒水车	JF140	1	济南	2002 年	8t	100%	施工及养护期	
7	发电机	EC2500C	1	杭州	2004 年	3	70%	施工期	
8	福田汽车	BLJ1022	1	安徽	2000 年		70%	施工期	
9	翻斗车	—	10	武汉	—	—	—	施工期	
10	抽水机	ZN50	2	重庆	2004 年	200/h	90%	施工期	
11	挖掘机	DH60-7	2	韩国大宇	2003 年	3.85	90%	施工期	租
12	起重机	TAL-51G	1	山东	2005 年	118	80%	施工期	租
13	推土机	D185	3	重庆	2004 年	195	80%	施工期	租
14	空压机	GTR-8	6	徐州	2002 年	9	80%	施工期	租
15	自卸车	斯太尔	9	重汽	2003 年	30	90%	施工期	租

施工进度表　　　　　　　　　　　　　　　　　　　　附表 4

项目 时间	2008 年 3 月			2008 年 4 月			2008 年 5 月			2008 年 6 月			2008 年 7 月			2008 年 8 月		
	10	20	30	40	50	60	70	80	90	100	110	120	130	140	150	160	170	180
施工准备	━																	
清理现场		━	━															
平整场地				━	━	━	━	━	━	━	━	━	━	━				
土壤改良及回填					━	━	━	━	━	━	━	━	━	━				
给水排水安装								━	━	━								
园路及广场										━	━	━	━	━	━	━	━	━
园林小品																		
苗木定植与固定										━	━	━	━	━	━	━		
清场						━	━	━	━	━	━	━	━	━	━	━		
竣工验收																━	━	━

施工网络图表　　　　　　　　　　　　　　　　　　　　附表 5

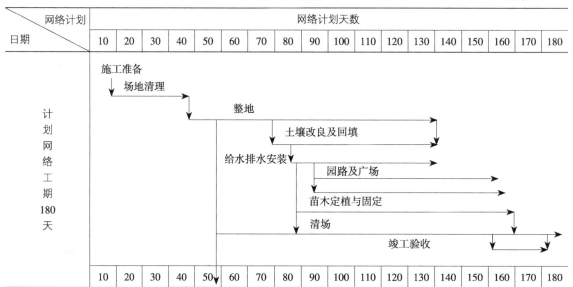

临时用地表　　　　　　　　　　　　　　　　　　　　附表 6

用　途	面　积（m²）	位　置	需用时间
项目部办公室	20	现场	180 天
现场管理点	30	现场	180 天
施工机具、机械仓库	70	现场	180 天
苗木大棚	150	现场	180 天
临时工棚	80	现场	180 天
工人宿舍	150	租用附近民房	180 天
合　计	500		

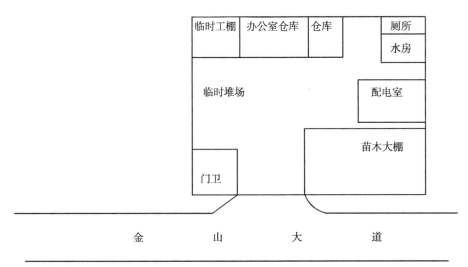

附图 4 现场施工总平面图

参 考 文 献

[1] 孟兆祯，毛培林主编.园林工程 [M].北京：中国林业出版社，1996.

[2] 赵兵主编.园林工程学 [M].南京：东南大学出版社，2003.

[3] 李世华，徐有栋主编.市政工程施工图集 5 园林工程 [M].北京：中国
建筑工业出版社，2004.

[4] 陈祺主编.园林工程建设现场施工技术 [M].北京：化学工业出版社，
2005.

[5] 梁伊任.风景园林工程 [M].北京：中国林业出版社，2011.

[6] 中国风景园林学会园林工程分会，中国建筑业协会古建筑施工分会编
著.园林绿化工程施工技术 [M].北京：中国建筑工业出版社，2008.

[7] 付军，巢时平主编.园林工程 [M].北京：气象出版社，2008.

[8] 耿美云主编.园林工程 [M].北京：化学工业出版社，2008.

[9] 杨至德主编.园林工程 [M].武汉：华中科技大学出版社，2009.

[10] 钱剑林主编.园林工程 [M].苏州：苏州大学出版社，2009.

[11] 梁瑛.现代城市景观铺装设计研究 [M].北京：北京服装学院设计艺
术学院，2007.

[12] 金井格著.道路和广场的地面铺装 [M].章俊华译.北京：中国建筑工
业出版社，2002.

[13] 陈丙秋，张肖宁等.道路铺装景观设计 [M].北京：中国建筑工业出版社，
2005.

[14] 邓宝忠编.园林工程（一）[M].北京：中国建筑工业出版社，2008.

[15] 陈永贵，吴戈军主编.园林工程 [M].北京：中国建材工业出版社，2010.

[16] 陈科东主编.园林工程施工技术 [M].北京：中国林业出版社，2007.

[17] 孙以栋，陈刚编.景观铺地工程 [M].北京：中国建筑工业出版社，2006.

[18] 毛培琳.园林铺地 [M].北京：中国林业出版社，1992.

[19] 日本土木学会编.道路景观设计 [M].张俊华，陆伟雷芸译.北京：中
国建筑工业出版社，2003.

[20] （明）计成.园冶 [M].胡天寿注.重庆：重庆出版社，2009.

[21] 孟刚等.城市公园设计.上海：同济大学出版社，2003.

[22] 薛健.园林与景观设计资料集——园林道路设计与铺装 [M].北京：知
识产权出版社，中国水利出版社，2008.

[23] 刘玉华，曹仁勇主编.园林工程 [M].北京：中国农业出版社，2009.

[24] 徐辉，潘福荣主编.园林工程 [M].北京：机械工业出版社，2008.

[25] 建筑施工手册编写组.建筑施工手册 [M].第四版.北京：中国建筑工

业出版社，2003.

［26］江正荣编著.建筑施工计算手册［M］.北京：中国建筑工业出版社，
2001.

［27］郭春华主编.园林工程［M］.北京：化学工业出版社，2011.

［28］吴戈军，田建林主编.园林工程施工［M］.北京：中国建材工业出版社，
2009.

［29］李广贺.水资源利用与保护［M］.第二版.北京：中国建筑工业出版社，
2010.

［30］严煦世.给水排水管网系统［M］.第二版.北京：中国建筑工业出版社，
2010.

［31］李圭白.水质工程学［M］.北京：中国建筑工业出版社，2005.

［32］左玉辉.环境学［M］.第二版.北京：高等教育出版社，2010.

［33］车伍.城市雨水利用技术与管理［M］.北京：中国建筑工业出版社，
2006.

［34］孙慧修.排水工程（上册）［M］.第4版.北京：中国建筑工业出版社，
2000.

［35］中国市政工程西南设计研究院主编.给水排水设计手册（第1册）——
常用资料［M］.第2版.北京：中国建筑工业出版社，1999.

［36］北京市市政工程设计研究总院主编.给水排水设计手册（第5册）——
城镇排水［M］.第2版.北京：中国建筑工业出版社，2004.

［37］上海市建设和交通委员会主编.室外排水设计规范（GB 50014—2006）［S］.
北京：中国计划出版社，2006.

［38］吴戈军，田建林.园林工程施工［M］.北京：中国建材工业出版社，2009.

［39］岳永铭等.园林工程规划设计一本通［M］.北京：地震出版社，2007.

［40］岳永铭等.园林工程施工一本通［M］.北京：地震出版社，2007.

［41］刘卫斌.园林工程［M］.北京：中国科学技术出版社，2003.

［42］张建林.园林工程［M］.北京：中国农业出版社，2009.

［43］唐来春.园林工程与施工［M］.北京：中国建筑工业出版社，1999.

［44］韩玉林.园林工程［M］.重庆：重庆大学出版社，2006.

［45］易新军，陈盛彬.园林工程［M］.北京：化学工业出版社，2009.

［46］朱迎迎.花卉装饰技术［M］.北京：高等教育出版社，2005.

［47］张志国.草坪建植与管理［M］.济南：山东科学技术出版社，1998.

［48］魏岩.园林植物栽培与养护［M］.北京：中国科学技术出版社，2003.